Euler | Lohrbächer | Neuberger

Erfolg im Mathe-Abi 2022

Prüfungsaufgaben
Teil 2: wissenschaftlicher Taschenrechner (WTR)
Leistungskurs Hessen

mit Tipps und Lösungen

Freiburger Verlag

Sabine Euler, geb. 1984, studierte Mathematik und Physik in Darmstadt. Unterrichtet seit 2009 neben der Dissertation, jetzt Lehrerin in der Oberstufe.

Jochen Lorbächer, geb. 1974, Lehramts-Studium der Mathematik, Physik und Informatik an der TU Darmstadt. Seit 2003 Lehrer in der Oberstufe.

Printed in EU
www.freiburger-verlag.de

Inhaltsverzeichnis

Erfolg von Anfang an

…ist das Geheimnis eines guten Abiturs.

Dieses Übungsbuch ist speziell auf die Anforderungen des zentralen Mathematik-Abiturs ab 2019 im Leistungskurs in Hessen abgestimmt. Es enthält Original-Prüfungsaufgaben früherer Jahre sowie die Beispielaufgaben zum Landesabitur 2019 für den Prüfungsteil, in dem die Hilfsmittel Taschenrechner und Formelsammlung erlaubt sind. Zu allen diesen Aufgaben finden sich viele hilfreiche Tipps und ausführliche, verständliche Lösungen im Buch.

Es umfasst die drei großen Themenbereiche Analysis, Lineare Algebra / Analytische Geometrie und Stochastik. Thematisch geht es meistens um anwendungsbezogene Aufgaben, um das Modellieren realitätsnaher Problemstellungen, um das Herstellen von Zusammenhängen und um das Entwickeln von Lösungsstrategien.

Der blaue Tippteil

Hat man keine Idee, wie man eine Aufgabe angehen soll, hilft der blaue Tippteil in der Mitte des Buches weiter: Zu jeder Aufgabe gibt es dort Tipps, die helfen, einen Ansatz zu finden, ohne die Lösung vorwegzunehmen.

Taschenrechner

Je nachdem, welcher Operator in einer Aufgabe angegeben ist, kann man den Taschenrechner verwenden. Bei «berechnen Sie» ist ein ausführlicher Lösungsweg «von Hand» ohne Taschenrechner verlangt, bei «bestimmen Sie» oder «ermitteln Sie» können die Funktionen des Taschenrechners genutzt werden.

Die im Abitur verwendeten Taschenrechner können sehr viel mehr als nur die Grundrechenarten: Sie können z. B. lineare Gleichungssysteme und quadratische oder kubische Gleichungen lösen, Integrale berechnen, Vektor- und Skalarprodukt von Vektoren bestimmen, sowie kumulierte Binomialverteilungswerte bestimmen, etc.

Daher befindet sich im Buch an den Stellen, an denen es sinnvoll ist, die entsprechende Funktion des Taschenrechners zu nutzen, ein QR-Code und ein Direktlink auf das entsprechende Video, in dem diese Funktion des Taschenrechners kurz erklärt wird.* Der QR-Code kann mit einer entsprechenden App gescannt werden. Alternativ lässt sich auch der Link unter dem Code benutzen.

Der Code neben diesem Text verweist beispielsweise auf ein Video zur Bestimmung der kumulierten Binomialverteilung.

frv.tv/ck

*Beim Rechnen mit Vektoren ist es oft aufwändiger, mit dem Taschenrechner z. B. den Winkel zwischen zwei Vektoren zu berechnen, als «mit der Hand». In diesen Fällen sind keine QR-Codes angegeben.

Wie arbeitet man mit diesem Buch?

Am Anfang befinden sich die Abitur-Aufgaben aus den drei Themenbereichen Analysis, Lineare Algebra / Analytische Geometrie und Stochastik.

In der Mitte des Buches befindet sich der blaue Tippteil mit Denk- und Lösungshilfen. Die Lösungen mit ausführlichem Lösungsweg bilden den dritten Teil des Übungsbuchs. Hier findet man die notwendigen Formeln, Rechenverfahren und Denkschritte sowie sinnvolle alternative Lösungswege.

Findet sich zu Beginn einer Lösung ein QR-Code am Aufgabenrand, führt der zugehörige Link zu einem Video, in dem ein Schüler oder eine Schülerin die entsprechende Aufgabe oder Teile davon bearbeitet.

frv.tv/ra

Der Code neben diesem Text verweist beispielsweise auf eine Bearbeitung der Aufgabe A2 aus dem Landesabitur 2015. Coronabedingt gibt es leider weiterhin keine neuen Schülervideos.

In den Lösungen finden sich neben den QR-Codes und Direktlinks zu den Videos noch solche, die auf allgemeine Infokästen zu verschiedenen Themen verweisen.

frv.tv/rq

Der Code neben diesem Text verweist beispielsweise auf ein Dokument, in dem der Begriff der Ortskurve näher beleuchtet wird. Wie an dem vorigen Satz zu erkennen, werden die Themen der verlinkten Infokästen im Text unterstrichen.

Die Gültigkeit vergangener Abituraufgaben

Seit dem Abitur 2019 ist im Leistungskurs in der Analysis die Integrationsmethode «Partielle Integration» nicht mehr Teil des Kerncurriculums und somit auch nicht mehr abiturrelevant. In der Lösung zum Aufgabenvorschlag B1 aus dem Jahr 2018 werden somit der ursprüngliche Lösungsweg mittels partieller Integration als auch der aktuell geforderte mittels Formansatz dargestellt.

MeinMatheAbi.de

Als Ergänzung zum Buch finden Sie im Internet unter www.MeinMatheAbi.de nicht nur weitere Abituraufgaben, sondern auch Lernkarten, eine Lernkarten-App, Taschenrechneranleitungen, Videotutorials und ein Forum, das die Vorbereitung auf die Prüfung erleichtert.

Allen Schülerinnen und Schülern, die sich auf das Abitur vorbereiten, wünsche ich viel Erfolg!

Jochen Lohrbächer

Der Ablauf der Abiturprüfung

Die Abiturprüfung besteht aus zwei Teilen:

Prüfungsteil 1, Hilfsmittelfreier Prüfungsteil (Erlaubte Hilfsmittel: Ein Wörterbuch der deutschen Rechtschreibung und eine Liste der fachspezifischen Operatoren)

Prüfungsteil 2, Aufgaben differenziert nach Rechnertechnologie (Erlaubte Hilfsmittel: Ein Wörterbuch der deutschen Rechtschreibung, ein wissenschaftlich-technischer Taschenrechner oder ein CAS, eine gedruckte Formelsammlung eines Schulbuchverlags sowie eine Liste der fachspezifischen Operatoren)

Die Schülerin / der Schüler wählt vor der Prüfung aus den zur Verfügung gestellten Aufgaben der Bereiche B und C jeweils eine Aufgabe aus:

Prüfungsteil 1 (45 Minuten)

Analysis Lineare Algebra/ Analytische Geometrie Stochastik

A (HMF)

Prüfungsteil 2 (4 Stunden, 15 Minuten)

Analysis		Analysis
B 1	oder	B 2

Lineare Algebra Analytische Geometrie		Stochastik
C 1	oder	C 2

Die Abiturprüfung besteht also aus drei Teilaufgaben: Dem hilfsmittelfreien Teil, einer Analysisaufgabe B1 oder B2 und einer Aufgabe der Analytischen Geometrie C1 oder einer Stochastikaufgabe C2. Die gesamte Prüfungszeit beträgt 300 Minuten, d. h. 5 Stunden.

1 Abitur 2018

Tipps ab Seite 83, Lösungen ab Seite 119

Landesabitur 2018 Mathematik (WTR/GTR) Leistungskurs
Analysis Vorschlag A1

1 In einem Nationalpark soll eine neue Tierart angesiedelt werden. Dafür werden zum Zeitpunkt $t = 0$ Tiere ausgewildert, von denen einige bereits trächtig sind. Die mögliche Entwicklung der Geburtenrate dieser Tiere kann durch geeignete Funktionen der drei Funktionenscharen f_a, f_b und f_c modelliert werden. Dabei gibt $f_a(t)$, $f_b(t)$ und $f_c(t)$ jeweils die Geburtenrate in Tiere/Jahr in Abhängigkeit von der Zeit t in Jahren nach der Auswilderung an.
Es gilt $a, b, c > 0$ sowie $t \geq 0$.

Modell A: $f_a(t) = \dfrac{a}{1 + 4 \cdot e^{-0{,}5 \cdot t}}$

Modell B: $f_b(t) = \dfrac{10}{1 + b \cdot e^{-0{,}5 \cdot t}}$

Modell C: $f_c(t) = 10 \cdot t \cdot e^{-c \cdot t} + 10$

In den Abbildungen 1 bis 3 in Material 1 sind jeweils einige Graphen der Funktionsscharen f_a, f_b und f_c dargestellt.

1.1 Bestimmen Sie ohne Verwendung der Graphen für die Modelle A, B und C jeweils die Geburtenrate zum Zeitpunkt der Auswilderung sowie die langfristige Entwicklung der Geburtenrate. Geben Sie für die Abbildungen 1 bis 3 aus Material 1 jeweils an, welchem der drei Modelle A, B und C sie zuzuordnen sind.

(6 BE)

1.2 Beschreiben Sie unter Berücksichtigung Ihrer Ergebnisse aus Aufgabe 1.1, welchen Einfluss die Scharparameter a, b und c jeweils auf die Geburtenrate zum Zeitpunkt der Auswilderung sowie auf die langfristige Entwicklung der Geburtenrate haben.

(3 BE)

Im Folgenden soll für die Modellierung der Geburtenrate das Modell C mit der zugehörigen Funktionsgleichung f_c verwendet werden.

Die Gleichung der ersten Ableitung $f_c{}'(t) = e^{-c \cdot t} \cdot (10 - 10 \cdot c \cdot t)$ kann ohne Nachweis verwendet werden.

2.1 Berechnen Sie die Wendepunkte der Schar f_c.
Hinweis: Die Untersuchung der notwendigen Bedingung ist ausreichend.
Beschreiben Sie die Bedeutung der Wendestelle im Sachzusammenhang.
$\left[\text{Zur Kontrolle: W}\left(\frac{2}{c}\,\middle|\,\frac{20}{c\cdot \mathrm{e}^2}+10\right)\right]$

(7 BE)

2.2 Die Wendepunkte aller Graphen der Schar liegen auf einer Kurve, der sogenannten Ortskurve. Leiten Sie für diese Ortskurve der Wendepunkte die zugehörige Funktionsgleichung her und bestätigen Sie, dass alle Wendepunkte auf einer Geraden liegen.

(4 BE)

3 Bei der Betrachtung der Populationsentwicklung ist neben der Geburtenrate auch die Sterberate zu berücksichtigen. Die Population wurde ab dem Zeitpunkt der Auswilderung über 10 Jahre beobachtet. Die Entwicklung der Geburtenrate soll durch die Funktion f_1 der Schar f_c aus Aufgabe 1 mit $f_1(t) = 10\cdot t\cdot \mathrm{e}^{-t}+10$ modelliert werden, die Entwicklung der Sterberate durch die Funktion s mit $s(t) = 10\cdot t\cdot \mathrm{e}^{-2\cdot t}+0{,}1\cdot t+10$. Die Graphen der Funktionen f_1 und s sind in Material 2 dargestellt.

3.1 Leiten Sie mit einer geeigneten Integrationsmethode die Gleichung einer Stammfunktion F_1 der Funktion f_1 her und benennen Sie die von Ihnen verwendete Integrationsmethode.
[Zur Kontrolle: $F_1(t) = \mathrm{e}^{-t}\cdot(-10\cdot t-10)+10\cdot t$]

(5 BE)

3.2 Berechnen Sie die Anzahl der Geburten in den ersten 10 Jahren nach der Auswilderung.

(4 BE)

3.3 Erläutern Sie zunächst ohne Verwendung des Sachzusammenhangs die einzelnen Zeilen der im Kasten dargestellten Rechnung. Deuten Sie anschließend den Ansatz in Zeile (1) sowie den Wert t_1 jeweils im Sachzusammenhang.

(1) $d(t) = 10t\cdot \mathrm{e}^{-t}+10-\left(10t\cdot \mathrm{e}^{-2\cdot t}+0{,}1\cdot t+10\right)$

(2) $d'(t) = \mathrm{e}^{-t}\cdot(10-10t)-\left(\mathrm{e}^{-2\cdot t}\cdot(10-20t)+0{,}1\right)$

(3) $0 = \mathrm{e}^{-t}\cdot(10-10t)-\left(\mathrm{e}^{-2\cdot t}\cdot(10-20t)+0{,}1\right) \Rightarrow t_1\approx 1{,}4$

(4) $d''(t_1)<0$

(5 BE)

3.4 Berechnen Sie die drei Zeitpunkte, zu denen sich die Größe der Population gemäß der vorgenommenen Modellierung nicht verändert hat.
Hinweis: Ersetzen Sie an geeigneter Stelle e^{-t} durch z. **(6 BE)**

Material 1

Abbildung 1

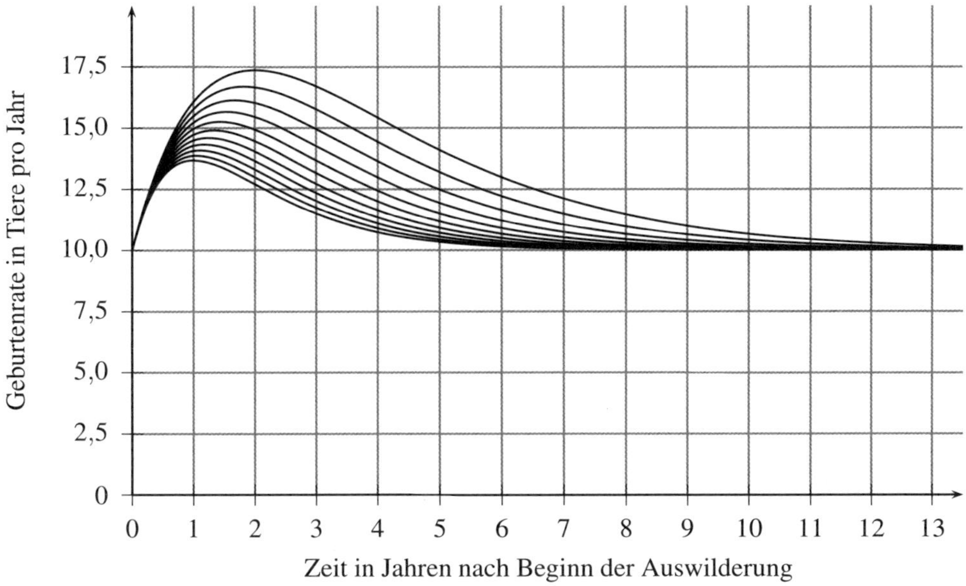

Abbildung 2

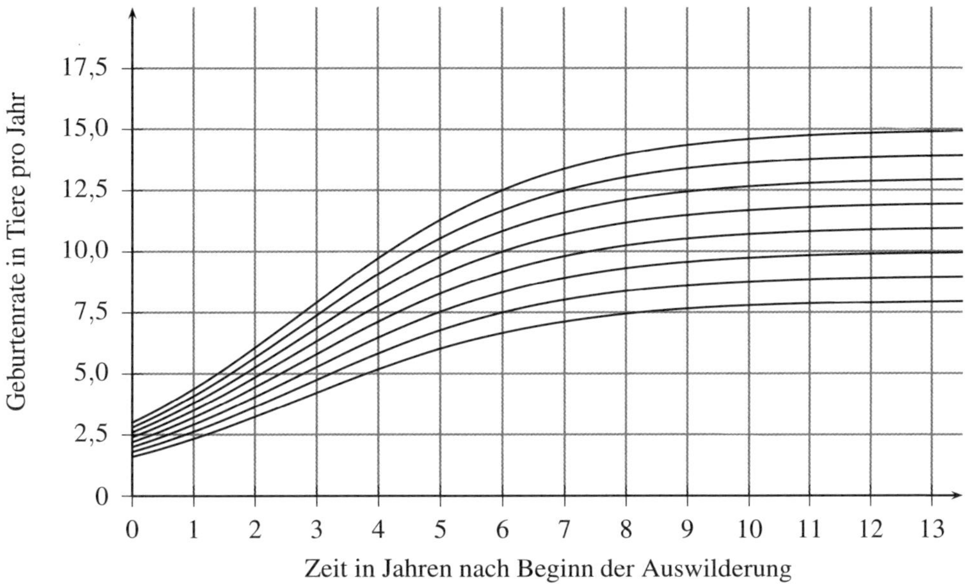

Abbildung 3

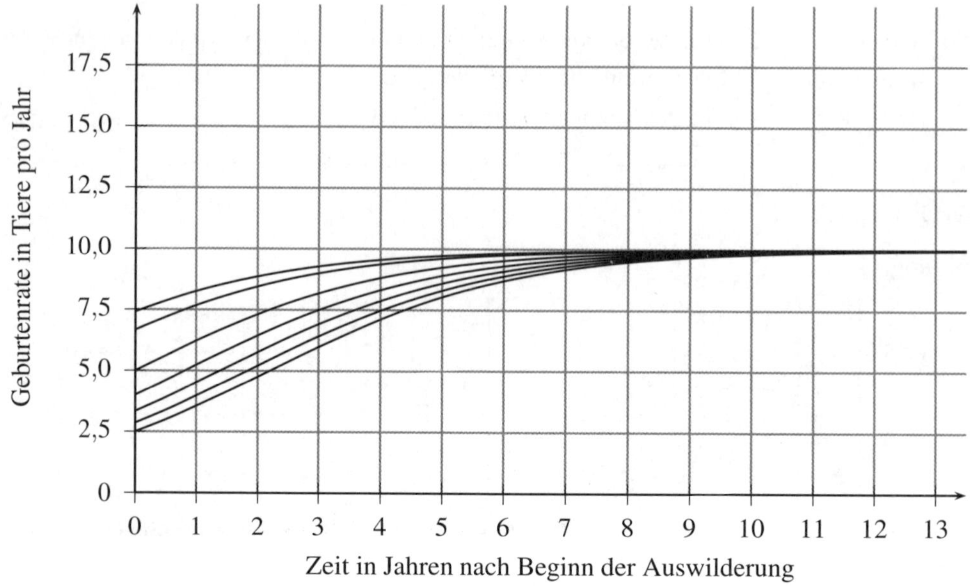

Material 2

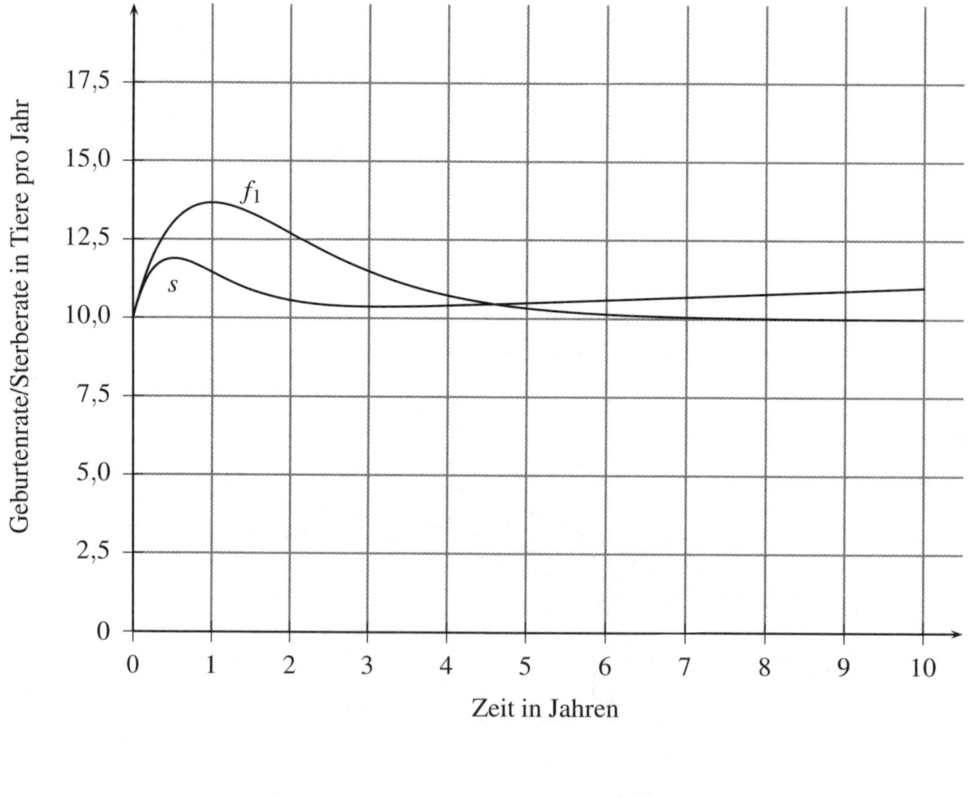

Tipps ab Seite 84, Lösungen ab Seite 126

Landesabitur 2018 Mathematik (WTR) Leistungskurs
Analysis Vorschlag A2

Der Lärchenwickler zählt zu den Forstschädlingen. Er ruft besonders schwere Schäden bei der in den Alpen verbreiteten Europäischen Lärche hervor.

1 Ende April eines jeden Jahres fangen die ersten Larven an aus den Eiern zu schlüpfen. In dieser Zeit beginnt die Larvenphase, in der sich die Larven von den Nadeln der Lärchen ernähren, bis sie sich zu verpuppen beginnen.

1.1 Die Größe einer Larve in mm lässt sich in den ersten Lebenstagen durch eine Exponentialfunktion f der Form $f(t) = a \cdot \mathrm{e}^{k \cdot t}$ (t: Zeit in Tagen nach dem Schlüpfen) mit $a, k > 0$ modellieren.
Berechnen Sie mithilfe der Daten für $t = 1$ und $t = 10$ der folgenden Tabelle die zugehörige Funktion f.
Die Modellierung kann als gut bezeichnet werden, wenn die Abweichung der Daten von den im Modell ermittelten Werten maximal 3 % beträgt.
Prüfen Sie anhand der übrigen Daten, ob die Modellierung als gut bezeichnet werden kann.

t in Tagen	1	2	4	10
Larvengröße (in mm)	3,2	3,5	4,1	7,3

(7 BE)

1.2 Alternativ lässt sich die Größe einer Larve in mm mithilfe der Funktion g mit
$g(t) = \dfrac{19{,}4}{1 + 5{,}72 \cdot \mathrm{e}^{-0{,}12 \cdot t}}$ (t: Zeit in Tagen nach dem Schlüpfen) modellieren.
Für die Funktion g gilt:

(I) $g'(t) = \dfrac{0{,}12}{19{,}4} \cdot g(t) \cdot (19{,}4 - g(t))$ und

(II) $g'(t) > 0$ für alle $t \geq 0$

1.2.1 Begründen Sie anhand des Funktionsterms, dass die sogenannte Sättigungsgrenze $S = \lim\limits_{t \to \infty} g(t)$ der Funktion g den Wert 19,4 annimmt, und deuten Sie diesen Wert im Sachzusammenhang.
Begründen Sie, warum die Funktion g die Größe einer Larve für große Werte von t besser beschreibt als die Funktion f.

(4 BE)

1.2.2 Zeigen Sie unter der Verwendung der Eigenschaft (I), dass gilt:

$$g''(t) = \frac{0{,}12}{19{,}4} \cdot g'(t) \cdot (19{,}4 - 2 \cdot g(t))$$

(4 BE)

1.2.3 Zeigen Sie unter Verwendung des Terms von $g''(t)$ aus Aufgabe 1.2.2 und der Eigenschaft (II), dass zu dem Zeitpunkt innerhalb des betrachteten Intervalls, an dem die Larve am stärksten wächst, die Hälfte der Sättigungsgrenze aus Aufgabe 1.2.1 erreicht wird.

Berechnen Sie diesen Zeitpunkt.

Hinweise: Die Untersuchung der notwendigen Bedingung ist ausreichend.

Eine Randwertbetrachtung ist nicht erforderlich.

(7 BE)

2 In gewissen Regionen in den Alpen traten die Massenvermehrungen des Lärchenwicklers seit Beobachtungsbeginn im Jahr 1989 ($t = 0$) mit erstaunlicher Regelmäßigkeit alle 9 Jahre auf. Die maximale Larvendichte (Anzahl der Larven pro kg Zweige) eines jeden Kalenderjahres in Abhängigkeit von der Zeit t in Jahren nach Beobachtungsbeginn kann mit der Funktion k mit

$$k(t) = 249{,}975 \cdot \sin\left(\frac{2}{9}\pi \cdot (t + 0{,}25)\right) + 250{,}025 \quad \left(t \in \mathbb{R}_0^+\right)$$

näherungsweise modelliert werden. Jahreszeitlich bedingte Schwankungen werden bei dieser Modellierung nicht berücksichtigt. Der Graph von k ist in Material 1 dargestellt.

2.1 Beschreiben Sie, wie der Graph von k aus dem Graphen der allgemeinen Sinusfunktion s mit $s(t) = \sin(t)$ hervorgeht, und bestätigen Sie rechnerisch, dass k die Periode 9 hat.

(5 BE)

2.2 Ein Befall wird erst sichtbar, wenn der Wert der maximalen Larvendichte größer als 100 ist.

Erläutern Sie den Rechenansatz in der Zeile (I) des Kastens im Sachzusammenhang und zeigen Sie mithilfe des Ergebnisses in Zeile (III), dass der Befall ab dem Jahr 2022 erstmals nach 2018 wieder nicht mehr sichtbar ist.

(I)	$k(t) = 100$
(II)	$\sin\left(\frac{2}{9}\pi \cdot (t + 0{,}25)\right) = \frac{-150{,}025}{249{,}975}$
(III)	$t_1 \approx -1{,}172 + 9 \cdot n \vee t_2 \approx 5{,}172 + 9 \cdot n \quad ; n \in \mathbb{N}$

(7 BE)

2.3 Um die zu erwartende durchschnittliche maximale Larvendichte pro Jahr im Zeitraum von 2018 bis einschließlich 2037 zu berechnen, werden zwei Strategien verfolgt:

(I) Bestimmung von d_I wie in Material 2 angegeben.

(II) Bestimmung von d_{II} unter Verwendung der Funktion k und dem Ansatz

$$d_{II} = \frac{1}{20} \int_{28,5}^{48,5} k(t)\,\mathrm{d}t$$

Erläutern Sie die beiden Strategien.

Bestimmen Sie d_{II} und vergleichen Sie diesen Wert mit d_I.

(6 BE)

Material 1

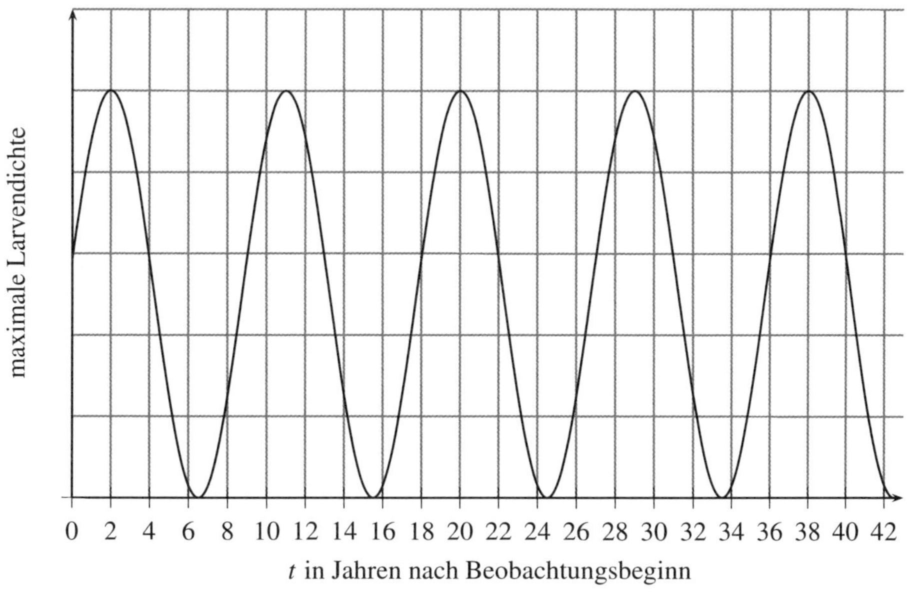

Material 2

t	29	30	31	...	46	47	48
$k(t)$	500	441,52	293,43	...	441,52	500	441,52

$$d_I = \frac{500 + 441{,}52 + 293{,}43 + \ldots + 441{,}52 + 500 + 441{,}52}{20} \approx 272{,}10$$

Tipps ab Seite 86, Lösungen ab Seite 133

Landesabitur 2018 Mathematik (WTR/GTR/CAS) Leistungskurs
Lineare Algebra / Analytische Geometrie Vorschlag B1

Die beiden quadratischen Hälften eines Beachvolleyballfelds sind jeweils 8 m lang und breit. Sie werden durch ein Netz voneinander getrennt, dessen obere Kante 2,4 m über dem horizontalen Sandboden verläuft. Das Netz ist an zwei vertikal stehenden Pfosten befestigt, die 10 m voneinander entfernt sind. Die beiden Pfosten haben den gleichen Abstand von den seitlichen Begrenzungslinien des Spielfelds.
Für ein Computerspiel werden das Spielfeld, das Netz und eine Stehtribüne vereinfacht, aber maßstabsgetreu in einem kartesischen Koordinatensystem dargestellt (Material). Eine Längeneinheit im Koordinatensystem entspricht 1 m in der Realität; die x_1-x_2-Ebene beschreibt den Sandboden.

1 Die Punkte A, B, C und D sind die Eckpunkte des Spielfelds. Die beiden Strecken, die die Pfosten abbilden, enden in den Punkten E und $F(-1|8|2{,}4)$ an der Oberkante des Netzes. Die Tribüne wird durch ein Viereck dargestellt, dessen Eckpunkte $G(-4|0|0)$, $H(-4|16|0)$, $I(-10|20|4)$ und $J(-10|-4|4)$ in der Ebene $L\colon 2x_1 + 3x_3 = -8$ liegen.

1.1 Zeigen Sie, dass die Tribüne die Form eines gleichschenkligen Trapezes hat.

(3 BE)

1.2 Berechnen Sie den Neigungswinkel der Tribüne gegenüber der Spielfeldfläche.

(2 BE)

1.3 In der Realität nimmt man an, dass pro Person $0{,}5\,\text{m}^2$ der Stehtribüne eingenommen werden.
Ermitteln Sie die Anzahl der Zuschauer, die im Computerspiel dargestellt werden müssen, um eine voll besetzte Tribüne zu zeigen.

(5 BE)

1.4 Berechnen Sie den Abstand des Punkts F von der Ebene L.

(3 BE)

1.5 Begründen Sie anhand einer geeigneten Zeichnung, dass kein Punkt des Vierecks, das die Tribüne darstellt, vom Punkt F den gleichen Abstand wie die Ebene L hat.

(4 BE)

2 Im Folgenden wird der Ball im Modell vereinfachend als punktförmig angenommen. Nach einem Angriffsschlag bewegt sich der Ball vom Punkt $(2|7{,}5|3)$ aus näherungsweise geradlinig in Richtung des Vektors $\begin{pmatrix} 0 \\ 4 \\ -3 \end{pmatrix}$. Untersuchen Sie rechnerisch, ob der Ball das Netz berührt.

(4 BE)

3 Ein Aufschlag wird hinter der parallel zum Netz verlaufenden Begrenzungslinie der von der Tribüne aus gesehen rechten Spielfeldhälfte ausgeführt. Anschließend kann die Bahn des Balls mithilfe der Punkte $X_t(3|12t-1|-5t^2+4t+2{,}8)$ beschrieben werden; dabei ist t die seit dem Schlag vergangene Zeit in Sekunden. Auf dieser Bahn überfliegt der Ball das Netz.

3.1 Begründen Sie, dass sich der Ball in einer Ebene bewegt, und geben Sie die Gleichung dieser Ebene an.

(2 BE)

3.2 Untersuchen Sie, ob der Ball innerhalb des Spielfelds auf dem Boden auftrifft, wenn er nach dem Aufschlag von keinem Spieler berührt wird.

(4 BE)

4 Die Bildschirmansicht des Beachvolleyballfelds soll verändert werden. Beabsichtigt ist ein Perspektivenwechsel, der eine Drehung um die x_3-Achse um 90° gegen den Uhrzeigersinn sowie eine Verkleinerung in x_3-Richtung um $30\,\%$ vorsieht.

Geben Sie die zugehörige Matrix an.

(3 BE)

Material

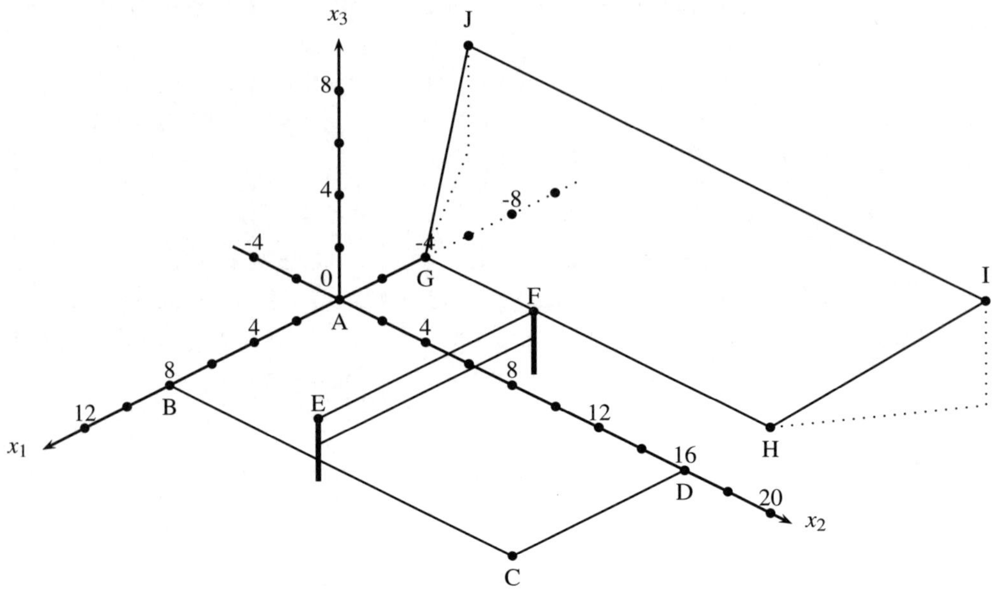

Tipps ab Seite 87, Lösungen ab Seite 139

Landesabitur 2018 Mathematik (WTR) Leistungskurs
Lineare Algebra / Analytische Geometrie Vorschlag B2

Im Material ist die Bühne eines Musicaltheaters schematisch dargestellt. Aus dem Zuschauerraum führt eine Rampe zur Bühne. Die Punkte $A(6|0|-1)$, $B(7|2|-1)$, $C(1|5|0{,}25)$ und $D(0|3|0{,}25)$ sind die Eckpunkte dieser Rampe. Eine Einheit entspricht einem Meter.

1.1 Zeigen Sie, dass die Rampe ABCD ein Rechteck ist.

(3 BE)

1.2 Bestimmen Sie eine Parameter- sowie eine Koordinatengleichung der Ebene E, in der die Rampe liegt.
[zur Kontrolle: $2{,}5x-1{,}25y+15z=0$ ist eine mögliche Koordinatengleichung von E.]

(6 BE)

1.3 Bestimmen Sie den Steigungswinkel der Rampe gegenüber der x-y-Ebene.

(2 BE)

2 Der Punkt $F(5|-4{,}5|-1)$ ist der Fußpunkt eines Masts, der Punkt $S(5|-4{,}5|2{,}5)$ stellt die Mastspitze dar. Das Licht eines Scheinwerfers breitet sich vom Punkt $L(6|-7{,}5|3{,}5)$ geradlinig aus, sodass der Mast einen Schatten auf die Rampe wirft.

2.1 Ermitteln Sie, ob der Schattenpunkt der Spitze S des Mastes auf der Rampe ABCD liegt.

(6 BE)

2.2 Gegeben ist die folgende Geradenschar g_a mit

$$g_a: \vec{x_a} = \begin{pmatrix} 6 \\ -7{,}5 \\ 3{,}5 \end{pmatrix} + r \cdot \left(\begin{pmatrix} 5 \\ -4{,}5 \\ -1+a \end{pmatrix} - \begin{pmatrix} 6 \\ -7{,}5 \\ 3{,}5 \end{pmatrix} \right); \quad 0 \le a \le 3{,}5; \quad 0 \le r.$$

Beschreiben Sie die Bedeutung der einzelnen Vektoren sowie die Bedeutung der Geradenschar g_a jeweils im Sachzusammenhang.

(4 BE)

3 Durch weitere Beleuchtungsanlagen in dem Musicaltheater fallen zusätzlich parallel zueinander verlaufende Lichtstrahlen in Richtung $\vec{v} = \begin{pmatrix} -1 \\ 2 \\ -0{,}5 \end{pmatrix}$ auf die Rampe.

3.1 Bestimmen Sie die Abbildungsmatrix P der Parallelprojektion durch die Lichtstrahlen auf die Rampenebene.

(7 BE)

3.2 Für die Projektionsmatrix P gilt: $P^2 = P$
Erläutern Sie die geometrische Bedeutung dieser Gleichung.

(2 BE)

Material

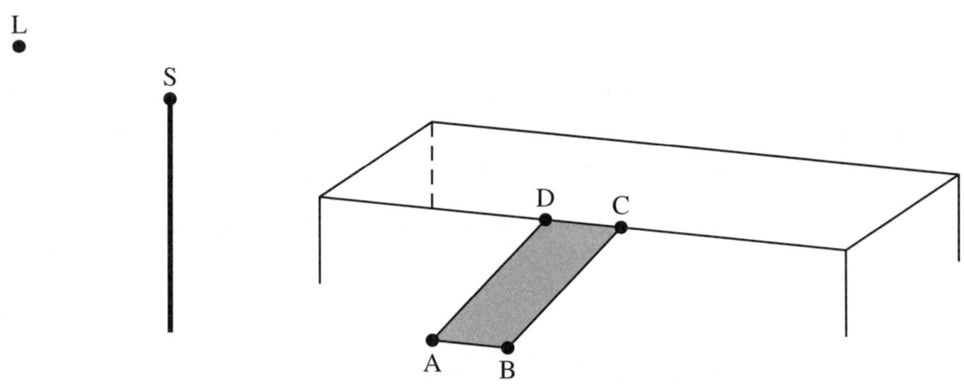

Tipps ab Seite 87, Lösungen ab Seite 144

Landesabitur 2018 Mathematik (WTR/GTR/CAS) Leistungskurs
Stochastik Vorschlag C

Bei einem Spiel werden kleine Pfeile von einer Position hinter einer Wurflinie aus auf eine kreisförmige Scheibe geworfen. Bleibt der Pfeil in einem Feld stecken, wird dem Spieler die dem Feld zugeordnete Punktzahl gutgeschrieben. Die Scheibe ist dabei in 20 gleich große Felder unterteilt, welche die Nummern eins bis 20 tragen (Material 1). Es wird angenommen, dass sich auch bei wiederholten Würfen die Trefferwahrscheinlichkeiten für alle beteiligten Spieler nicht verändern. Darüber hinaus gilt die Annahme, dass die beteiligten Spieler bei jedem Wurf die Scheibe treffen und der Pfeil in einem Feld stecken bleibt.

Für den Spieler L („Laie") gelte die Annahme, dass er unabhängig davon, auf welches Feld er zielt, alle Felder mit der gleichen Wahrscheinlichkeit trifft.
Für den Spieler K („Könner") ist für den Fall, dass er auf Feld „20" zielt, ein Ausschnitt aus der zugehörigen Wahrscheinlichkeitsverteilung in der folgenden Tabelle dargestellt.

Feld F	17	18	19	20
P(Feld F wird getroffen)	$\frac{8}{160}$	$\frac{9}{160}$	$\frac{20}{160}$	$\frac{31}{160}$

1.1 Geben Sie sowohl für den Spieler L als auch für den Spieler K die Wahrscheinlichkeit an, dass er beim einmaligen Werfen das Feld „19" oder das Feld „20" trifft, wenn er auf Feld „20" zielt.

(3 BE)

1.2 Erklären Sie für den Spieler K den folgenden Term und seine einzelnen Bestandteile im Sachzusammenhang und geben Sie das zugehörige Ergebnis an. Gehen Sie dabei davon aus, dass der Spieler K auf Feld „20" gezielt hat.

$$\sum_{k=0}^{2} \binom{22}{k} \cdot \left(\frac{31}{160}\right)^{k} \cdot \left(\frac{129}{160}\right)^{22-k}$$

(4 BE)

2.1 Berechnen Sie die Anzahl der Würfe, die der Spieler L mindestens benötigt, um mit einer Wahrscheinlichkeit von mindestens 99 % mindestens einmal das Feld „20" zu treffen.

(4 BE)

2.2 Ein dritter Spieler zielt ebenfalls auf Feld „20“. Dieser Spieler M („Meister“) trifft das Feld „20“ mit der Wahrscheinlichkeit p_M.
Erläutern Sie die im folgenden Kasten dargestellten Zeilen und deuten Sie den Ansatz (I) und das Ergebnis (II) im Sachzusammenhang:

(I)	$1-(1-p_M)^n \geq 0{,}99$
(II)	$n=10 \Rightarrow p_M \geq 0{,}37$
	$n=5 \Rightarrow p_M \geq 0{,}61$

(5 BE)

3 Auf der Grundlage der bisherigen Leistungen kann man für den Spieler M von einer Treffsicherheit im Hinblick auf das Feld „20“ von $p_M = 0{,}7$ ausgehen.

3.1 Ermitteln Sie die 2σ-Umgebung um den Erwartungswert (Material 2) für den Spieler M, wenn die zugehörige Zufallsvariable die Anzahl der Treffer von Feld „20“ bei 100 Würfen angibt.
Beschreiben Sie die Bedeutung dieser 2σ-Umgebung im Sachzusammenhang.

(3 BE)

3.2 Einer der drei Spieler L, K, M wird zufällig ausgewählt. Der Spieler zielt auf das Feld „20“ und wirft einen Pfeil. Berechnen Sie die Wahrscheinlichkeit dafür, dass es sich bei dem ausgewählten Spieler um den Spieler M handelt unter der Voraussetzung, dass das Feld „20“ getroffen wird.

(3 BE)

3.3 Da der Spieler M mit seiner Treffsicherheit für das Feld „20“ unzufrieden war, hat er intensive Trainingswochen hinter sich gebracht. Am Ende dieser Trainingswochen ist er davon überzeugt, sich verbessert zu haben. Um seinen Trainingserfolg zu überprüfen, wirft er 200 Pfeile auf die Scheibe.

3.3.1 Entwickeln Sie im Sachzusammenhang eine Entscheidungsregel, mit der der Spieler M anhand der Anzahl der Treffer des Felds „20“ auf einem Signifikanzniveau von 5 % seinen Trainingserfolg überprüfen kann.

(5 BE)

3.3.2 Bestimmen Sie ausgehend von Ihrer Entscheidungsregel aus Aufgabe 3.3.1 die Wahrscheinlichkeit für einen Fehler 2. Art für den Fall, dass die tatsächliche Treffsicherheit des Spielers M für das Feld „20“ nun bei 78 % liegt.

(3 BE)

Material 1

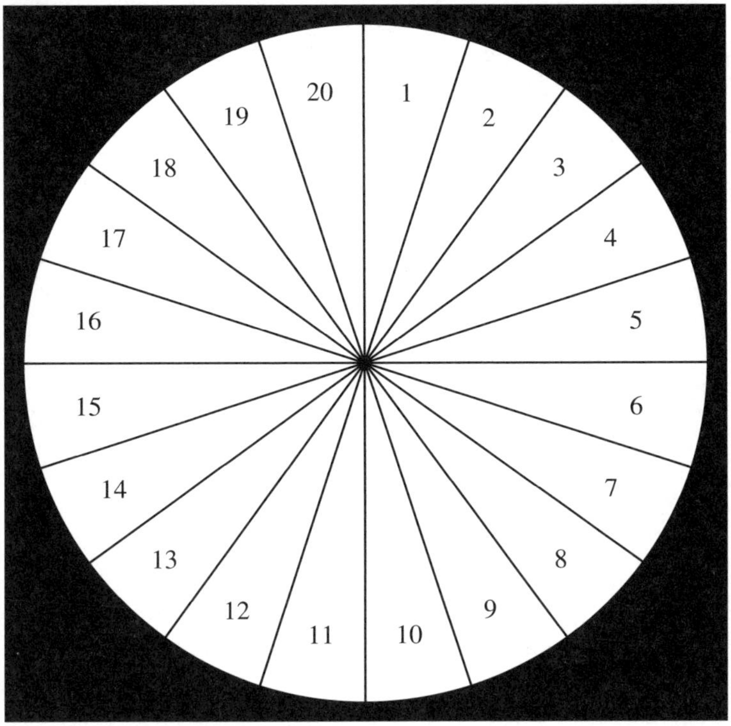

Material 2

Wenn μ der Erwartungswert einer binomialverteilten Zufallsvariable X ist und σ die zugehörige Standardabweichung, dann gilt (falls $\sigma > 3$) für die sogenannte „2σ-Umgebung“ um den Erwartungswert $[\mu - 2\sigma; \mu + 2\sigma] : P(\mu - 2\sigma \leq X \leq \mu + 2\sigma) \approx 95{,}5\,\%$

Binomialsummenfunktion $F_{n;p}(k) = \sum_{i=0}^{k} \binom{n}{i} \cdot p \cdot (1-q)^{n-i}$ **für** $n = 200$

p =	0,65	0,70	0,75	0,78
k =				
125	0,2511	0,0138	0,0001	0,0000
126	0,3001	0,0200	0,0001	0,0000
127	0,3531	0,0284	0,0002	0,0000
128	0,4093	0,0396	0,0004	0,0000
129	0,4675	0,0542	0,0006	0,0000
130	0,5266	0,0728	0,0010	0,0000
131	0,5852	0,0960	0,0017	0,0000
132	0,6421	0,1242	0,0028	0,0001
133	0,6961	0,1579	0,0044	0,0001
134	0,7463	0,1972	0,0068	0,0002
135	0,7918	0,2421	0,0103	0,0004
136	0,8323	0,2921	0,0154	0,0007
137	0,8673	0,3467	0,0226	0,0012
138	0,8971	0,4047	0,0323	0,0020
139	0,9217	0,4652	0,0454	0,0032
140	0,9416	0,5267	0,0625	0,0052
141	0,9574	0,5877	0,0843	0,0081
142	0,9695	0,6468	0,1115	0,0124
143	0,9787	0,7028	0,1445	0,0185
144	0,9854	0,7545	0,1838	0,0272
145	0,9903	0,8012	0,2293	0,0391
146	0,9936	0,8421	0,2808	0,0549
147	0,9959	0,8772	0,3374	0,0756
148	0,9975	0,9066	0,3983	0,1018
149	0,9985	0,9305	0,4621	0,1343
150	0,9991	0,9494	0,5271	0,1734
151	0,9995	0,9641	0,5917	0,2193
152	0,9997	0,9751	0,6542	0,2717
153	0,9998	0,9831	0,7130	0,3301
154	0,9999	0,9889	0,7668	0,3933
155	1,0000	0,9928	0,8148	0,4597
156	1,0000	0,9955	0,8562	0,5277
157	1,0000	0,9973	0,8911	0,5952
158	1,0000	0,9984	0,9196	0,6604
159	1,0000	0,9991	0,9422	0,7214
160	1,0000	0,9995	0,9595	0,7768
161	1,0000	0,9997	0,9724	0,8257

Die Werte 1,0000 und 0,0000 bedeuten: Die angegebenen Wahrscheinlichkeiten sind auf vier Stellen gerundet 1,0000 bzw. 0,0000.

2 Beispielaufgaben Abitur 2019

Tipps ab Seite 90, Lösungen ab Seite 151

Beispielaufgabe Landesabitur 2019 Mathematik (WTR) Leistungskurs
Analysis Vorschlag B1

In einem Labor wird die Konservierung von Lebensmitteln erforscht.

1 In einem Experiment wird einer Nährlösung zu Beobachtungsbeginn 10 mg Hefe zugesetzt und zunächst untersucht, wie sich die Hefe ohne Zugabe von Konservierungsmitteln vermehrt. Dabei wird festgestellt, dass sich die Masse der Hefe 1,7 Stunden nach Beobachtungsbeginn verdoppelt hat.

1.1 Bestimmen Sie die Gleichung einer Funktion h in der Form $h(t) = a \cdot \mathrm{e}^{bt}$, die die Masse der Hefe (in mg) in Abhängigkeit von der Zeit in Stunden nach Beobachtungsbeginn beschreibt, wenn man von exponentiellem Wachstum ausgeht.
$\left[\text{zur Kontrolle: } h(t) \approx 10 \cdot \mathrm{e}^{0,41t}\right]$

(4 BE)

1.2 Berechnen Sie, zu welchem Zeitpunkt sich nach dieser Modellierung die Masse der Hefe verzehnfacht haben wird.

(4 BE)

1.3 Berechnen Sie die durchschnittlich vorhandene Masse der Hefe in den ersten 4 Stunden.

(4 BE)

2 Konservierungsmittel haben auf das Hefewachstum eine hemmende Wirkung, da sie die Hefe zerstören. Um diesen Vorgang genauer zu untersuchen, werden zu Beobachtungsbeginn einer Nährlösung wieder 10 mg Hefe zugesetzt. Zusätzlich wird von Beobachtungsbeginn an durchgehend gleichmäßig ein Konservierungsmittel zugegeben.

Die Masse der Hefe in mg in Abhängigkeit von der Zeit t in Stunden nach Beobachtungsbeginn lässt sich nun durch die Funktionenschar h_k mit

$h_k(t) = 10 \cdot \mathrm{e}^{0,4t-0,5kt^2}$, $k \in \mathbb{R}$ und $k > 0$

beschreiben, wobei k ein Maß für die Masse des zugegebenen Konservierungsmittels ist.

2.1 Untersuchen Sie anhand der Gleichung der Funktionenschar den Verlauf der Scharkurven für $t \to \infty$.

(4 BE)

2.2 Berechnen Sie in Abhängigkeit von k die Hochpunkte der Scharkurven. Die Untersuchung der notwendigen Bedingung ist ausreichend. Beschreiben Sie im Sachzusammenhang die Abhängigkeit des Maximalwerts der Masse der Hefe und des Zeitpunkts, zu dem dieser Maximalwert erreicht wird, von dem Parameter k.

$\left[\text{zur Kontrolle: H}\left(\frac{0{,}4}{k} \,\middle|\, 10 \cdot \mathrm{e}^{\frac{0{,}08}{k}}\right)\right]$

(7 BE)

2.3 Ermitteln Sie die Ortskurve der Extrempunkte und zeichnen Sie diese in das Koordinatensystem in Material 1.

Der vorgegebene Graph in Material 1 ist der Graph einer Kurve der Funktionenschar h_k. Bestimmen Sie mit Hilfe der Grafik den zugehörigen Scharparameter k.

(6 BE)

2.4 Aufgrund der vorgenommenen mathematischen Modellierung könnte die Hefe niemals vollständig zerstört werden. Um dennoch einen Zeitpunkt abschätzen zu können, an dem die Hefe vollständig zerstört ist, wird folgendes Verfahren verwendet: Ab dem Zeitpunkt, an dem die Masse der Hefe wieder auf ihren Ausgangswert von 10 mg gesunken ist, wird von einer linearen Abnahme ausgegangen. Dabei soll die Gerade ohne Knick und ohne Sprung an den Graphen der Funktion h_k anschließen.

Berechnen Sie für $k = 0{,}08$ nach diesem Verfahren den Zeitpunkt, zu dem die Hefe vollständig zerstört ist.

(7 BE)

3 Im Folgenden soll wieder das Hefewachstum ohne Zugabe eines Konservierungsmittels betrachtet werden. Die Modellierung durch eine Exponentialfunktion aus Aufgabe 1 ist dabei nur für den Anfang des Experiments zulässig, nach einiger Zeit verlangsamt sich das Hefewachstum auch ohne Zugabe eines Konservierungsmittels und strebt gegen einen Grenzwert G.

Die vorhandene Masse der Hefe in mg in Abhängigkeit von der Zeit in Stunden nach Beobachtungsbeginn lässt sich daher besser beschreiben durch die Funktion f mit

$f(t) = \dfrac{300}{1 + 29 \cdot \mathrm{e}^{-0{,}43t}}$.

3.1 Die Funktion f stellt eine logistische Wachstumsfunktion (Material 2) dar. Geben Sie unter Verwendung der Gleichung (1) in Material 2 die zugehörigen Parameter G und r an.

(2 BE)

3.2 Bestätigen Sie, dass sich auch bei Modellierung durch die Funktion f die Masse der Hefe 1,7 Stunden nach Beobachtungsbeginn etwa verdoppelt hat. Berechnen Sie den Zeitpunkt, an dem die Masse der Hefe die Hälfte des Grenzwertes G annimmt.

(4 BE)

3.3 Leiten Sie ausgehend von Gleichung (2) aus Material 2 eine allgemeine Gleichung für $g''(t)$ her und zeigen Sie, dass für eine logistische Wachstumsfunktion allgemein die folgende Aussage zutrifft: „Zu dem Zeitpunkt t^*, an dem die Wachstumsgeschwindigkeit am größten ist, hat der Bestand die Hälfte des Grenzwertes G angenommen.“

Gehen Sie dabei davon aus, dass gilt:

(I) $g'(t) > 0$ für alle $t \in \mathbb{R}$,

(II) $g'''(t^*) = -2r\left(g'(t^*)\right)^2$.

(8 BE)

Material 1

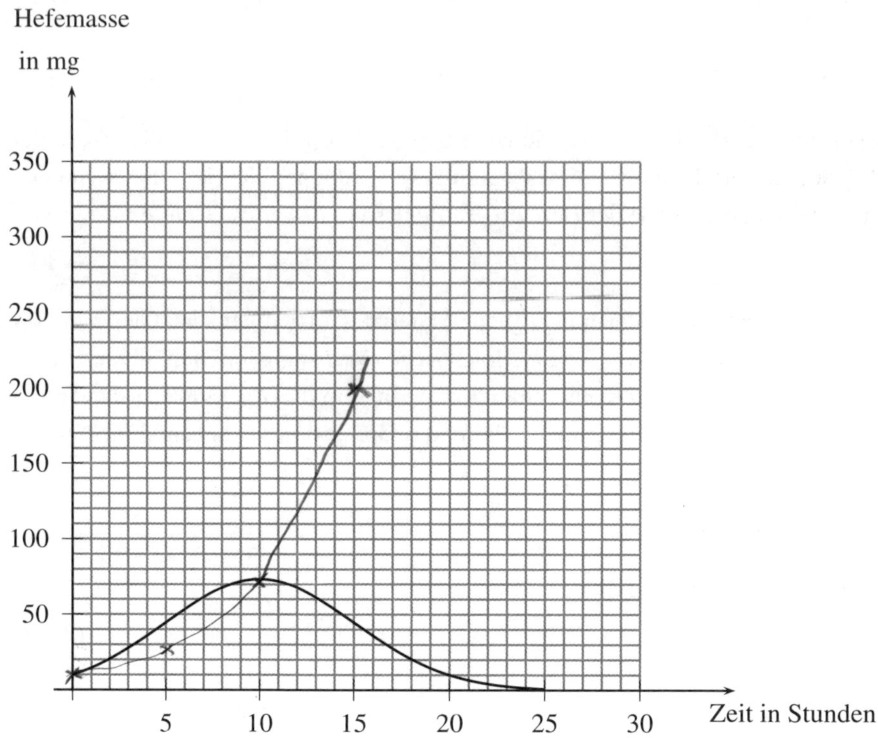

Material 2

Eine **logistische Wachstumsfunktion** ist von der Form

(1) $$g(t) = \frac{G}{1 + \left(\frac{G}{g(0)} - 1\right) \cdot e^{-rGt}} \quad (\text{mit } G > 0 \text{ und } r > 0).$$

Logistische Wachstumsfunktionen erfüllen die Gleichung

(2) $$g'(t) = r \cdot (G - g(t)) \cdot g(t).$$

Tipps ab Seite 91, Lösungen ab Seite 160

Beispielaufgabe Landesabitur 2019 Mathematik (WTR/CAS) Leistungskurs Lineare Algebra / Analytische Geometrie Vorschlag C1

1 Zwei Flugzeuge F_1 und F_2 fliegen abschnittsweise geradlinig mit konstanten Geschwindigkeiten. Im Folgenden werden die Flugbahnen der Flugzeuge als Bewegungen in einem kartesischen Koordinatensystem beschrieben.

Zum Zeitpunkt $t = 0$ befindet sich F_1 im Punkt $A(6|-8|1)$ und F_2 im Punkt $P(-8|20|3)$. Nach drei Sekunden geradlinigen Flugs hat F_1 den Punkt $B(15|-11|7)$ und F_2 den Punkt $Q(4|11|6)$ erreicht. Die x-y-Ebene beschreibt die horizontale Ebene in der Höhe null.

Eine Längeneinheit entspricht 100 engl. Fuß. (Zur Information: 1 engl. Fuß = 0,3048 m)

1.1 Begründen Sie, warum die Flugbahnen von F_1 und F_2 innerhalb der ersten drei Sekunden durch die Geraden

$$g_1 : \vec{x} = \begin{pmatrix} 6 \\ -8 \\ 1 \end{pmatrix} + t \cdot \begin{pmatrix} 3 \\ -1 \\ 2 \end{pmatrix} \text{ und } g_2 : \vec{x} = \begin{pmatrix} -8 \\ 20 \\ 3 \end{pmatrix} + t \cdot \begin{pmatrix} 4 \\ -3 \\ 1 \end{pmatrix}$$

beschrieben werden können, wenn der Parameter t die Zeit in Sekunden angibt.

Erläutern Sie, warum sich beide Flugzeuge im Steigflug befinden.

(4 BE)

1.2 Bestimmen Sie den Betrag des Richtungsvektors der Geraden g_1 aus Aufgabe 1.1 und deuten Sie das Ergebnis im Sachzusammenhang.

(2 BE)

1.3 Modellhaft wird angenommen, dass das Flugzeug F_2 ohne von der in Aufgabe 1.1 angegebenen Flugbahn abzuweichen vom Flughafen gestartet sei. Der Flughafen befindet sich in der x-y-Ebene.

Berechnen Sie die Koordinaten des Startpunktes S sowie den Steigungswinkel der Flugbahn von F_2.

(4 BE)

1.4 Zeigen Sie rechnerisch, dass unabhängig von der Geschwindigkeit der Flugzeuge keine Kollisionsgefahr besteht.

(4 BE)

1.5 Erläutern Sie die Zeilen (1) bis (4) im folgenden Kasten und deuten Sie das Ergebnis in (4) im Sachzusammenhang.

(1) $\begin{pmatrix} 3 \\ -1 \\ 2 \end{pmatrix} \times \begin{pmatrix} 4 \\ -3 \\ 1 \end{pmatrix} = \begin{pmatrix} 5 \\ 5 \\ -5 \end{pmatrix} = 5 \cdot \begin{pmatrix} 1 \\ 1 \\ -1 \end{pmatrix}$

(2) $\mathrm{H}: x+y-z = \begin{pmatrix} 1 \\ 1 \\ -1 \end{pmatrix} \cdot \begin{pmatrix} 6 \\ -8 \\ 1 \end{pmatrix} = -3$ und $g: \vec{x} = \begin{pmatrix} -8 \\ 20 \\ 3 \end{pmatrix} + r \begin{pmatrix} 1 \\ 1 \\ -1 \end{pmatrix}$

(3) g in H liefert $r = -4$ und damit $\mathrm{F}(-12|16|7)$

(4) $\left|\overrightarrow{\mathrm{FP}}\right| = \left|\begin{pmatrix} 4 \\ 4 \\ -4 \end{pmatrix}\right| = \sqrt{48} \approx 6{,}93$

(6 BE)

1.6 Die folgende Formel gibt die tatsächliche Entfernung der beiden Flugzeuge in Abhängigkeit von t an:
$d = \sqrt{984 - 144t + 6t^2}$

Leiten Sie die Formel rechnerisch (ohne Verwendung der Computeralgebrafähigkeit des CAS) her.

(7 BE)

1.7 Wenn es seine Reiseflughöhe in 30 100 Fuß erreicht hat, verlässt das Flugzeug F_1 die in Aufgabe 1.1 angegebene Flugbahn, um ab diesem Zeitpunkt konstant in dieser Höhe in sonst unveränderter Richtung weiterzufliegen. Ermitteln Sie die Gleichung der neuen Flugbahn, wobei hier der Geradenparameter die Zeit nicht mehr in Sekunden angeben soll.

(5 BE)

2 Auf einem Kontrollbildschirm verfolgt ein Fluglotse die Flugbahn des Flugzeugs F_1 aus Aufgabe 1 vom Zeitpunkt $t = 0$ an bis zu dem Zeitpunkt, zu dem es seinen Kurs ändert. Dabei wird die Flugbahn in einem zweidimensionalen Koordinatensystem angezeigt. Das Bild, das auf dem Kontrollbildschirm zu sehen ist, kann durch eine senkrechte Projektion der dreidimensionalen Realität auf die y-z-Ebene beschrieben werden.

Bestimmen Sie die zugehörige Projektionsmatrix P und ermitteln Sie die Gleichung der projizierten Flugbahn des Flugzeugs F_1.

Zeichnen Sie einen geeigneten Ausschnitt der projizierten Flugbahn des Flugzeugs F_1 vom Zeitpunkt $t = 0$ an in ein zweidimensionales Koordinatensystem, wie es auf dem Kontrollbildschirm zu sehen wäre.

(7 BE)

3 Eine Fluglinie bietet einen Flug in ein Ferienparadies in zwei Kategorien K1 und K2 über drei Reiseveranstalter A, B und C an. Die folgende Tabelle gibt für die drei Reiseveranstalter die Anteile der beiden Kategorien an den jeweils verkauften Plätzen für diesen Flug an. In der Kategorie K1 gibt es 80 Plätze, in der Kategorie K2 200. Der Flug ist ausverkauft.

	A	B	C
K1	40 %	30 %	20 %
K2	60 %	70 %	80 %

3.1 Deuten Sie den Wert 30 % in der Tabelle im Sachzusammenhang.

Leiten Sie ein lineares Gleichungssystem her, mit dem für die drei Reiseveranstalter jeweils die Anzahl der verkauften Plätze für diesen Flug ermittelt werden kann.

Berechnen Sie die Lösungsmenge des Gleichungssystems.

[zur Kontrolle: mögliche Darstellung der Lösungsmenge

$$\mathbb{L} = \{(-40 + s; 320 - 2s; s) \mid s \in \mathbb{R}\}]$$

(6 BE)

3.2 Erläutern Sie, welche Bedingung zulässige Lösungen des Gleichungssystems aus Aufgabe 3.1 im Sachzusammenhang erfüllen müssen, und ermitteln Sie, welche Werte der Parameter s im Sachzusammenhang annehmen kann.

(5 BE)

Tipps ab Seite 93, Lösungen ab Seite 167

Beispielaufgabe Landesabitur 2019 Mathematik (WTR/CAS) Leistungskurs Stochastik Vorschlag C2

36 % aller Jugendlichen lesen in ihrer Freizeit regelmäßig Bücher

Im Jahr 2015 gaben 36 % der befragten Jugendlichen bei der JIM-Studie an, dass sie in ihrer Freizeit regelmäßig, das heißt in diesem Fall mehrmals pro Woche, Bücher lesen. Dies bedeutet einen leichten Rückgang im Vergleich zu den vorherigen Jahren (2014: 39 %, 2013: 40 %).

Auch das Alter hat einen Einfluss auf das Leseverhalten. Während 40 % der unter 16-Jährigen angaben, in ihrer Freizeit regelmäßig zu lesen, waren es bei den 18- bis 19-Jährigen nur 29 %. Die JIM-Studie befragt jährlich eine große Anzahl repräsentativ ausgewählter Jugendlicher in Deutschland von 12 bis 19 Jahren zu ihrem Umgang mit Medien, wobei bei der Studie im Jahr 2015 25 % der Befragten 18 bis 19 Jahre und 26 % 16 bis 17 Jahre alt waren. Der Rest der Befragten war jünger als 16 Jahre.

Die Daten wurden der JIM-Studie 2015 entnommen: http://www.mpfs.de/fileadmin/JIM-pdf15/JIM_2015.pdf (abgerufen am 02.06.2016).

1.1 Zeigen Sie unter Verwendung eines geeigneten vollständig beschrifteten Baumdiagramms, dass

- etwa jede fünfte Person unter allen befragten Personen angab, in ihrer Freizeit regelmäßig Bücher zu lesen und jünger als 16 Jahre war,
- von den 16- bis 17- jährigen befragten Personen etwa 35 % angaben, in ihrer Freizeit regelmäßig Bücher zu lesen.

(10BE)

1.2 Eine zufällig ausgewählte befragte Person gab an, in ihrer Freizeit regelmäßig Bücher zu lesen.
Bestimmen Sie die Wahrscheinlichkeit, dass diese Person 18 oder 19 Jahre alt war.

(3 BE)

2 Unter den Schülerinnen und Schülern einer sehr großen Schule wurde im Jahr 2015 ebenfalls eine große Befragung zum Leseverhalten durchgeführt. Auch hier gaben 36 % der befragten 1926 Personen an, in ihrer Freizeit regelmäßig Bücher zu lesen.

2.1 Von den 1926 befragten Personen werden zufällig 40 ausgewählt.
Erläutern Sie in diesem Zusammenhang die folgende Rechnung. Begründen Sie dabei, warum es wichtig ist, die Gesamtzahl der befragten Personen von 1926 zumindest ungefähr zu kennen.

$$\sum_{i=0}^{20} \binom{40}{i} \cdot 0{,}36^i \cdot 0{,}64^{40-i} \approx 97{,}6\,\%$$

(5 BE)

2.2 Nach der Befragung wird in der betrachteten Schule eine Kampagne mit mehreren Aktionen durchgeführt, um Schülerinnen und Schüler zu animieren, in ihrer Freizeit mehr Bücher zu lesen. Die Schulleitung vermutet, dass sich die Kampagne gelohnt habe und nach der Kampagne ein größerer Anteil der Schülerinnen und Schüler in ihrer Freizeit regelmäßig Bücher liest als im Jahr 2015.

Um ihre Vermutung zu überprüfen, führt die Schulleitung einen Hypothesentest mit 90 zufällig ausgewählten Schülerinnen und Schülern der Schule durch.

Dabei wählt sie die Nullhypothese:
„Nicht mehr als 36 % der Schülerinnen und Schüler lesen in ihrer Freizeit regelmäßig Bücher."
Bei der Ermittlung des Verwerfungsbereichs für die Nullhypothese wird außerdem folgende Ungleichung aufgestellt: $\sum_{i=k}^{90} \binom{90}{i} \cdot 0{,}36^i \cdot 0{,}64^{90-i} \leq 5\,\%$

2.2.1 Begründen Sie die Wahl der Nullhypothese und erklären Sie die Bedeutung der Ungleichung bei der Ermittlung des Verwerfungsbereichs.

Bestimmen Sie den Verwerfungsbereich und geben Sie im Sachzusammenhang eine Entscheidungsregel an.

(8 BE)

2.2.2 Der Anteil der Schülerinnen und Schüler in der betrachteten Schule, die in ihrer Freizeit regelmäßig Bücher lesen, hat sich tatsächlich erhöht und beträgt jetzt 40 %.

Nehmen Sie Stellung zu der Aussage, dass man unter dieser Voraussetzung bei Durchführung des geschilderten Hypothesentestes aufgrund des Testergebnisses mit hoher Wahrscheinlichkeit nicht darauf schließen kann, dass sich die Kampagne gelohnt habe.

(4 BE)

3 Für die Befragung in der Schule aus Aufgabe 2 wurden außerdem die Schülerinnen und Schüler dazu aufgefordert, über einen längeren Zeitraum ihre durchschnittliche Lesedauer beim Lesen von Büchern in der Freizeit pro Tag zu messen. Dabei ergaben sich nach einer Auswertung der Daten aller 1926 befragten Schülerinnen und Schüler folgende zusammengefassten Ergebnisse:

durchschnittliche Lesedauer pro Tag (in min)	bis 20	über 20 bis 30	über 30 bis 40	über 40 bis 50	über 50 bis 60	über 60 bis 70	über 70 bis 80	über 80 bis 90	über 90 bis 130
Anteil in %	0,3	1,6	6,5	16,7	26,4	25,7	15,6	5,7	1,5

3.1 Stellen Sie die zusammengefassten Daten der Verteilung der durchschnittlichen Lesedauer pro Tag graphisch als Histogramm dar und berechnen Sie mit diesen Daten Näherungswerte für deren Mittelwert μ und Standardabweichung σ. Gehen Sie dabei von den Intervallmitten (für das letzte Intervall also von 110 Minuten) aus. Begründen Sie, warum es sich nur um Näherungswerte handelt, auch wenn bei Ihrer Berechnung nicht gerundet wird.
Sollten Sie keine Näherungswerte berechnet haben, verwenden Sie für die folgenden Aufgaben die Ersatzwerte: $\mu = 58{,}5$ und $\sigma = 14{,}1$.

(11 BE)

3.2 Begründen Sie auch mithilfe des in Aufgabe 3.1 erstellten Histogramms, dass die Zufallsvariable X: „durchschnittliche Lesedauer pro Tag in Minuten“ als normalverteilt angenommen werden könnte.

(3 BE)

3.3 Gehen Sie davon aus, dass die durchschnittliche Lesedauer pro Tag der befragten Schülerinnen und Schüler normalverteilt ist, und bestimmen Sie mithilfe der in Aufgabe 3.1 berechneten Näherungswerte für μ und σ unter Verwendung der Standardnormalverteilung

- die Wahrscheinlichkeit, dass die von einer zufällig ausgewählten befragten Person angegebene durchschnittliche Lesedauer pro Tag weniger als 44 Minuten beträgt,
- die Wahrscheinlichkeit, dass die von einer zufällig ausgewählten befragten Person angegebene durchschnittliche Lesedauer um weniger als 10 Minuten von μ abweicht.

(6 BE)

Binomialsummenfunktion $\mathbf{F_{n;p}(k) = \sum_{i=0}^{k} \binom{n}{i} \cdot p \cdot (1-q)^{n-i}}$ **für n = 90**

p =	0,34	0,35	0,36	0,37	0,38
k =					
14	0,0001	0,0000	0,0000	0,0000	0,0000
15	0,0002	0,0001	0,0000	0,0000	0,0000
16	0,0005	0,0003	0,0001	0,0001	0,0000
17	0,0012	0,0006	0,0003	0,0002	0,0001
18	0,0026	0,0014	0,0007	0,0004	0,0002
19	0,0054	0,0030	0,0017	0,0009	0,0005
20	0,0104	0,0061	0,0035	0,0020	0,0011
21	0,0192	0,0117	0,0070	0,0040	0,0023
22	0,0332	0,0212	0,0131	0,0078	0,0046
23	0,0546	0,0362	0,0232	0,0145	0,0088
24	0,0855	0,0587	0,0392	0,0254	0,0159
25	0,1274	0,0908	0,0628	0,0422	0,0276
26	0,1813	0,1339	0,0961	0,0670	0,0454
27	0,2472	0,1890	0,1405	0,1015	0,0712
28	0,3236	0,2558	0,1967	0,1471	0,1069
29	0,4078	0,3326	0,2642	0,2043	0,1536
30	0,4959	0,4168	0,3415	0,2726	0,2118
31	0,5838	0,5044	0,4256	0,3503	0,2809
32	0,6672	0,5915	0,5129	0,4344	0,3589
33	0,7428	0,6739	0,5991	0,5212	0,4430
34	0,8080	0,7482	0,6804	0,6067	0,5294
35	0,8618	0,8123	0,7536	0,6870	0,6141
36	0,9042	0,8650	0,8165	0,7590	0,6935
37	0,9360	0,9064	0,8682	0,8208	0,7644
38	0,9589	0,9375	0,9087	0,8714	0,8251
39	0,9746	0,9599	0,9391	0,9110	0,8747
40	0,9849	0,9752	0,9609	0,9407	0,9134
41	0,9914	0,9853	0,9758	0,9619	0,9423
42	0,9953	0,9916	0,9856	0,9765	0,9631
43	0,9975	0,9954	0,9918	0,9861	0,9772
44	0,9987	0,9976	0,9955	0,9920	0,9865
45	0,9994	0,9988	0,9976	0,9956	0,9923
46	0,9997	0,9994	0,9988	0,9977	0,9958
47	0,9999	0,9997	0,9994	0,9988	0,9978
48	0,9999	0,9999	0,9997	0,9994	0,9989
49	1,0000	0,9999	0,9999	0,9997	0,9995
50	1,0000	1,0000	0,9999	0,9999	0,9997
51	1,0000	1,0000	1,0000	1,0000	0,9999
52	1,0000	1,0000	1,0000	1,0000	1,0000

Die Werte 1,0000 und 0,0000 bedeuten: Die angegebenen Wahrscheinlichkeiten sind auf vier Stellen gerundet 1,0000 bzw. 0,0000.

3 Abitur 2019

Tipps ab Seite 95, Lösungen ab Seite 174

Landesabitur 2019 Mathematik (WTR) Leistungskurs
Analysis Vorschlag B1

1 Eine Flasche Wasser wird in einem Kühlschrank auf 8 °C abgekühlt. An einem Sommertag wird diese entnommen und in ein Zimmer mit 30 °C Raumtemperatur gestellt. 10 Minuten später hat sich das Wasser bereits auf 21,9 °C erwärmt. Im Modell wird davon ausgegangen, dass sich die Raumtemperatur nicht verändert.

Der Temperaturverlauf der Erwärmung des Wassers kann durch die Funktion w beschrieben werden mit:

$$w(t) = T_R - (T_R - T_0) \cdot e^{-kt}$$

Dabei bedeutet:	t	Zeit in Minuten nach Entnahme aus dem Kühlschrank
	$w(t)$	Temperatur des Wassers in °C zum Zeitpunkt t
	T_0	Temperatur des Wassers in °C zum Zeitpunkt $t = 0$
	T_R	Raumtemperatur in °C

1.1 Nennen Sie die Werte für die Parameter T_R und T_0.
Ermitteln Sie auf vier Nachkommastellen gerundet den Wert für den Parameter k und geben Sie die zugehörige Funktionsgleichung $w(t)$ an.
[zur Kontrolle: $k \approx 0{,}1$]

(4 BE)

Verwenden Sie im Folgenden die Funktionsgleichung $w(t) = 30 - 22 \cdot e^{-0{,}1t}$

1.2 Berechnen Sie, um wie viel Prozent die Temperatur des Wassers in den ersten 10 Minuten nach Entnahme aus dem Kühlschrank zunimmt.

(2 BE)

1.3 Berechnen Sie den Wert des Terms $\frac{1}{10} \cdot \int_0^{10} w(t)\,dt$ und deuten Sie das Ergebnis im Sachzusammenhang.

(4 BE)

1.4 Begründen Sie mithilfe des Funktionsterms, dass gilt $\lim\limits_{t \to \infty} w(t) = 30$

Erläutern Sie diesen Grenzwert im Sachzusammenhang.

(3 BE)

1.5 Berechnen Sie, mit welcher Geschwindigkeit sich das Wasser zum Zeitpunkt der Entnahme aus dem Kühlschrank erwärmt, und berechnen Sie, wann sich diese Erwärmungsgeschwindigkeit halbiert hat.

Zeigen Sie, dass gemäß der Modellierung durch die Funktion w die Erwärmungsgeschwindigkeit im Zeitverlauf abnimmt, jedoch nie null wird.

(9 BE)

1.6 Eine Funktion f beschreibt ein begrenztes Wachstum, wenn die Wachstumsgeschwindigkeit proportional zur Differenz aus der Sättigungsgrenze und dem aktuellen Bestand ist, d.h., wenn $f'(t) = k \cdot (S - f(t))$ gilt.

Zeigen Sie unter Verwendung des Kontrollergebnisses für k aus Aufgabe 1.1, dass die Funktion w ein begrenztes Wachstum beschreibt.
Deuten Sie den Wert für k im Sachzusammenhang.

(4 BE)

2 Gegeben ist die Funktionenschar f_n mit $f_n(x) = (x+1)^n \cdot \mathrm{e}^x$, wobei $n \in \mathbb{N}$ und $n > 1$ gilt.

Im Material sind zwei ausgewählte Graphen der Schar abgebildet.

2.1 Zeigen Sie, dass alle Graphen der Schar dieselbe Nullstelle und denselben y-Achsenabschnitt besitzen, und geben Sie die Schnittpunkte mit den Koordinatenachsen an.

(3 BE)

2.2 Die Graphen von f_n nähern sich für $x \to -\infty$ der x-Achse an.
Begründen Sie dieses Verhalten anhand des Funktionsterms.

Die beiden im Material abgebildeten Graphen unterscheiden sich bei der Annäherung an die x-Achse.
Erklären Sie diesen Unterschied anhand des Funktionsterms.

(5 BE)

2.3 Ermitteln Sie die Gleichung der Ableitungsfunktion $f_n{}'$ und zeigen Sie, dass gilt:
$f_n{}' = (x+1+n) \cdot f_{n-1}(x)$

(4 BE)

2.4 Berechnen Sie die möglichen Extremstellen von f_n. Die Untersuchung der notwendigen Bedingung ist hierbei ausreichend.

Geben Sie die Skalierung der Achsen im Material an.
Bestimmen Sie für die beiden Graphen I und II im Material die zugehörigen Werte des Parameters n.

(6 BE)

2.5 An der Stelle $x = -1$ besitzen die Graphen der Funktionenschar f_n für gerade Werte von n einen Extrempunkt und für ungerade Werte von n einen Sattelpunkt.

Begründen Sie diese Aussage.

(6 BE)

Material

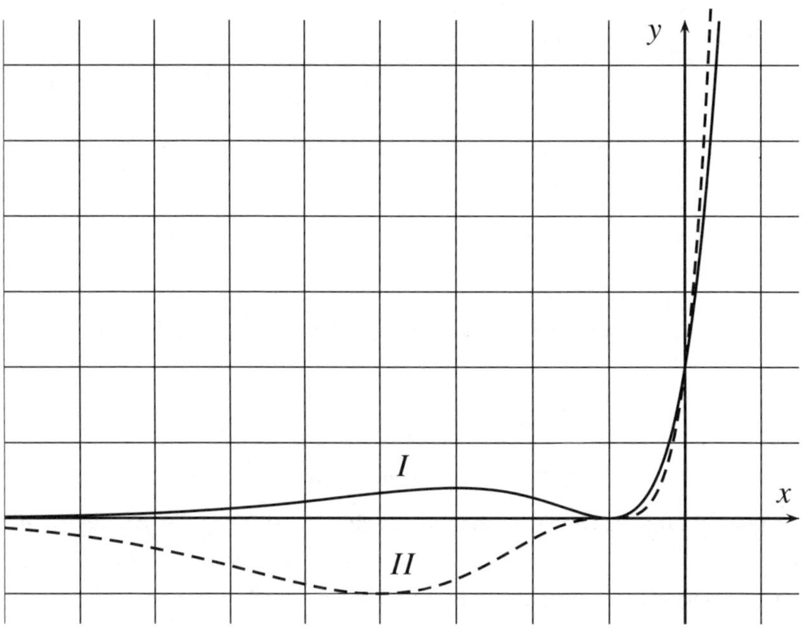

Tipps ab Seite 97, Lösungen ab Seite 181

Landesabitur 2019 Mathematik (WTR) Leistungskurs
Analysis Vorschlag B2

1 Gegeben ist die Funktionenschar f_k mit $f_k(t) = k \cdot t \cdot \mathrm{e}^{-0,4 \cdot t}$, $k, t \in \mathbb{R}$, $k > 0$.

1.1 In Material 1 sind die Graphen von f_1, $f_{1,5}$ und f_2 dargestellt. Ordnen Sie die Graphen A, B und C den verschiedenen Werten des Parameters k zu und begründen Sie Ihre Zuordnung anhand des Funktionsterms.
Untersuchen Sie das Verhalten der Funktionswerte von f_k für $t \to \infty$.

(4 BE)

1.2 Zeigen Sie rechnerisch, dass der Graph jeder Funktion der Schar f_k genau einen Hochpunkt bei $\mathrm{H}\left(2,5 \middle| 2,5 \cdot k \cdot \mathrm{e}^{-1}\right)$ hat.
Beschreiben Sie die Lage der Hochpunkte der Schar.

(9 BE)

1.3 Mithilfe des Formansatzes $F_k(t) = k \cdot (a \cdot t + b) \cdot \mathrm{e}^{-0,4 \cdot t}$ soll eine Stammfunktionenschar F_k von f_k bestimmt werden.
Berechnen Sie die Ableitungsfunktionenschar $F_k{}'$ der Funktionenschar F_k.
Ermitteln Sie durch Vergleich der Funktionsterme von $F_k{}'$ und f_k eine Stammfunktionenschar F_k von f_k.
$\left[\text{zur Kontrolle: } F_k(t) = k \cdot (-2,5t - 6,25) \cdot \mathrm{e}^{-0,4 \cdot t}\right]$

(6 BE)

1.4 Untersuchen Sie, ob der Graph von f_k mit der positiven t-Achse eine Fläche mit endlichem Inhalt einschließt, und berechnen Sie ggf. den Flächeninhalt.

(4 BE)

2 Gegeben ist eine zweite Funktionenschar g_k mit $g_k(t) = k^2 \cdot t \cdot \mathrm{e}^{-0,6 \cdot t}$, $k, t \in \mathbb{R}$, $k > 0$.
Zeigen Sie rechnerisch, dass sich die Graphen der Scharen f_k aus Aufgabe 1 und g_k in den Punkten $\mathrm{S}_1\,(0|0)$ und $\mathrm{S}_2\left(\frac{\ln k}{0,2} \middle| \frac{\ln k}{0,2 \cdot k}\right)$ schneiden, und bestimmen Sie die Funktionsgleichung der Ortskurve der Schnittpunkte S_2.
$\left[\text{zur Kontrolle: } o(t) = t \cdot \mathrm{e}^{-0,2 \cdot t}\right]$

(10 BE)

2 Mit Nebelfängern (Material 2) lassen sich trockene Gebiete mit Trinkwasser versorgen. Der Nebel kondensiert an Folien, das Wasser sammelt sich und rinnt in Zisternen.
Die Sammelrate eines Nebelfängers vom Typ I kann durch geeignete Funktionen der Schar f_k aus Aufgabe 1, die Sammelrate eines Nebelfängers vom Typ II durch geeignete Funktionen der Schar g_k aus Aufgabe 2 modelliert werden.
Dabei gibt t mit $t \in [0;10]$ die nach 19 Uhr vergangene Zeit in Stunden an; $f_k(t)$ bzw. $g_k(t)$ gibt die Sammelrate des jeweiligen Nebelfängers in hundert Liter pro Stunde an.
Die Sammelrate des jeweiligen Nebelfängers hängt von unterschiedlichen Wetterlagen ab, welche mithilfe des Parameters k mit $k \in [1;3]$ modelliert werden können.
Unter der Ausbeute eines Nebelfängers versteht man die in der Zeit von 19 Uhr abends bis 5 Uhr morgens gesammelte Wassermenge.

3.1 Zeigen Sie, dass die Ausbeute eines Nebelfängers vom Typ I in hundert Liter in Abhängigkeit von k durch die Funktion $A(k) = 5{,}678 \cdot k$ näherungsweise beschrieben wird.
Bestimmen Sie die minimal und die maximal mögliche Ausbeute eines Nebelfängers vom Typ I in Liter.

(4 BE)

3.2 Zeigen Sie, dass bei der durch den Wert $k = 2{,}08$ modellierten Wetterlage beide Nebelfänger auf ganze Liter gerundet die gleiche Ausbeute erzielen.

(3 BE)

3.3 Erläutern Sie die Zeilen (I) und (II) sowie die Rechenansätze in Zeile (III) des Kastens.
Deuten Sie die beiden Ergebnisse in Zeile (III) im Sachzusammenhang.

(I)	$f_{2,08}(t) = g_{2,08}(t) \Longrightarrow t_1 = 0 \vee t_2 \approx 3{,}66$
(II)	$u(t) = f_{2,08}(t) - g_{2,08}(t)$
(III)	$\int_0^{3,66} u(t)\,\mathrm{d}t \approx -2{,}15; \int_{3,66}^{10} u(t)\,\mathrm{d}t \approx +2{,}15$

(5 BE)

4 Zu jeder durch den Parameter k modellierten Wetterlage gibt es einen Zeitpunkt $t^* > 0$, zu dem die Nebelfänger vom Typ I und II die gleiche Sammelrate haben.

4.1 Erklären Sie, wie man unter Zuhilfenahme des Kontrollergebnisses aus Aufgabe 2 den Zeitpunkt $t^*_{\max}$ berechnen kann, bei dem die beiden Nebelfänger die größtmögliche gleiche Sammelrate haben.
Hinweis: Eine rechnerische Herleitung des Zeitpunkts $t^*_{\max}$ ist nicht erforderlich.

(2 BE)

4.2 Es ergibt sich $t^*_{\max} = 5$. Berechnen Sie den zugehörigen Wert des Parameters k.

(3 BE)

Material 1

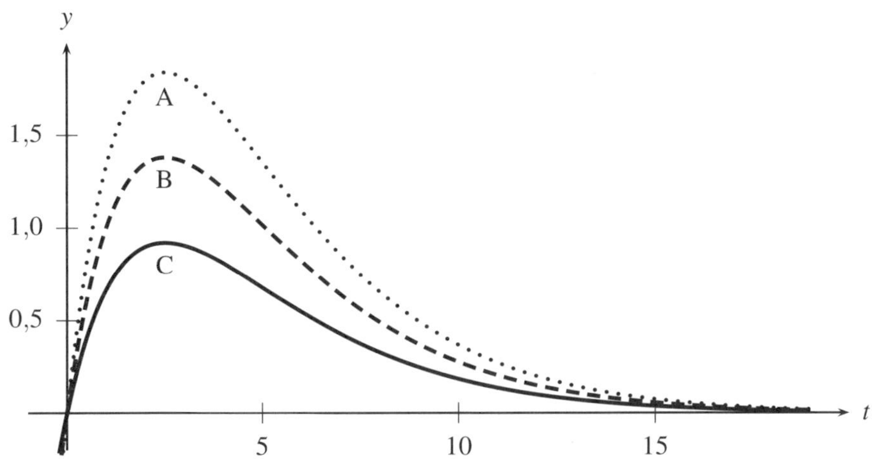

Material 2

https://upload.wikimedia.org/wikipedia/commons/thumb/c/c8/Atrapanieblas_en_Alto_Patache.jpg/220px-Atrapanieblas_en_Alto_Parache.jpg (abgerufen am 23.2.2018)

Tipps ab Seite 98, Lösungen ab Seite 186

Landesabitur 2019 Mathematik (WTR/CAS) Leistungskurs
Lineare Algebra/Analytische Geometrie Vorschlag C1

1 Die Abbildung im Material zeigt modellhaft ein zylinderförmiges Silo, dessen Schatten teilweise auf eine Scheune fällt. Das Silo ist 9,6 m hoch und hat einen Durchmesser von 4 m. Die beiden Gebäude stehen senkrecht auf einem horizontalen Untergrund, der im dargestellten kartesischen Koordinatensystem durch die x-y-Ebene beschrieben wird. Eine Längeneinheit im Koordinatensystem entspricht 1 m in der Realität.

Die Dachfläche der Scheune wird durch das Viereck mit den Eckpunkten $A(2|6|3)$, $B(-2|6|6)$, $C(-2|-6|6)$ und $D(2|-6|3)$ dargestellt.

1.1 Zeigen Sie, dass das Viereck ABCD ein Rechteck ist.

Berechnen Sie den Flächeninhalt dieses Rechtecks.

(5 BE)

1.2 Das Viereck ABCD liegt in der Ebene E.

Geben Sie eine Gleichung der Ebene E in Parameterform an und ermitteln Sie eine Gleichung von E in Koordinatenform.
[zur Kontrolle: $E: 3x + 4z = 18$]

(6 BE)

1.3 In der Koordinatengleichung von E fehlt die y-Koordinate. Beschreiben Sie, was daraus für die Lage der Ebene E im Koordinatensystem folgt.

(2 BE)

1.4 Bestimmen Sie die Größe des Winkels, unter dem die Dachfläche der Scheune gegenüber der Horizontalen geneigt ist.

(3 BE)

1.5 Berechnen Sie das Volumen und den Flächeninhalt der Oberfläche (ohne Boden) des Silos.

(4 BE)

2 Die Richtung, in der das Sonnenlicht zu einem bestimmten Zeitpunkt auf die beiden Gebäude einfällt, kann durch den Vektor $\begin{pmatrix} -4 \\ 3 \\ -3 \end{pmatrix}$ beschrieben werden. Der Raumbereich zwischen Silo und Scheune, der vom Sonnenlicht nicht (direkt) erreicht wird, wird von mehreren Flächen begrenzt. Eine dieser Begrenzungsflächen wird durch das ebene Fünfeck PQRST beschrieben, wobei der Punkt T im Modell den Schattenpunkt von $P(7{,}2|-3{,}4|9{,}6)$ darstellt (Material).

Die Punkte Q und R liegen jeweils in vertikaler Richtung unterhalb der Punkte P und S auf dem horizontalen Untergrund.

2.1 Das Fünfeck PQRST liegt in der Ebene F. Begründen Sie, dass F durch die Gleichung $3x + 4y = 8$ beschrieben wird

(4 BE)

2.2 Berechnen Sie die Länge der Strecke $\overline{ST}$.

(7 BE)

2.3 Begründen Sie, dass die Breite des Schattens des Silos auf der Seitenwand der Scheune nicht genauso groß ist wie der Durchmesser des Silos.

(3 BE)

2.4 Eine zweite Begrenzungsfläche des betrachteten Raumbereichs liegt im Modell in einer Ebene $\mathrm{H}: 3x + 4y = d$ mit $d \in \mathbb{R}$. Berechnen Sie den Wert von d.

(4 BE)

3 Gegeben ist die Abbildungsmatrix M mit $M = \begin{pmatrix} 1 & 0 & -\frac{4}{3} \\ 0 & 1 & 1 \\ 0 & 0 & 0 \end{pmatrix}$

3.1 Berechnen Sie alle Punkte des $\mathbb{R}^3$, die durch M auf sich selbst abgebildet werden. Beschreiben Sie die Lage dieser Punkte geometrisch.

(4 BE)

3.2 Berechnen Sie die Koordinaten aller Punkte des $\mathbb{R}^3$, die durch M auf den Ursprung abgebildet werden. Beschreiben Sie die Lage dieser Punkte geometrisch.

(5 BE)

3.3 Erklären Sie, welche geometrische Abbildung mithilfe der Matrix M beschrieben wird.

(3 BE)

Material

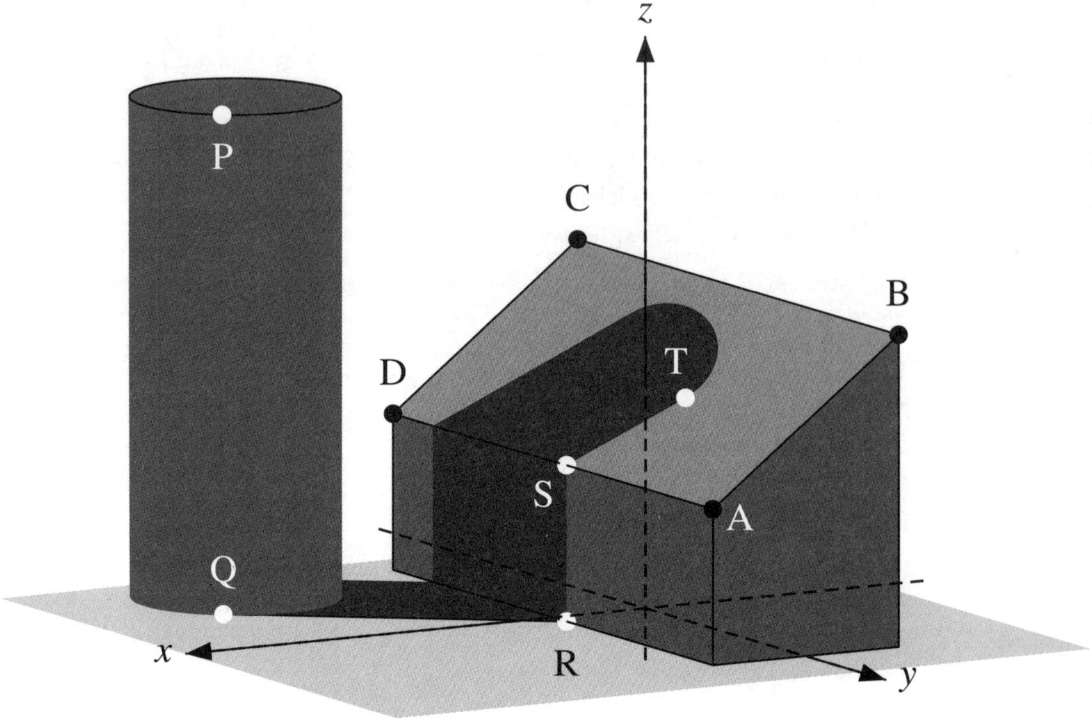

Tipps ab Seite 100, Lösungen ab Seite 195

Landesabitur 2019 Mathematik (WTR/CAS) Leistungskurs
Stochastik Vorschlag C2

1 70 % der auf Hühnerfarm A produzierten Eier sind braun, die restlichen weiß. Der Produktion werden nacheinander Eier zufällig ohne Zurücklegen entnommen; es wird jeweils die Farbe notiert.

1.1 Begründen Sie, dass es sich hierbei in guter Näherung um eine Bernoulli-Kette handelt.

(2 BE)

1.2 Bestimmen Sie die Wahrscheinlichkeiten der folgenden Ereignisse unter Angabe einer geeigneten Zufallsvariable.

E_1: Unter 10 der Produktion zufällig entnommenen Eiern sind genau 3 weiß.
E_2: Unter 50 der Produktion zufällig entnommenen Eiern sind mindestens 33 braun.
E_3: Bei 100 der Produktion zufällig entnommenen Eiern weicht die Anzahl der weißen Eier um höchstens 3 vom Erwartungswert ab.

(9 BE)

1.3 Die Zufallsvariable X bezeichnet die Anzahl der weißen Eier.
Erläutern Sie den folgenden Ansatz im Sachzusammenhang und berechnen Sie n.

$$P(X \geq 1) = \sum_{k=1}^{n} \binom{n}{k} \cdot 0{,}3^k \cdot 0{,}7^{n-k} \geq 0{,}99$$

(5 BE)

2 Ein Händler bezieht seine Eier, die entweder braun oder weiß sind, von zwei Hühnerfarmen B und C. Er stellt fest, dass sein Anteil der braunen Eier exakt 70 % beträgt. Der Anteil der weißen Eier in der Lieferung von Hühnerfarm C beträgt 40 %; bei Hühnerfarm B beträgt der entsprechende Anteil 25 %.

2.1 Zeigen Sie, dass der Händler ein Drittel seiner Eier von Hühnerfarm C bezieht.

(4 BE)

2.2 Ein Ei wird aus dem Lager des Händlers zufällig ausgewählt; es ist weiß. Bestimmen Sie die Wahrscheinlichkeit dafür, dass es sich um ein Ei aus der Lieferung von Hühnerfarm C handelt.

(3 BE)

3 Auf der Hühnerfarm D werden ebenfalls Eier produziert, die entweder braun oder weiß sind. Der Betreiber behauptet, dass der Anteil der weißen Eier in seiner Produktion größer als 30 % ist. Um seine Vermutung zu bestätigen, untersucht er 200 Eier.

3.1 Entwickeln Sie einen Hypothesentest auf einem Signifikanzniveau von 5 % und formulieren Sie eine Entscheidungsregel im Sachzusammenhang.

(6 BE)

3.2 Beschreiben Sie den Fehler zweiter Art im Sachzusammenhang und bestimmen Sie seine Wahrscheinlichkeit für den Fall, dass der tatsächliche Anteil der weißen Eier 35 % beträgt.

(5 BE)

3.3 Der Graph im Material zeigt für $n = 200$, wie sich bei einem Signifikanzniveau von 5 % die Fehlerwahrscheinlichkeit β für den Fehler zweiter Art in Abhängigkeit vom tatsächlichen Anteil p weißer Eier mit $p > 0{,}3$ verhält.
Beschreiben Sie, wie sich anhand des Graphen das Ergebnis aus Aufgabe 3.2 bestätigen lässt. Erläutern Sie ohne Verwendung einer Rechnung, wie sich der Verlauf des Graphen für $p > 0{,}3$ verändert, wenn das Signifikanzniveau bei 2 % liegt.

(4 BE)

4 Auf einem Bauernhof leben freilaufende Hühner. Das Gewicht ihrer Eier sei normalverteilt mit dem Erwartungswert $\mu = 57\,\text{g}$ und der Standardabweichung $\sigma = 4\,\text{g}$. Die Zufallsvariable X gebe das Gewicht eines zufällig herausgegriffenen Eis in Gramm an.

4.1 Bestimmen Sie die Wahrscheinlichkeit der folgenden Ereignisse.

E_4: Das Gewicht eines zufällig ausgewählten Eies liegt zwischen 49 g und 56 g.
E_5: Das Gewicht eines zufällig ausgewählten Eies beträgt mindestens 50 g.
E_6: Das Gewicht eines zufällig ausgewählten Eies weicht um mindestens 6 g vom Erwartungswert ab.

(7 BE)

4.2 Erläutern Sie den Ansatz $1 - \Phi\left(\frac{a-57}{4}\right) \leq 0{,}05$ im Sachzusammenhang und bestimmen Sie den kleinsten ganzzahligen Wert für a, für den die Ungleichung erfüllt ist.
Hinweis: $\Phi(1{,}65) \approx 0{,}95$ kann verwendet werden.

(5 BE)

Material

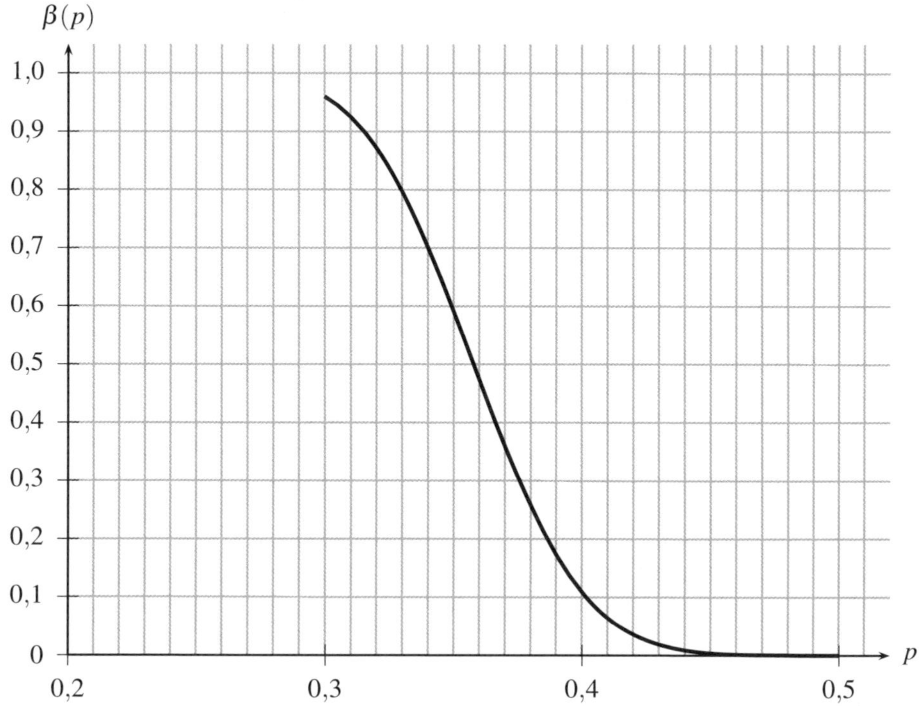

Binomialsummenfunktion $\mathbf{F_{n;p}(k) = \sum_{i=0}^{k} \binom{n}{i} \cdot p^i \cdot (1-p)^{n-i}}$ **für n = 200**

k= \ p=	**0,3**
50	0,0695
51	0,0934
52	0,1228
53	0,1579
54	0,1988
55	0,2455
56	0,2972
57	0,3532
58	0,4123
59	0,4733
60	0,5348
61	0,5953
62	0,6533
63	0,7079
64	0,7579
65	0,8028
66	0,8421
67	0,8758
68	0,9040
69	0,9272
70	0,9458
71	0,9604
72	0,9716
73	0,9800
74	0,9862
75	0,9906
76	0,9938
77	0,9959
78	0,9974
79	0,9984
80	0,9990
81	0,9994
82	0,9996
83	0,9998
84	0,9999
85	0,9999
86	1,0000

Der Wert 1,0000 bedeutet: die angegebenen Wahrscheinlichkeiten sind auf vier Stellen gerundet 1,0000.

4 Abitur 2020

Tipps ab Seite 102, Lösungen ab Seite 200

Landesabitur 2020 Mathematik (WTR) Leistungskurs
Analysis Vorschlag B1

Rückhaltebecken für Regen dienen dazu, bei starkem Regen Überschwemmungen zu vermeiden, indem das Regenwasser zunächst darin gesammelt und später langsam wieder abgelassen wird. Die Zuflussrate des Regenwassers kann bei einigen Regenfällen modelliert werden durch die Funktionenschar f_k mit $f_k(t) = 100\left(k^2 \cdot t + k\right) \cdot \mathrm{e}^{-\frac{k}{5}t}$, $t \geq 0$, $k \in \mathbb{R}^+$. Dabei gibt t die Zeit in Stunden nach Beobachtungsbeginn und $f_k(t)$ die Zuflussrate in $\frac{\mathrm{m}^3}{\mathrm{h}}$ an. Der Parameter k ist ein Maß für die Stärke des Regens. In Material 1 sind die Graphen der Funktionen f_k für $k = 1, 2, 3, 4$ dargestellt.

1.1 Berechnen Sie die Zuflussrate zum Zeitpunkt $t = 0$ in Abhängigkeit vom Parameter k.

(2 BE)

1.2 Berechnen Sie die maximale Zuflussrate und den zugehörigen Zeitpunkt jeweils in Abhängigkeit vom Parameter k.

Die zweite Ableitung $f_k''(t) = 4k^3(k \cdot t - 9) \cdot \mathrm{e}^{-\frac{k}{5}t}$ kann ohne Nachweis verwendet werden.

$\left[\text{Zur Kontrolle: } t_{max} = \frac{4}{k}\right]$

(7 BE)

1.3 Beschriften Sie die Graphen im Material 1 mit den zugehörigen Parameterwerten $k = 1, 2, 3, 4$ und beschreiben Sie den Einfluss des Parameters k auf Zeitpunkt und Größe der maximalen Zuflussrate. Skizzieren Sie in das Koordinatensystem in Material 1 die Ortskurve der Hochpunkte und bestimmen Sie die Funktionsgleichung der Ortskurve.

(7 BE)

1.4 Berechnen Sie die Wendepunkte der Graphen der Funktionenschar f_k in Abhängigkeit von k.

Hinweis: Die Untersuchung der notwendigen Bedingung ist ausreichend.

(4 BE)

Die Wendetangenten der Graphen der Scharfunktionen f_k werden durch Graphen der Funktionenschar w_k mit $w_k(t) = 100k \cdot (19 - k \cdot t) \cdot \mathrm{e}^{-\frac{9}{5}}$ beschrieben.

1.5 Das nötige Fassungsvermögen des Rückhaltebeckens, das für die Aufnahme der gesamten Regenmenge bei einer Modellierung der Zuflussrate durch die Funktionenschar f_k ausreicht, kann mittels zweier Verfahren bestimmt werden:

(1) Bestimmung des Grenzwertes $\lim\limits_{u \to \infty} [F_k(u) - F_k(0)]$ wobei F_k eine Stammfunktionenschar der Funktionenschar f_k darstellt.

(2) Bestimmung des Inhalts der Fläche, die zwischen den Koordinatenachsen und der Wendetangente w_k eingeschlossen ist.

1.5.1 Mit einem der beiden Verfahren wird der genaue Wert für das nötige Fassungsvermögen ermittelt und mit dem anderen lediglich eine Näherungslösung. Entscheiden Sie, mit welchem der beiden Verfahren bei der vorgegebenen Modellierung der genaue Wert für das nötige Fassungsvermögen bestimmt wird, und erläutern Sie Ihre Entscheidung.

(3 BE)

1.5.2 Berechnen Sie mithilfe des Formansatzes $F_k(t) = 100(a \cdot t + b) \cdot \mathrm{e}^{-\frac{k}{5}t}$ eine Stammfunktionenschar F_k von f_k.

[zu Kontrolle: F_k mit $F_k(t) = 100 \cdot (-5 \cdot k \cdot t - 30) \cdot \mathrm{e}^{-\frac{k}{5}t}$ ist eine mögliche Stammfunktionenschar.]

(7 BE)

1.5.3 Berechnen Sie jeweils die Werte für das nötige Fassungsvermögen nach den beiden genannten Verfahren und vergleichen Sie die beiden Werte, indem Sie die prozentuale Abweichung der Näherungslösung berechnen.

(6 BE)

2 Die obere Randkurve des um 90° gekippten rotationssymmetrischen Rückhaltebeckens in Material 2 kann durch den Graphen der Funktion g mit $g(x) = \sqrt{60x}$, $x \geq 0$, beschrieben werden. Die Tiefe des Rückhaltebeckens wird mit H und der Durchmesser mit d bezeichnet. Alle Längenangaben erfolgen dabei in Meter.

2.1 Zeigen Sie, dass für das Volumen des Rückhaltebeckens $V = \pi \cdot 30H^2$ gilt.
Berechnen Sie die Tiefe H und den Durchmesser d des Rückhaltebeckens, wenn dieses ein Fassungsvermögen von $3000\,\mathrm{m}^3$ besitzt.

(5 BE)

2.2 Das vollgelaufene Rückhaltebecken wird bei konstanter Abflussrate in 100 Stunden wieder völlig entleert.

2.2.1 Entscheiden Sie ohne eine Rechnung, ob nach 50 Stunden die Höhe des Wasserstandes im Rückhaltebecken auf der halben Höhe über dem Beckenboden oder darüber bzw. darunter liegt.

(2 BE)

2.2.2 Begründen Sie, dass für die Regenwassermenge (in m^3), die sich zum Zeitpunkt t nach Beginn der Entleerung noch im Rückhaltebecken befindet, gilt: $V(t) = -30t + 3000$

(3 BE)

2.2.3 Leiten Sie mithilfe der Formeln aus Aufgabe 2.1 und Aufgabe 2.2.2 für die Höhe des Wasserstands über dem Beckenboden bei der Entleerung die Formel $h(t) = \sqrt{\frac{1}{\pi}(100-t)}$ her.

(4 BE)

Material 1

Graphen der Funktionenschar $\mathbf{f_k}$ für $\mathbf{k = 1, 2, 3, 4}$

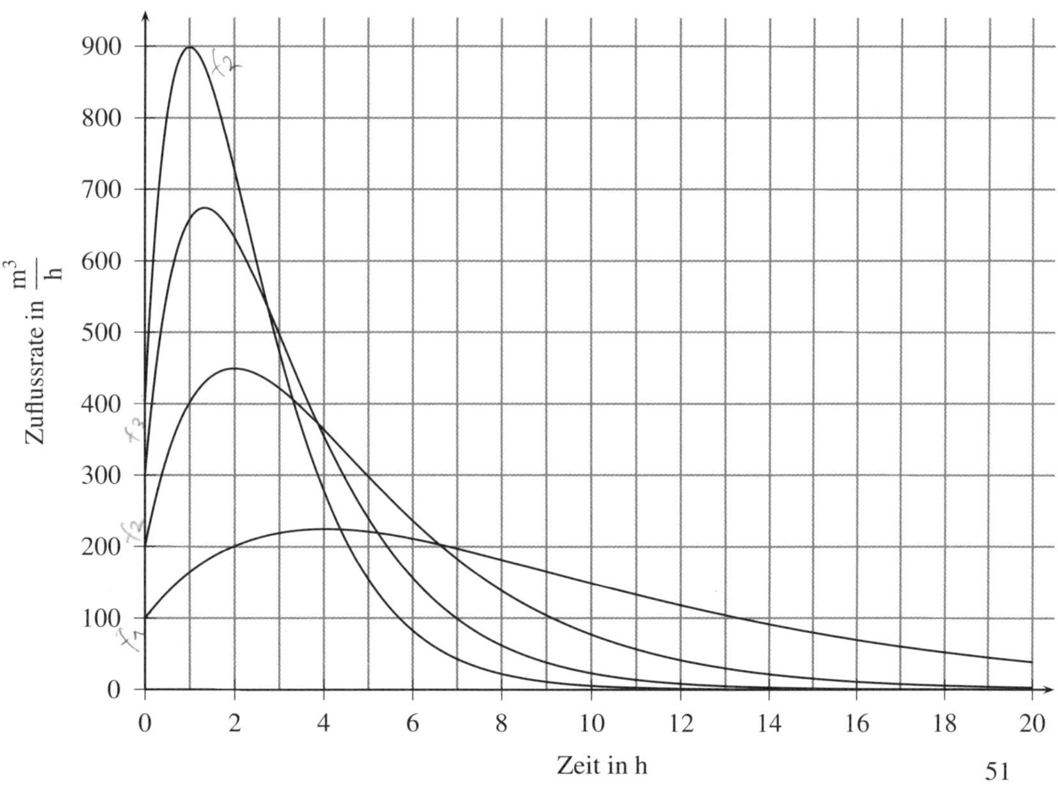

Material 2

Skizze des (um 90° gekippten) Rückhaltebeckens

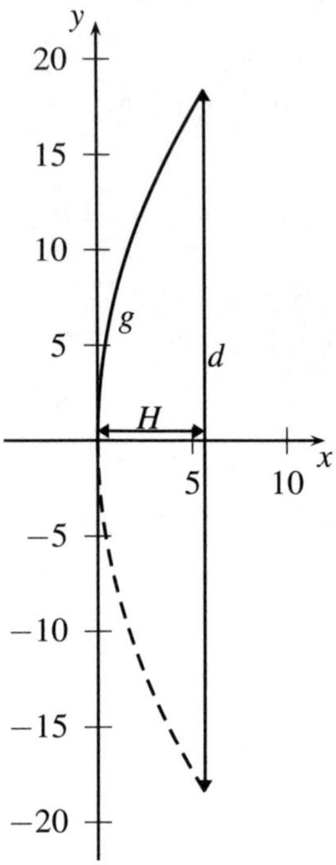

Tipps ab Seite 103, Lösungen ab Seite 208

Landesabitur 2020 Mathematik (WTR) Leistungskurs
Analysis Vorschlag B2

Mediziner und Biologen untersuchen die Auswirkungen von Antibiotika auf das Wachstum von Bakterienbeständen. Bakterien vermehren sich exponentiell. Fügt man diesen Bakterien ein Antibiotikum hinzu, wird das Wachstum des Bakterienbestands gehemmt. Das Antibiotikum bewirkt, dass die Bakterien absterben und der Bakterienbestand sich schlussendlich wieder dem Wert null annähert; man spricht in diesem Zusammenhang auch von vergiftetem Wachstum.
Mit den Funktionen der Schar f_a mit $f_a(t) = \mathrm{e}^{a \cdot t - 0{,}3 \cdot t^2}, t > 0, a > 0$, kann der-Bakterienbestand in einem Organismus dargestellt werden, wobei t die Zeit in Tagen nach Beobachtungsbeginn und $f_a(t)$ die Anzahl der Bakterien in Tausend angibt.

1.1 Begründen Sie, dass die Funktionen der Schar f_a keine Nullstellen besitzen.

(2 BE)

1.2 Geben Sie die erste Ableitungsfunktion der Funktion f_a an und zeigen Sie, dass für die zweite Ableitungsfunktion gilt:
$fa(t) = \mathrm{e}^{a \cdot t - 0{,}3 \cdot t^2} \cdot (a^2 - 1{,}2a \cdot t + 0{,}36t^2 - 0{,}6)$
Geben Sie jeweils die verwendeten Ableitungsregeln an.

(7 BE)

1.3 Bestätigen Sie, dass jeder Graph der der Schar f_a einen Hochpunkt im Punkt $\mathrm{HP}\left(\frac{5}{3}a \middle| \mathrm{e}^{\frac{5}{6}a^2}\right)$ hat und berechnen Sie die Funktionsgleichung der Ortskurve der Hochpunkte.

(8 BE)

1.4 Erklären Sie für $h > 0$ die Aussagen der Zeilen (1) bis (3) und deuten Sie das Ergebnis in Zeile (3) geometrisch.

(1)	$f_a\left(\frac{5}{3}a + h\right) = \mathrm{e}^{\frac{5}{6}a^2 - 0{,}3h^2}$
(2)	$f_a\left(\frac{5}{3}a - h\right) = \mathrm{e}^{\frac{5}{6}a^2 - 0{,}3h^2}$
(3)	$\Rightarrow f_a\left(\frac{5}{3}a + h\right) = f_a\left(\frac{5}{3}a - h\right)$

(5 BE)

2 Die Mediziner und Biologen analysieren unter Laborbedingungen einen Bakterienbestand, der durch die Funktion f_a mit $a = 2{,}7$ beschrieben werden kann.

2.1 Bestimmen Sie, wann in diesem Fall der höchste Bakterienbestand vorliegt und wie hoch dieser ist. Zeichnen Sie die Skalierung des Koordinatensystems in Material 1 ein.

(3 BE)

2.2 Formulieren Sie unter Bezug auf den Sachzusammenhang einen geeigneten Ansatz zur Berechnung des Zeitpunkts, ab dem man (bei Modellierung mit der Funktion $f_{2,7}$) davon ausgehen kann, dass keine Bakterien mehr vorhanden sind.
Berechnen Sie diesen Zeitpunkt und erläutern Sie das Ergebnis

(4 BE)

2.3 In Material 2 ist der Graph einer möglichen Stammfunktion $F_{2,7}$ von $f_{2,7}$ dargestellt. Beschreiben und begründen Sie das Monotonieverhalten des Graphen von $F_{2,7}$ und erläutern Sie die Bedeutung des Hochpunkts des Graphen von $f_{2,7}$ für den Graphen von $F_{2,7}$.

(4 BE)

Der Mittelwert m der Funktionswerte $g(x)$ einer Funktion g im Intervall $[a;b]$ kann durch die Formel $m = \frac{1}{b-a} \cdot \int_a^b g(x)\,\mathrm{d}x$ berechnet werden. Für die Integration von $f_{2,7}$ muss auf Näherungsverfahren zurückgegriffen werden.

2.4 Eine Näherung für den Mittelwert der Anzahl der Bakterien während des zweiten Tages benutzt die Berechnung einer einzigen Trapezfläche, wie für den Graphen einer anderen Funktion als Beispiel in Material 3 dargestellt.
Zeichnen Sie die entsprechende Trapezfläche in Material 1 ein und berechnen Sie mithilfe der Trapezfläche einen Näherungswert für die mittlere Anzahl an Bakterien während des zweiten Tages nach Beobachtungsbeginn.

(3 BE)

2.5 Bestimmen Sie (numerisch mithilfe des Taschenrechners) die mittlere Anzahl an Bakterien während des zweiten Tages nach Beobachtungsbeginn.

(2 BE)

2.6 Begründen Sie für die Funktion $f_{2,7}$, dass es genau zwei Intervalle $[a;b]$ der Länge $b-a=1$ gibt, in denen der Näherungswert durch die Trapezfläche gleich dem exakten Wert für den Mittelwert m für das jeweilige Intervall ist.
Hinweis: Die Intervalle enthalten jeweils eine Wendestelle.

(4 BE)

3 Ein Arzneimittel wird als Tablette produziert und enthält neben dem Antibiotikum weitere Inhaltsstoffe. Die Tablette ist ein rotationssymmetrischer Körper. Die obere Randkurve der Querschnittsfläche der Tablette kann durch den Graphen der Funktion h mit $h(x) = 0{,}5 \cdot \sqrt{1-x^2}$ beschrieben werden. Eine Einheit im Koordinatensystem entspricht einem Zentimeter.

3.1 Zeigen Sie, dass der Definitionsbereich der Funktion h das Intervall $[-1;1]$ ist.

(2 BE)

3.2 In $0{,}01\,\text{cm}^3$ einer Tablette befinden sich $2\,\text{mg}$ des Antibiotikums. Berechnen Sie, wie viel mg des Antibiotikums eine Tablette enthält

(6 BE)

Material 1

Graph von $f_{2,7}$

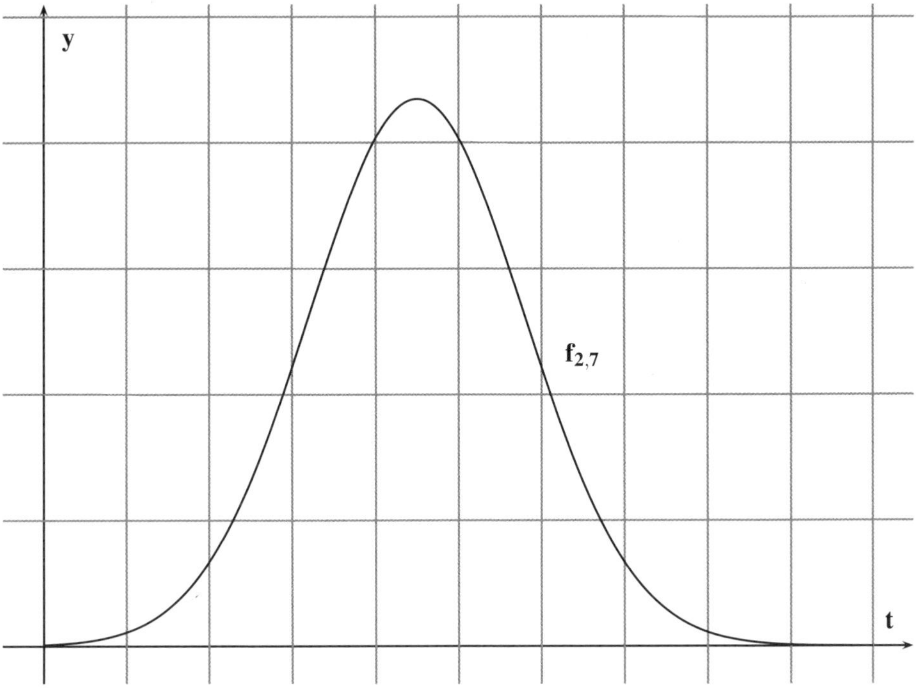

Material 2

Graph einer Stammfunktion $F_{2,7}$ von $f_{2,7}$

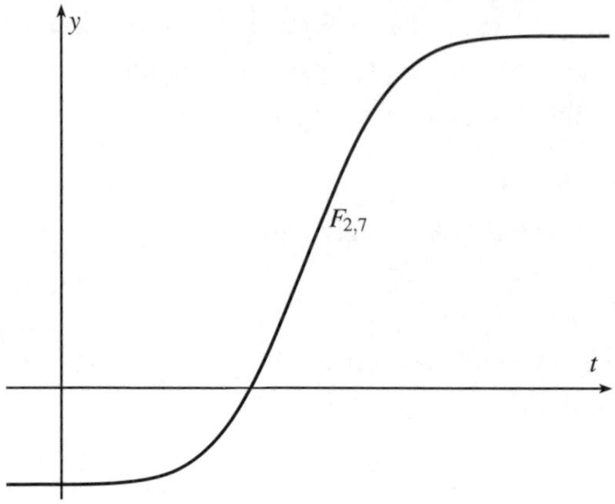

Material 3

Trapezfläche

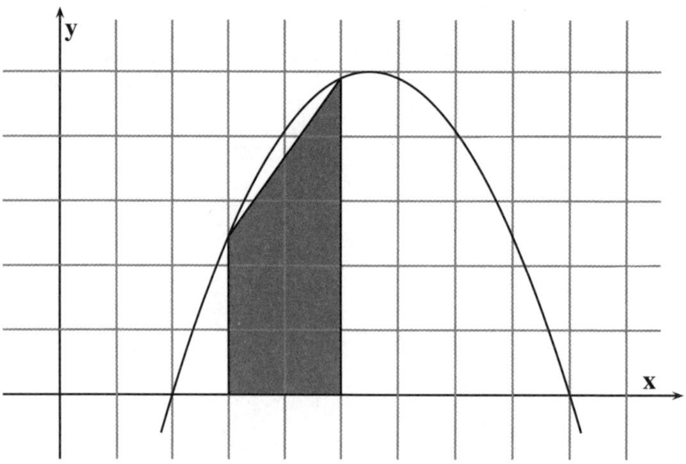

Tipps ab Seite 105, Lösungen ab Seite 214

Landesabitur 2020 Mathematik (WTR/CAS) Leistungskurs
Lineare Algebra/Analytische Geometrie Vorschlag C1

Der quaderförmige Innenraum einer Diskothek ist 6 m hoch. An der Decke ist ein dreieckiger Spiegel befestigt. Seine Eckpunkte sind durch $P(13|11|6)$, $Q(11|13|6)$ und $R(10|10|5)$ gegeben. Der Boden des Raumes liegt in der x-y-Ebene. $O(0|0|0)$ ist ein Eckpunkt des Bodens. Eine Längeneinheit im Koordinatensystem entspricht einem Meter in der Realität.

1.1 Das Dreieck PQR liegt in der Ebene E.

Geben Sie eine Gleichung der Ebene E in Parameterform an und ermitteln Sie eine Gleichung von E in Koordinatenform. Begründen Sie, dass der Koordinatenursprung in der Ebene E liegt.

[zur Kontrolle: E: $-x-y+4z=0$]

(7 BE)

1.2 Bestimmen Sie die Größe des Winkels, um den die Spiegelfläche gegenüber der horizontalen Deckenfläche geneigt ist.

(3 BE)

2 Der Punkt $M(17|17|4)$ ist der Mittelpunkt einer Diskokugel, die an der Decke befestigt ist. Die Kugel hat einen Durchmesser von 0,5 m. Im Folgenden soll die kürzeste Entfernung der Kugel zum Spiegel untersucht werden.

2.1 Bestimmen Sie den zur Kugel nächstgelegenen Punkt der Ebene E aus Aufgabe 1.1 und prüfen Sie, ob dieser Punkt innerhalb der Spiegelfläche liegt.

(5 BE)

2.2 Die kürzeste Entfernung der Kugel zum Spiegel entspricht dem geringsten Abstand der Kugeloberfläche zur Kante $\overline{PQ}$ des Spiegels. Berechnen Sie diesen Abstand.

(6 BE)

3 Gegeben ist die Matrix S mit $S=\frac{1}{9}\cdot\begin{pmatrix}8 & -1 & 4\\ -1 & 8 & 4\\ 4 & 4 & -7\end{pmatrix}$

3.1 Ermitteln Sie die Fixpunktmenge der durch die Matrix S beschriebenen Abbildung.

(3 BE)

3.2 Es gilt: $S^2 = \begin{pmatrix} 1 & 0 & 0 \\ 0 & 1 & 0 \\ 0 & 0 & 1 \end{pmatrix}$

Begründen Sie anhand des Ergebnisses aus Aufgabe 3.1 und der vorgegebenen Gleichung geometrisch, dass die Matrix S eine Spiegelung an der Ebene E aus Aufgabe 1.1 beschreibt.

(3 BE)

4 An einer Wand ist ein rechteckiges Bild befestigt. Die Eckpunkte des Bildes befinden sich in A(8|0|1), B(14|0|1), C(14|0|3) und D(8|0|3).

Ein Laserstrahl fällt in Richtung des Vektors $\vec{v} = \begin{pmatrix} 3 \\ -2 \\ -4 \end{pmatrix}$.

4.1 Ermitteln Sie die Abbildungsmatrix W, die eine Projektion in Richtung des Laserstrahls auf die Wandfläche, an welcher das Bild befestigt ist, beschreibt.

(5 BE)

4.2 Der Laserstrahl verlässt im Punkt L(4|2|6) einen Laserpointer. Untersuchen Sie, ob der Laserstrahl auf das Bild fällt.

(4 BE)

4.3 Erläutern Sie (ohne Verwendung einer Rechnung) die geometrische Bedeutung des linearen Gleichungssystems $W \cdot \vec{x} = \vec{0}$ sowie die geometrische Bedeutung seiner Lösungsmenge.

(3 BE)

5 An der Bar gibt es alkoholfreie Cocktails. Bisher werden dort drei Cocktails (gleicher Füllmenge) verkauft, aus denen ein neuer Cocktail (gleicher Füllmenge) gemixt werden soll, der genau 25% Ananassaft enthält. Die Anteile an Ananassaft sowie die jeweiligen Kosten zur Herstellung der bisherigen Cocktails sind in folgender Tabelle dargestellt:

	Ananassaft	Kosten
Cocktail 1	10%	3€
Cocktail 2	30%	3€
Cocktail 3	40%	4€

5.1 Geben Sie ein lineares Gleichungssystem an, mit dem ermittelt werden kann, welche Anteile der bisherigen drei Cocktails zur Mischung des neuen Cocktails verwendet werden können.
Erläutern Sie die Bedeutung der von Ihnen verwendeten Variablen.

(3 BE)

5.2 Eine Darstellung aller Lösungen des linearen Gleichungssystems aus Aufgabe 5.1 lautet:

$$\vec{x} = \begin{pmatrix} 0{,}25 \\ 0{,}75 \\ 0 \end{pmatrix} + s \cdot \begin{pmatrix} 0{,}5 \\ -1{,}5 \\ 1 \end{pmatrix}$$

Um eine mögliche Mischung herzustellen, müssen alle Variablen nichtnegative Werte annehmen. Ermitteln Sie das Intervall, aus dem s unter dieser Bedingung gewählt werden darf.

(3 BE)

5.3 Der neue Cocktail soll mit derjenigen Mischung hergestellt werden, welche die geringsten Kosten verursacht. Dabei müssen nicht zwingend alle drei bisherigen Cocktails enthalten sein.
Ermitteln Sie diese Mischung und deren Kosten.

(5 BE)

Tipps ab Seite 106, Lösungen ab Seite 222

Landesabitur 2020 Mathematik (WTR/CAS) Leistungskurs
Stochastik Vorschlag C2

1 Linkshänder nutzen für Tätigkeiten wie Schreiben oder Werfen bevorzugt ihre linke Hand. 15% der Bevölkerung sind Linkshänder. In einem Einkaufszentrum werden Personen zufällig ausgewählt und nacheinander danach befragt, ob sie Linkshänder sind.

1.1 Begründen Sie, warum diese Befragung als Bernoulli-Kette aufgefasst werden kann.

(2 BE)

1.2 Berechnen Sie die Wahrscheinlichkeit, spätestens bei der dritten befragten Person zum ersten Mal auf einen Linkshänder zu treffen.

(3 BE)

1.3 Geben Sie für die Ereignisse A und B jeweils eine geeignete Zufallsvariable an und bestimmen Sie die Wahrscheinlichkeiten der folgenden Ereignisse:
A: Unter 70 befragten Personen befinden sich genau 10 Linkshänder.
B: Unter 100 befragten Personen befinden sich mindestens so viele Rechtshänder, wie zu erwarten ist.
C: Unter 50 befragten Personen befinden sich genau zwei Linkshänder. Sie werden direkt hintereinander befragt.

(9 BE)

1.4 Berechnen Sie die Anzahl an Personen, die man mindestens, befragen muss, um mit einer Wahrscheinlichkeit von mindestens 95% auf mindestens einen Linkshänder zu treffen.

(4 BE)

2 Ob jemand Rechts- oder Linkshänder wird, lässt sich bereits in der frühen Schwangerschaft absehen. Neun von zehn Ungeborenen bevorzugen im Mutterleib den rechten Daumen zum Lutschen (Rechtslutscher). Forscher fanden heraus, dass alle Kinder, die rechts gelutscht hatten, im. Alter von 10 bis 12 Jahren Rechtshänder waren. Zwei Drittel der Kinder, die im Mutterleib am linken Daumen lutschten (Linkslutscher), waren im Alter von 10 bis 12 Jahren Linkshänder.

2.1 Stellen Sie den Sachverhalt in einem vollständig ausgefüllten Baumdiagramm oder einer vollständig ausgefüllten Vierfeldertafel dar.

(4 BE)

2.2 Bestimmen Sie die Wahrscheinlichkeit dafür, dass ein Kind, das im Alter von 10 bis 12 Jahren Rechtshänder ist, im Mutterleib am linken Daumen gelutscht hat.

(3 BE)

3 Forscher vermuten seit Längerem, dass der Anteil an Linkshändern in der Bevölkerung größer als 15% ist. Zur Überprüfung ihrer Vermutung werden 300 Personen zufällig ausgewählt und danach befragt, ob sie Linkshänder sind.

3.1 Entwickeln Sie einen Hypothesentest auf einem Signifikanzniveau von 2,5%.
Formulieren Sie eine geeignete Entscheidungsregel im Sachzusammenhang.

(6 BE)

3.2 Der tatsächliche Anteil von Linkshändern in der Bevölkerung betrage 18%. Beschreiben Sie den Fehler 2. Art im Sachzusammenhang und bestimmen Sie seine Wahrscheinlichkeit.

(5 BE)

4 Bei einem Reaktionstest, an dem sehr viele Linkshänder teilnahmen, musste beim Auftreten eines Signals mit der rechten Hand möglichst schnell eine Taste betätigt werden. Die Tabelle im Material zeigt die nach der Auswertung aller Daten zusammengefassten Ergebnisse.

4.1 Stellen Sie die Verteilung der gemessenen Reaktionszeiten graphisch dar.
Vereinfachend wird davon ausgegangen, dass die im Material angegebenen prozentualen Anteile den Wahrscheinlichkeiten der Werte in den Intervallmitten der gemessenen Reaktionszeiten entsprechen.
Berechnen Sie unter Verwendung der Intervallmitten den Erwartungswert und die Standardabweichung der gemessenen Reaktionszeiten.
[zur Kontrolle: $\mu = 0{,}52; \sigma \approx 0{,}20$]

(6 BE)

4.2 Begründen Sie durch Angabe von zwei unterschiedlichen Argumenten, dass die Zufallsvariable Z: „gemessene Reaktionszeit der Versuchspersonen in Sekunden" näherungsweise als normalverteilt angenommen werden kann.

(3 BE)

4.3 Gehen Sie davon aus, dass die gemessene Reaktionszeit in Sekunden normalverteilt ist mit den in Aufgabe 4.1 berechneten Werten.
Bestimmen Sie die Wahrscheinlichkeiten der folgenden Ereignisse.
D: Die Reaktionszeit einer zufällig herausgegriffenen Person beträgt höchstens 0,45 Sekunden.
E: Die Reaktionszeit einer zufällig herausgegriffenen Person weicht höchstens um die halbe Standardabweichung vom Erwartungswert ab.

(5 BE)

Material

Reaktionszeit in Sekunden	bis 0,2	über 0,2 bis 0,4	über 0,4 bis 0,6	über 0,6 bis 0,8	über 0,8 bis 1,0
Anteil in %	7	14	51	18	10

5 Abitur 2021

Tipps ab Seite 109, Lösungen ab Seite 229

Landesabitur 2021 Mathematik (WTR) Leistungskurs
Analysis Vorschlag B1

Den Funktionen v_1, v_2 und v_3 sind folgende Funktionsgleichungen zugeordnet:

$$v_1(t) = 5 \cdot \left(1 - \mathrm{e}^{-0{,}4 \cdot t}\right)$$
$$v_2(t) = 4{,}5 + \mathrm{e}^{-0{,}5 \cdot t} \cdot \left(t - 0{,}25t^2\right)$$
$$v_3(t) = 3t \cdot \mathrm{e}^{-0{,}2 \cdot t}$$

1.1 Im Material sind drei Graphen A, B und C abgebildet, die zu den Funktionen v_1, v_2 und v_3 gehören. Ordnen Sie den Funktionen die zugehörigen Graphen begründet zu.

(4 BE)

1.2 Berechnen Sie den Inhalt der Fläche zwischen dem Graphen von v_1 und der t-Achse über dem Intervall $[0, 10]$.

(4 BE)

1.3 Zeigen Sie, dass die Funktion v_2 maximal zwei Extremstellen haben kann.

(4 BE)

2 Die Funktion v_3 gehört zu der Funktionenschar f_k mit
$f_k(t) = 3 \cdot t \cdot \mathrm{e}^{-k \cdot t}, k > 0$.

2.1 Berechnen Sie mithilfe des Formansatzes $F_k(t) = (a + b \cdot t) \cdot \mathrm{e}^{-k \cdot t}$ mit $a, b \in \mathbb{R}$ eine Stammfunktionenschar F_k von f_k
$\left[\text{zur Kontrolle: } F_k(t) = \left(-\frac{3}{k^2} - \frac{3}{k} \cdot t\right) \cdot \mathrm{e}^{-k \cdot t}\right]$

(5 BE)

2.2 Ermitteln Sie $\lim\limits_{x \to \infty} \int_0^x f_k(t)\,\mathrm{d}t$

(3 BE)

2.3 Berechnen Sie in Abhängigkeit von k die Nullstellen und die Hochpunkte der Scharkurven. Die zweite Ableitung $f_k''(t) = \left(-6k + 3k^2 \cdot t\right) \cdot \mathrm{e}^{-k \cdot t}$ kann ohne Nachweis verwendet werden.
$\left[\text{zur Kontrolle: } H\left(\frac{1}{k} \,\middle|\, \frac{3}{\mathrm{e} \cdot k}\right)\right]$

(7 BE)

2.4 Bestimmen Sie die Ortskurve der Hochpunkte.

(2 BE)

3 Die drei Graphen A, B und C im Material beschreiben die Geschwindigkeiten dreier Radfahrer R_A, R_B und R_C in Meter pro Sekunde $\left(\frac{\text{m}}{\text{s}}\right)$ in Abhängigkeit von der Zeit $t \geq 0$ in Sekunden (s). Die Radfahrer befinden sich zur Zeit $t = 0$ alle am gleichen Ort und fahren auf der gleichen Straße in die gleiche Richtung.

3.1 Beschreiben Sie im Vergleich den Geschwindigkeitsverlauf der drei Radfahrer in den ersten 16 Sekunden nach dem Start.

(4 BE)

3.2 Beurteilen Sie anhand des Materials ohne Verwendung einer Rechnung, welcher der drei Radfahrer 6 Sekunden nach dem Start in Führung liegt.

(3 BE)

3.3 Die Beschleunigung ist die Änderungsrate der Geschwindigkeit.
Bestimmen Sie für den Radfahrer mit der Geschwindigkeit, die durch die Funktion v_1 beschrieben wird, die Beschleunigung fünf Sekunden nach dem Start.
Eine Angabe der Einheit ist nicht notwendig.

(2 BE)

3.4 Ermitteln Sie für den Radfahrer, dessen Geschwindigkeit durch die Funktion v_3 beschrieben wird, die in den ersten 16 Sekunden zurückgelegte Strecke sowie die zugehörige Durchschnittsgeschwindigkeit.

(3 BE)

3.5 Ermitteln Sie mithilfe des WTR den Inhalt der zwischen den Graphen von v_1 und v_3 eingeschlossenen Fläche. Deuten Sie den ermittelten Wert im Sachzusammenhang.

(5 BE)

3.6 Deuten Sie im Sachzusammenhang den Wert des Integrals $\int_0^{t_0} (v_1(t) - v_3(t))\,\mathrm{d}t$ für $t_0 > 0$, wenn dieser kleiner null, größer null bzw. gleich null ist.

(4 BE)

Material

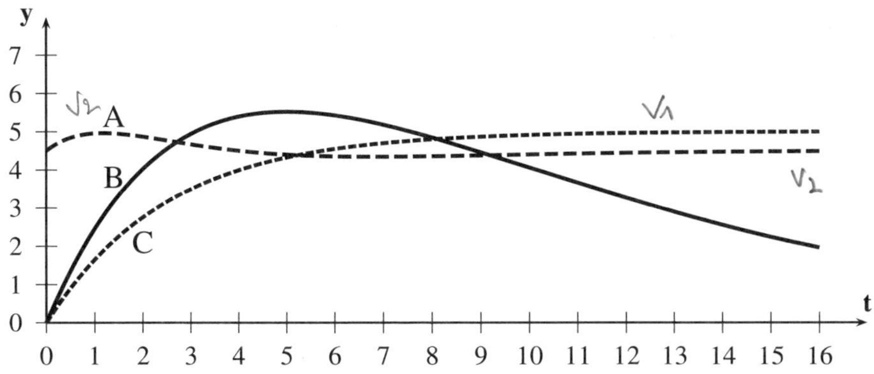

Tipps ab Seite 110, Lösungen ab Seite 234

Landesabitur 2021 Mathematik (WTR) Leistungskurs
Analysis Vorschlag B2

1 Gegeben ist die Funkionenschar $f_{a;k}$ mit $f_{a;k}(x) = a \cdot x^2 \cdot \mathrm{e}^{-k \cdot x}$, $a > 0$, $k > 0$

1.1 Zeigen Sie, dass sich der Term der ersten Ableitung der Funktionenschar $f_{a;k}$ in der Form $f_{a;k}{}'(x) = a \cdot x \cdot (2 - k \cdot x) \cdot \mathrm{e}^{-k \cdot x}$ darstellen lässt, und geben Sie die verwendeten Ableitungsregeln an.

(5 BE)

1.2 Bestätigen Sie, dass jeder Graph der Schar $f_{a;k}$ einen Tiefpunkt in $\mathrm{T}(0|0)$ und einen Hochpunkt in $\mathrm{H}\left(\frac{2}{k} \middle| \frac{4a}{k^2 \cdot \mathrm{e}^2}\right)$ hat, wobei die zweite Ableitung $f_{a;k}{}''(x) = a \cdot (k^2 \cdot x^2 - 4 \cdot k \cdot x + 2) \cdot \mathrm{e}^{-k \cdot x}$ ohne Nachweis verwendet werden darf. Begründen Sie, dass für einen festen Wert von k alle Hochpunkte auf einer Parallelen zur y-Achse liegen.

(7 BE)

1.3 Für einen festen Wert von a liegen alle Hochpunkte auf einer Parabel mit der Gleichung $p_a(x) = \frac{a}{\mathrm{e}^2} \cdot x^2$. Leiten Sie diese Gleichung her und skizzieren Sie die Parabel für $a = 1$ in der Abbildung in Material 1.

(5 BE)

1.4 Berechnen Sie die Werte der Parameter a und k für diejenige Funktion der Schar $f_{a;k}$, die bei $x = 10$ ihren Hochpunkt hat und an der Stelle $x = 2$ den Funktionswert 828 annimmt.

(3 BE)

2 Ein Sportartikelhersteller bringt ein neues Modell eines Laufschuhs auf den Markt. Die Wochen nach Verkaufsstart werden durchnummeriert und es wird für jede Woche die Anzahl der verkauften Paare des neuen Modells ermittelt. Seit Verkaufsstart sind 14 Wochen vergangen. Die Kreuze in Material 2 zeigen die Verkaufszahlen für den genannten Zeitraum.
Eine gute Modellierung des Verlaufs der Verkaufzahlen liefert die Scharfunktion $f_{309;0,2}$ mit $f_{309;0,2}(x) = 309 \cdot x^2 \cdot \mathrm{e}^{-0,2 \cdot x}$, deren Graph in Material 3 eingezeichnet ist.

Nach den ersten 14 Wochen liegen insgesamt noch etwa 36000 Schuhpaare des neuen Modells auf Lager und der Hersteller möchte wissen, ob diese reichen werden, oder ob weitere Schuhe produziert werden müssen. Um diese Frage zu beantworten, soll eine auf der Integralrechnung basierende Methode entwickelt werden, die es ermöglicht, die Verkaufszahlen näherungsweise zu berechnen und Prognosen für die Zukunft zu erstellen.

2.1 In der 1. Woche wurden 288, in der 2. Woche 828, in der 3. Woche 1612 und in der 4. Woche 2164 Schuhpaare des neuen Modells verkauft, also 4892 Schuhpaare insgesamt.
Hierfür liefert die Summe $f_{309;0,2}(1) + f_{309;0,2}(2) + f_{309;0,2}(3) + f_{309;0,2}(4)$ einen guten Näherungswert. Bestimmen Sie diese Summe und zeigen Sie, dass die prozentuale Abweichung dieses Näherungswertes von der tatsächlichen Verkaufszahl weniger als 1,5% beträgt.

(3 BE)

2.2 Die Summe der vier Funktionswerte aus Aufgabe 2.1 lässt sich als Gesamtflächeninhalt von vier Rechtecken darstellen. Diese vier Rechtecke sind in den Abbildungen A und B in Material 4 jeweils zusammen mit dem Graphen der Funktion $f_{309;0,2}$ dargestellt.
Der Flächeninhalt der vier Rechtecke – und somit auch die Anzahl der in den ersten vier Wochen verkauften Schuhpaare – lässt sich durch den Inhalt einer Fläche unter dem Graphen von $f_{309;0,2}$ sehr gut approximieren.

2.2.1 Bestimmen Sie die Werte der beiden Integrale $\int\limits_{0,5}^{4,5} f_{309;0,2}(x)\,\mathrm{d}x$ und $\int\limits_{0}^{4} f_{309;0,2}(x)\,\mathrm{d}x$.

(2 BE)

2.2.2 Begründen Sie anschaulich mithilfe von Material 4, warum das Integral $\int\limits_{0,5}^{4,5} f_{309;0,2}(x)\,\mathrm{d}x$ eine sehr gute, das Integral $\int\limits_{0}^{4} f_{309;0,2}(x)\,\mathrm{d}x$ hingegen eine weniger gute Approximation für die Summe der Flächeninhalte der Rechtecke darstellt.

(3 BE)

2.3 Berechnen Sie mithilfe des Formansatzes $F_{309;0,2}(x) = \left(c_2 \cdot x^2 + c_1 \cdot x + c_0\right) \cdot \mathrm{e}^{-0,2 \cdot x}$ eine Stammfunkion von $f_{309;0,2}$.
$\left[\text{mögliches Ergebnis: } F_{309;0,2}(x) = \left(-1545x^2 - 15450x - 77250\right) \cdot \mathrm{e}^{-0,2 \cdot x}\right]$

(7 BE)

2.4 Bestätigen Sie, dass gilt $\lim\limits_{u\to\infty}\int\limits_{14,5}^{u} f_{309;0,2}(x)\,\mathrm{d}x \approx 34451$, und deuten Sie das Ergebnis im Sachzusammenhang unter Berücksichtigung der vom Sportartikelhersteller aufgeworfenen Frage.

(5 BE)

3 Ein Sommerschuh wird seit vielen Jahren erfolgreich verkauft, wobei die Verkaufszahlen saisonalen Schwankungen unterliegen. Die Wochen nach dem Verkaufsstart des Schuhs werden analog zu Aufgabe 2 durchnummeriert. Am Ende jeder Woche wird die Gesamtzahl der bis dahin verkauften Schuhpaare ermittelt.
Die Gesamtverkaufszahlen für den Sommerschuh werden in sehr guter Näherung durch die Funktion V mit $V(x) = 300x - 2000\cdot\sin(0{,}1205\cdot x)$ modelliert, deren Graph in Material 5 dargestellt ist.

3.1 Berechnen Sie die Funktionsgleichung der Ableitungsfunktion V'.
Begründen Sie, dass $59 \leq V'(x) \leq 541$ gilt, und erläutern Sie die Bedeutung der Grenzen 59 und 541 des Wertebereiches von V' im Sachzusammenhang.

(6 BE)

3.2 Bestimmen Sie den Grenzwert $\lim\limits_{x\to\infty}\left(\frac{1}{x}\cdot V(x)\right)$ und deuten Sie das Ergebnis im Sachzusammenhang.

(4 BE)

Material 1

Graphen der Schar $f_{1;k}$

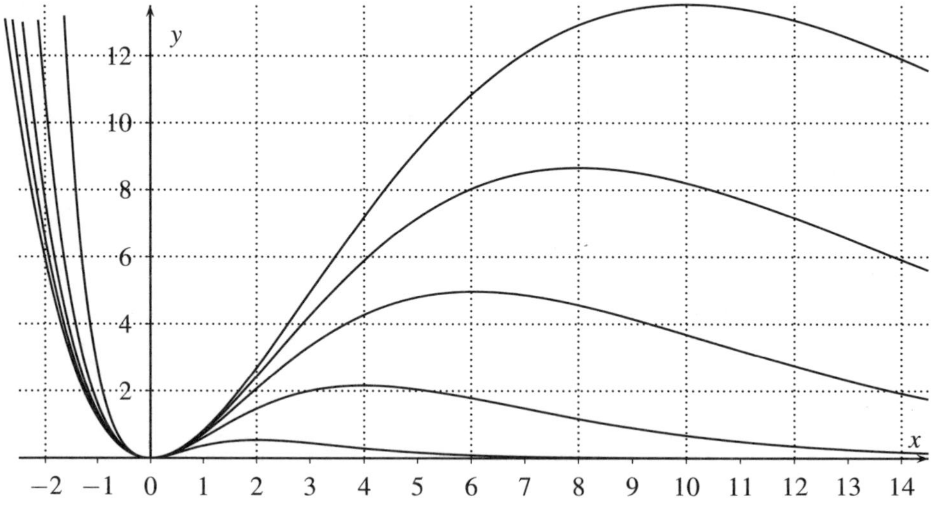

Material 2

Verkaufszahlen in den ersten 14 Wochen

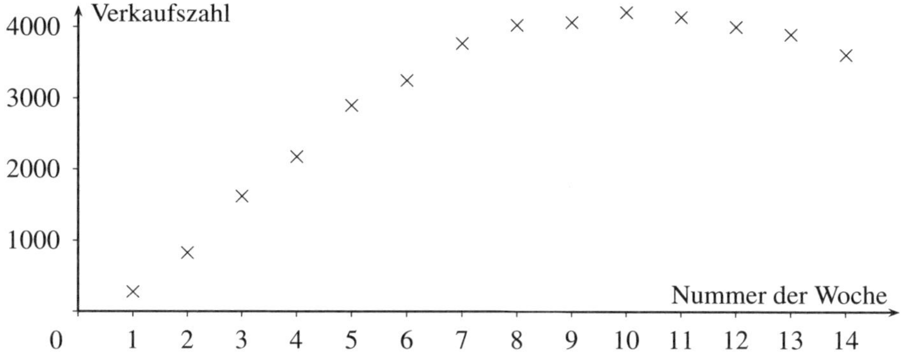

Material 3

Modellierung der Verkaufszahlen mit der Funktion $f_{309;0,2}$

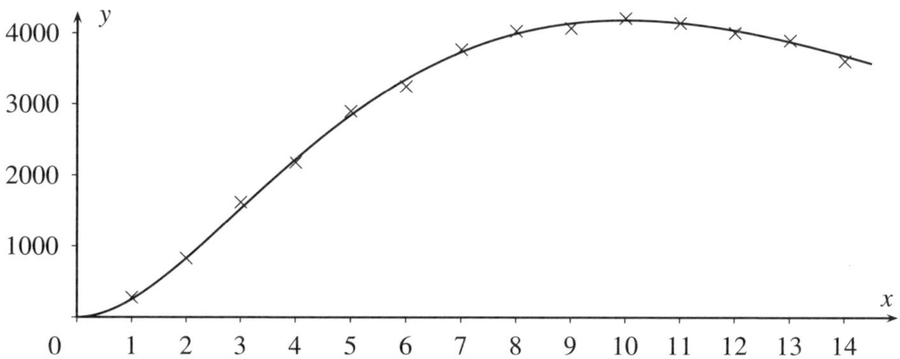

Material 4

Darstellungen der Funktionswerte von $f_{309;0,2}$ als Rechteckflächen

Abbildung A

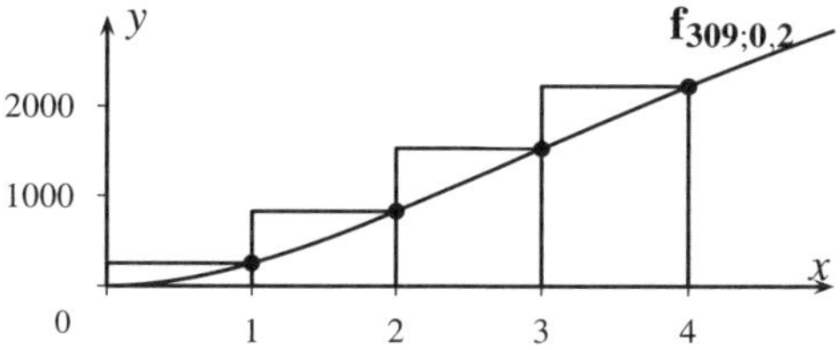

Abbildung B

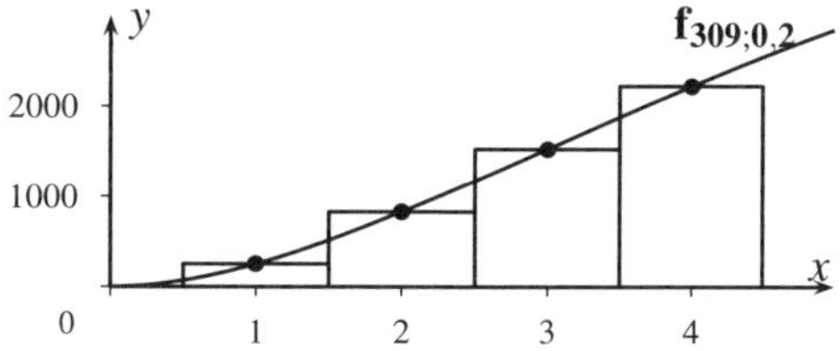

Material 5

Gesamtverkaufszahlen des Sommerschuhs seit Verkaufsstart

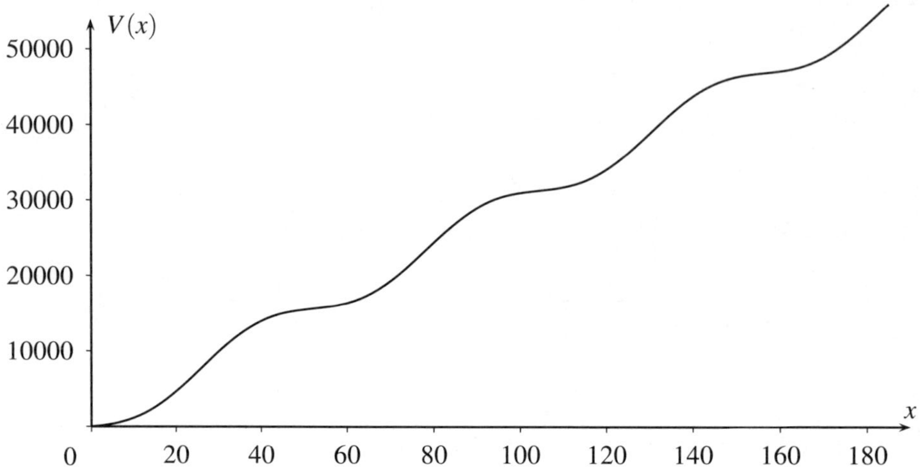

Tipps ab Seite 112, Lösungen ab Seite 239

Landesabitur 2021 Mathematik (WTR/CAS) Leistungskurs
Lineare Algebra/Analytische Geometrie Vorschlag C1

Die „Puerta de Europa“ in Madrid besteht aus zwei einander zugeneigten Türmen (Material 1), die jeweils die Form eines Spats aufweisen. Ein Spat ist ein Körper, dessen Oberfläche aus sechs Parallelogrammen besteht, wobei jeweils gegenüberliegende Flächen kongruent und parallel zueinander sind.
Im Modell liegen die Bodenflächen beider Türme in der x-y-Ebene, die den Erdboden beschreibt. Die Dachflächen liegen in einer Ebene, die parallel zur x-y-Ebene verläuft, die Nord- und Südwände liegen jeweils in einer Ebene, die parallel zur y-z-Ebene verläuft. Die (positive) x-Achse zeigt in Richtung Süden, die (positive) y-Achse in Richtung Osten.

Die Türme haben jeweils eine Höhe von 114 m. Der Ostturm hat unter anderem die Eckpunkte $A(1{,}75|6|0)$, $B(1{,}75|9{,}5|0)$, $D(-1{,}75|6|0)$ und $E(1{,}75|2{,}9|11{,}4)$.
Eine Längeneinheit entspricht dabei 10 m.

1.1 Die Eckpunkte A, B und D begrenzen gemeinsam mit Punkt C die quadratische Bodenfläche des Ostturms. Geben Sie den Eckpunkt C an und bestimmen Sie den Flächeninhalt der Bodenfläche des Ostturms.

(4 BE)

1.2 Im Koordinatensystem in Material 2 ist die Dachfläche des Ostturms eingezeichnet. Geben Sie die Koordinaten der fehlenden Eckpunkte F, G und H des Ostturms an. Zeichnen Sie den gesamten Ostturm in das Koordinatensystem ein.

(7 BE)

1.3 Zeigen Sie, dass der Neigungswinkel des Ostturms (in westlicher Richtung) gegenüber der Vertikalen etwas 15° beträgt.

(3 BE)

2 Im Modell entspricht der Westturm einer Spiegelung des Ostturms an der x-z-Ebene.

2.1 Geben Sie eine Spiegelmatrix S an, mit deren Hilfe man für einen beliebigen Punkt P des Ostturms mit Hilfe der Gleichung $\overrightarrow{OP'} = S \cdot \overrightarrow{OP}$ den entsprechenden (gespiegelten) Punkt des Westturms ermitteln kann.

(3 BE)

2.2 Bestimmen Sie die Koordinaten des Punktes A' des Westturms und geben Sie an, wie weit die beiden Türme am Boden voneinander entfernt sind.

(4 BE)

3 Beide Türme haben jeweils 26 Etagen, die alle die gleiche Höhe besitzen. Um die Etagen eines Turms mit einem Aufzug zu erreichen, wäre ein vertikaler Aufzugschacht notwendig.
Zeigen Sie, dass es möglich ist, alle Etagen eines Turms mit nur einem am Boden beginnenden durchgängigen Aufzugschacht zu erreichen, der in Nord-Süd-Richtung und in Ost-West-Richtung jeweils 3 m misst. Die Deckenstärken der Etagen und die Wandstärken der Außenwände sollen hierbei vernachlässigt werden.

(6 BE)

4 Vor einigen Jahren plante man, auf dem südlichen Vorplatz der beiden Türme einen Obelisken zu errichten. Ein Obelisk ist ein nach oben schmaler werdender Pfeiler. Der Mittelpunkt P seiner Grundfläche sollte so auf dem Erdboden platziert werden, dass er mit den Mittelpunkten der Bodenflächen der Türme ein gleichseitiges Dreieck bildet. Bestimmen Sie die Koordinaten des zur Umsetzung dieser Planung benötigten Punktes P in der x-y-Ebene.

(8 BE)

5 An einem Tag im März 2021 scheint die Sonne um 13.30 Uhr näherungsweise aus südlicher Richtung auf die Puerta de Europa und den inzwischen im Mittelpunkt P der Grundfläche aus Aufgabe 4 errichteten, 93 m hohen Obelisken. Die Spitze des Obelisken liegt in vertikaler Richtung genau oberhalb des Punktes P. Der Vektor $\vec{v} = \begin{pmatrix} -1+0{,}2t \\ 0{,}5t \\ -1{,}2+0{,}2t \end{pmatrix}$ beschreibt für einen sehr eng begrenzten Zeitraum in guter Näherung die Richtung der Sonnenstrahlen. Der Parameter t steht dabei für die Zeit nach 13.30 Uhr in Stunden. Es gilt $0 \leq t \leq 2$.

5.1 Berechnen Sie den Winkel, in dem die Sonnenstrahlen um 13.30 Uhr auf den Erdboden treffen und den Schattenpunkt der Spitze des Obelisken auf dem Erdboden zu dieser Uhrzeit.
[Hinweis: Sollten Sie die Koordinaten des Punktes P in Aufgabe 4 nicht bestimmt haben, verwenden Sie stattdessen den Ersatzpunkt $P^*(13{,}5|0|0)$.]

(8 BE)

5.2 Berechnen Sie die Matrix, die den Schattenwurf eines beliebigen Punktes $Q(x|y|z)$ mit $z \geq 0$ auf die x-y-Ebene für den durch den Definitionsbereich für t gegebenen Zeitraum beschreibt.

(7 BE)

Material 1

Bilder der Puerta de Europa

https://commons.wikimedia.org/w/index.php?curid=65428881 (abgerufen am 31.07.2021)

Autor: Ricardo Ricote Rodríguez

http://www.elmundo.es/madrid/2014/08/30/5400e794e2704ecf7d8b4596.html (abgerufen am 05.06.2020)

Material 2

Koordinatensystem

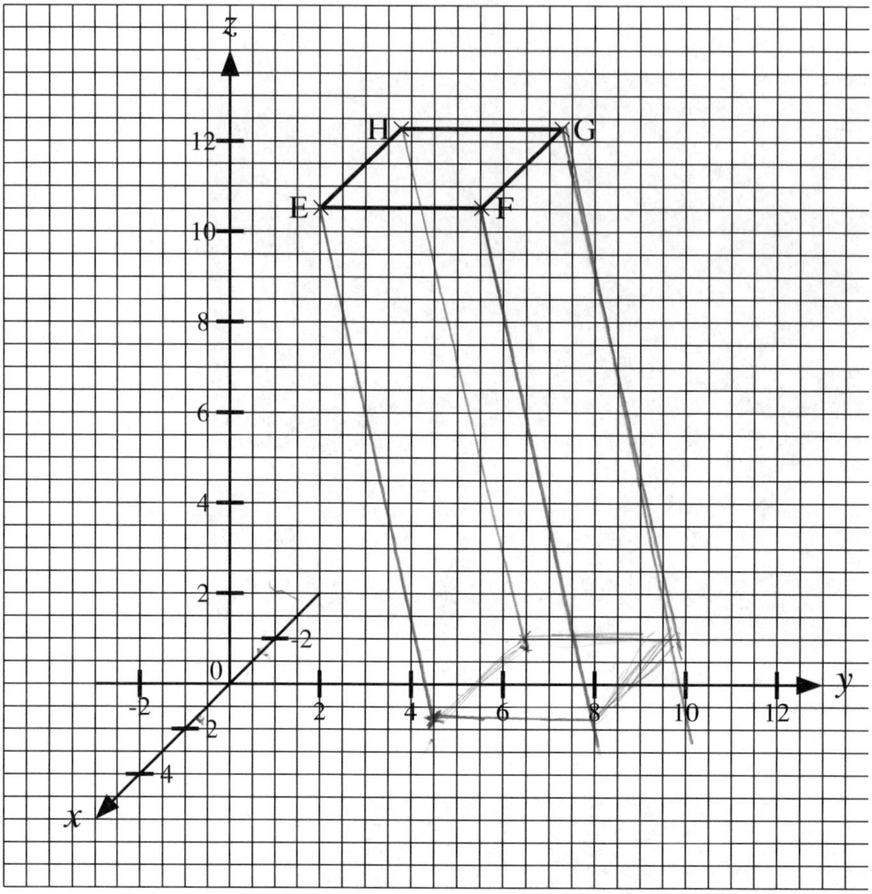

Tipps ab Seite 113, Lösungen ab Seite 244

Landesabitur 2021 Mathematik (WTR/CAS) Leistungskurs
Stochastik Vorschlag C2.1

1 Bei der Aussaat von Raps können Landwirte aus verschiedenen Sorten mit jeweils spezifischen Eigenschaften wählen.
Zunächst wird der Fall betrachtet, dass ein Landwirt Saatgut einer Sorte A ausgebracht hat, die unter den vorliegenden Bedingungen mit einer Wahrscheinlichkeit von 95% keimt.

1.1 Es werden dem Boden zufällig einige Körner entnommen und untersucht, ob diese gekeimt haben. Erläutern Sie die untenstehende Gleichung sowie die einzelnen Faktoren des Terms auf der rechten Seite der Gleichung in diesem Sachzusammenhang. Geben Sie den zugehörigen Zahlenwert an.
$P(X=55)=\binom{60}{55}\cdot 0{,}95^{55}\cdot 0{,}05^{5}$
Begründen Sie, warum das zugrunde gelegte mathematische Modell hier angewendet werden kann.

(5 BE)

1.2 Bestimmen Sie die Wahrscheinlichkeit folgender Ereignisse:
E_1: Unter 80 dem Boden zufällig entnommenen Körnern haben höchstens 4 nicht gekeimt.
E_2: Unter 80 dem Boden zufällig entnommenen Körnern weicht die Anzahl der gekeimten Körner höchstens um 2 vom zu erwartenden Wert ab.

(5 BE)

1.3 Der Landwirt vermutet, dass der Anteil der Samenkörner der Sorte A, die unter den vorliegenden Bedingungen keimen, niedriger ist als 95%.

1.3.1 Entwickeln Sie einen Hypothesentest auf einem Signifikanzniveau von 5%, mit dem bei 250 zufällig dem Boden entnommenen Körnern die Vermutung überprüft werden könnte. Formulieren Sie im Sachzusammenhang eine Entscheidungsregel.
Beschreiben Sie den Fehler 2. Art im Sachzusammenhang.

(8 BE)

1.3.2 Bestimmen Sie mithilfe Ihrer Entscheidungsregel aus Aufgabe 1.3.1 die Wahrscheinlichkeit für einen Fehler 2. Art für den Fall, dass der Anteil der Körner, die nicht gekeimt haben, tatsächlich nur 90% beträgt.
Beschreiben Sie, wie die Fehlerwahrscheinlichkeit für einen Fehler 2. Art reduziert werden könnte, obwohl das Signifikanzniveau weiterhin eingehalten werden soll.

(4 BE)

2 Betrachtet wird nun der Fall, dass der Landwirt sich für unterschiedliche Sorten entscheidet. Er sät auf 85% seiner für Raps vorgesehenen Fläche Samenkörner der Sorte A aus Aufgabe 1. Auf der restlichen für Raps vorgesehenen Fläche sät er Samenkörner der Sorte B, die unter den vorliegenden Bedingungen mit einer Wahrscheinlichkeit von 90% keimen.
Die verwendeten Mengen an Saatgut sind hierbei proportional zur Größe der genutzten Flächen.

2.1 Berechnen Sie die Wahrscheinlichkeit, dass ein nach der Aussaat dem Boden zufällig entnommenes Korn, welches gekeimt hat, ein Korn der Sorte B ist.

(4 BE)

2.2 Zeigen Sie, dass die Wahrscheinlichkeit, dass ein nach der Aussaat dem Boden zufällig entnommenes Korn nicht gekeimt hat, 5,75% beträgt.

(2 BE)

2.3 Eine junge Pflanze, die aus einem Samenkorn durch Keimung entsteht, wird als Sämling bezeichnet. In manchen Jahren werden diese von Schnecken angefressen. Der Landwirt stellt fest, dass insgesamt 20% aller Rapssämlinge angefressen wurden und insbesondere, dass 30% der Rapssämlinge der Sorte B angefressen wurden.
Erläutern Sie im Sachzusammenhang, was im Folgenden berechnet wird:

$$\frac{0{,}15 \cdot 0{,}9 \cdot 0{,}3}{0{,}9425 \cdot 0{,}2}$$

(4 BE)

3 Bei der Aussaat von Raps gibt es die Varianten Drillsaat und Einzelkornsaat. Bei letzterer erhofft man sich neben einer Reduzierung der benötigten Menge an Saatgut durch eine gleichmäßige Verteilung des Saatguts auf das Feld besonders gute Erträge. Die Körner werden einzeln durch eine Maschine in Reihen auf dem Feld abgelegt. Im Untersuchungsbericht eines Modellversuchs wird festgestellt, dass die Zufallsgröße Y: „Abstand zwischen zwei benachbarten Körnern innerhalb einer Reihe" normalverteilt sei. Ferner habe man ermittelt, dass der Mittelwert 5 cm und die Standardabweichung 1,5 cm beträgt.

Bestimmen Sie jeweils, mit welcher Wahrscheinlichkeit für einen zufällig ausgewählten und gemessenen Abstand zweier benachbarter Körner gemäß dieses Untersuchungsberichts Folgendes gilt:

A: Der Abstand weicht um maximal 1 cm vom Mittelwert ab.

B: Der Abstand weicht um mindestens 2 cm vom Mittelwert ab.

(5 BE)

4 Bei einer genaueren Untersuchung der Resultate einer Drillsaatmaschine, welche die Körner ungenauer und im Mittel näher beieinander ablegt, hat man die im Material dargestellten Beobachtungen zu den Abständen benachbarter Körner gemacht. Es wird die Zufallsvariable

Z: „Abstand zwischen zwei benachbarten Körnern innerhalb einer Reihe" betrachtet.

4.1 Stellen Sie die Daten aus dem Material unter Verwendung der zugehörigen relativen Häufigkeiten in Form eines Säulendiagramms dar.

(4 BE)

4.2 Erläutern Sie anhand der Daten, warum zur Beschreibung der Verteilung des Kornabstands Z eine Exponentialfunktion der Form $f(z) = a \cdot \mathrm{e}^{-b \cdot z}$, $a, b > 0$, für $z > 0$ als Dichtefunktion geeignet ist.

(2 BE)

4.3 Es gilt $P(0 \leq Z \leq u) = \int_0^u f(z)\,\mathrm{d}z = \frac{a}{b} \cdot \left(1 - \mathrm{e}^{-b \cdot u}\right)$ und somit $\lim_{u \to \infty} \left(P(0 \leq Z \leq u)\right) = \frac{a}{b}$.
Begründen Sie, dass hieraus $a = b$ folgt, und bestätigen Sie mithilfe der relativen Häufigkeit für das Intervall $[0; 1)$, dass $a = b \approx 0{,}36$ gilt.

(4 BE)

4.4 Die Verteilung des Kornabstands Z wird nun für $z \geq 0$ durch die Dichtefunktion f mit $f(z) = 0{,}365 \cdot \mathrm{e}^{-0{,}365 \cdot z}$ modelliert.

Es gilt beispielsweise $P(0 \leq Z \leq 3) = \int_0^3 f(z)\,\mathrm{d}z \approx 66{,}55\%$.

Erläutern Sie die Bedeutung dieses Ergebnisses im Sachzusammenhang und prüfen Sie, ob dieser Wert in guter Näherung mit der Häufigkeitsverteilung im Material übereinstimmt.

(3 BE)

Material

Häufigkeitsverteilung von Kornabständen bei Drillsaat (n = 200)

Abstand (in cm) im Intervall	**Absolute Häufigkeit**
$[0;1)$	60
$[1;2)$	43
$[2;3)$	30
$[3;4)$	21
$[4;5)$	15
$[5;6)$	11
$[6;7)$	8
$[7;8)$	5
$[8;9)$	4
$[9;10)$	3
$[10;\infty)$	0

Tipps ab Seite 115, Lösungen ab Seite 249

Landesabitur 2021 Mathematik (WTR/CAS) Leistungskurs
Stochastik Vorschlag C2.2

1 Die Grafiken in Material 1 zeigen für das Jahr 2017 eine Übersicht des Statistischen Bundesamtes über die neu abgeschlossenen Ausbildungsverträge nach schulischer Vorbildung, aufgeteilt nach Geschlecht.

1.1 Geben Sie mithilfe der Daten aus Material 1 die sinnvoll gerundeten absoluten Häufigkeiten in der folgenden Tabelle an. Die Bezeichnungen der Merkmale lauten:

H: Hochschul-/Fachhochschulreife, $\overline{H}$: keine Hochschul-/Fachhochschulreife

W: weiblich $\overline{W}$: nicht weiblich

	H	$\overline{H}$	Σ
W	67.572	126233	~~80605~~ 194205
$\overline{W}$	80.047	241.427	321.474
Σ	148019	367660	515675

(4 BE)

Im Folgenden sollen mithilfe der in der Tabelle angegebenen absoluten Häufigkeiten Wahrscheinlichkeiten berechnet werden. Es werden ausschließlich Personen betrachtet, die 2017 einen Ausbildungsvertrag neu abgeschlossen haben.

1.2 Eine Personalleiterin lädt 2017 eine zufällig ausgewählte Person mit Hochschul-/Fachhochschulreife zu einem Vorstellungsgespräch ein.
Ermitteln Sie die Wahrscheinlichkeit, dass diese Person nicht weiblich ist.

(3 BE)

1.3 Bestimmen Sie die Wahrscheinlichkeit dafür, dass eine zufällig ausgewählte Person weiblich ist oder eine Hochschul-/Fachhochschulreife besitzt.

(3 BE)

1.4 Untersuchen Sie, ob die Wahrscheinlichkeiten $P_{\overline{H}}(W)$ und $P(W)$ übereinstimmen. Deuten Sie Ihr Ergebnis im Sachzusammenhang.

(3 BE)

Eine Personalleiterin hat 50 Personen mit Hochschul-/Fachhochschulreife zu einem Auswahlverfahren eingeladen. Von den 50 Personen sind 30 weiblich.

1.5 Für eine Gruppendiskussion werden 5 von den 50 Personen zufällig ausgewählt. Bestimmen Sie die Wahrscheinlichkeit, dass sich darunter 4 weibliche Personen befinden.

(3 BE)

1.6 Im Rahmen des Auswahlverfahrens wird ein Multiple-Choice Test durchgeführt. Bei diesem Test werden genau acht Fragen gestellt. Zu jeder der Fragen gibt es vier Antwortmöglichkeiten, von denen jeweils genau eine richtig ist. Bestimmen Sie die Wahrscheinlichkeit, dass man durch bloßes Raten genau 7 Fragen richtig beantwortet.

(2 BE)

1.7 In einem weiteren Teil des Auswahlverfahrens stehen verschiedene Aufgaben in einem Pool zur Verfügung. Der Bewerber oder die Bewerberin zieht zwei Aufgaben aus diesem Pool, die dann zu bearbeiten sind. Dafür gibt es 435 Kombinationsmöglichkeiten. Berechnen Sie die Anzahl der Aufgaben, die sich im Pool befinden.

(5 BE)

Im Folgenden sollen die in den Grafiken im Material angegebenen relativen Häufigkeiten als Wahrscheinlichkeiten betrachtet werden.

2 Es werden nur die im Jahr 2017 neu abgeschlossenen Ausbildungsverträge von männlichen Personen betrachtet.

2.1 Bestimmen Sie die Wahrscheinlichkeiten der folgenden Ereignisse A, B und C unter Angabe der jeweils verwendeten Zufallsgröße. Gehen Sie davon aus, dass die Zufallsgrößen binomialverteilt sind.

A: 4 von 15 zufällig ausgewählten neu abgeschlossenen Ausbildungsverträgen werden von Männern mit Hauptschulabschluss abgeschlossen.

B: Weniger als 50 von 100 zufällig ausgewählten neu abgeschlossenen Ausbildungsverträgen werden von Männern mit einem mittleren Schulabschluss abgeschlossen.

C: Mindestens 142 aber höchstens 153 von 200 zufällig ausgewählten neu abgeschlossenen Ausbildungsverträgen werden von Männern abgeschlossen, die weder eine Hochschul-/Fachhochschulreife besitzen noch einen Abschluss im Ausland erworben haben.

(8 BE)

2.2 Beschreiben Sie im Sachzusammenhang ein Zufallsexperiment, bei dem die Wahrscheinlichkeit eines Ereignisses mit dem Term $1-\left(0{,}249^{10}+0{,}751^{10}\right)$ berechnet werden kann.
Geben Sie dieses Ereignis an.

(3 BE)

2.3 In einer Umfrage werden Männer, die 2017 einen Ausbildungsvertrag neu abgeschlossen haben, zufällig ausgewählt und nach ihrer schulischen Vorbildung befragt. Berechnen Sie, wie viele Männer man mindestens befragen muss, um mit einer Wahrscheinlichkeit von mindestens 80% auf mindestens einen Mann mit Hauptschulabschluss zu treffen.

(4 BE)

3 Von den Auszubildenden, die 2017 einen Ausbildungsvertrag neu abgeschlossen haben und die Hochschul-/Fachhochschulreife erworben hatten, haben 34,9% einen Ausbildungsvertrag im Bereich Industrie und Handel abgeschlossen.

Da der Anteil der Ausbildungsverträge im Bereich Industrie und Handel seit Jahren steigt, wird vermutet, dass im Jahr 2020 der Anteil der Auszubildenden, welche die Hochschul-/Fachhochschulreife erworben und einen Ausbildungsvertrag im Bereich Industrie und Handel abgeschlossen haben, bereits größer als 40% ist.
Um diese Vermutung zu bestätigen, werden 150 zufällig ausgewählte Auszubildende mit der schulischen Vorbildung Hochschul-/Fachhochschulreife befragt, die 2020 einen neuen Ausbildungsvertrag abgeschlossen haben.

3.1 Entwickeln Sie einen Hypothesentest auf einem Signifikanzniveau von 10% und formulieren Sie eine Entscheidungsregel im Sachzusammenhang.

(7 BE)

3.2 Beschreiben Sie für den Hypothesentest aus Aufgabe 3.1 die Bedeutung des Fehlers 2. Art im Sachzusammmenhang.
Bei diesem Hypothesentest soll die Wahrscheinlichkeit für einen Fehler 2. Art höchstens dreimal so groß sein wie das Signifikanzniveau α. Ermitteln Sie auf drei Nachkommastellen genau, wie hoch der zur Alternativhypothese H_1 gehörige tatsächliche Anteil p_1 unter dieser Bedingung mindestens sein müsste.

(5 BE)

Material

Im Jahr 2017 neu abgeschlossene Ausbildungsverträge nach schulischer Vorbildung (insgesamt 515 679) – aufgeteilt nach Geschlecht (männlich/weiblich)

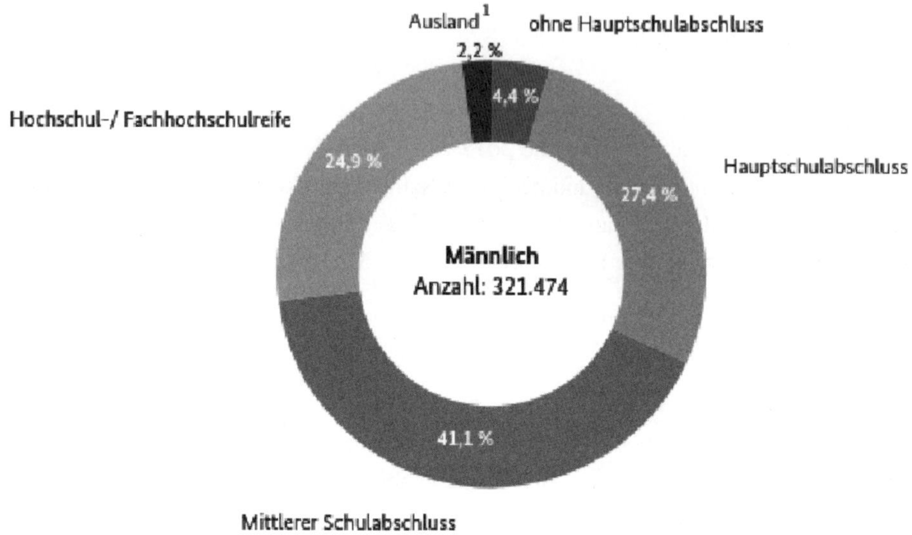

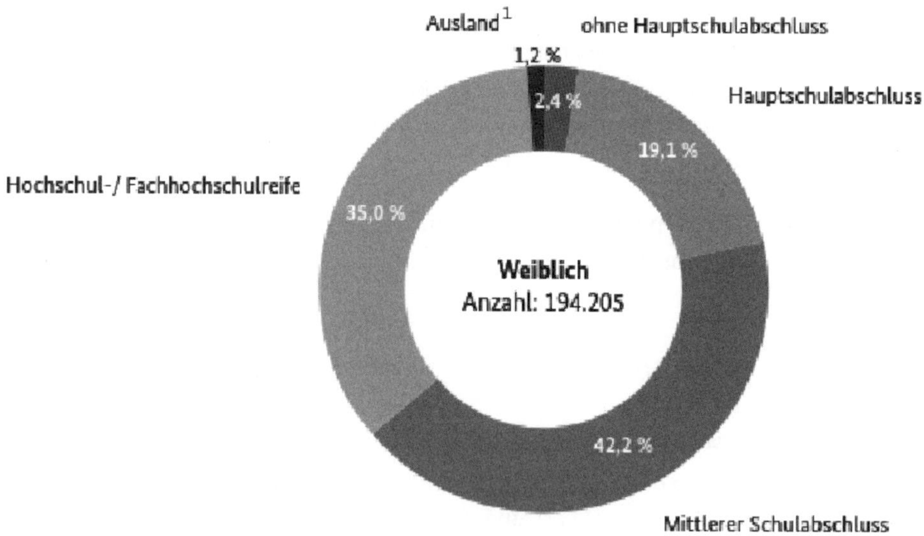

[1] im Ausland erworbener Schulabschluss, der nicht zugeordnet werden kann

basierend auf: Statistisches Bundesamt, Fachserie 11 Reihe 3; Deutsches Zentrum für Hochschul- und Wissenschaftsforschung, Berechnungen, Interaktive Grafik 2.4.34, URL: https://www.datenportal.bmbf.de/portal/de/grafik-2.4.34.html (abgerufen am 04.01.2021)

Tipps

1 Abitur 2018

Abitur 2018 – Aufgabe A1 (WTR/GTR)

1.1 Der „Zeitpunkt der Auswilderung“ entspricht dem Zeitpunkt $t = 0$. Setzen Sie diesen in die allgemeinen Funktionsgleichungen $f_a(t)$ bis $f_c(t)$ ein. Für die Betrachtung der langfristigen Entwicklung müssen Sie den Grenzwert $t \to \infty$ bestimmen.

Betrachten Sie Ihre Ergebnisse und vergleichen Sie diese (insbesondere die Abhängigkeit von den Parametern) mit den im Material gegebenen Graphen.

1.2 Sollte eine Abhängigkeit der Ergebnisse von den Parametern vorhanden sein, können Sie Sätze der Form „Je größer a ist, ... “ formulieren und zu Ende führen.

2.1 Die notwendige Bedingung für das Vorliegen einer Wendestelle ist, dass die entsprechende Stelle eine Nullstelle der zweiten Ableitung ist. Zuerst müssen Sie deshalb die zweite Ableitung von f_c berechnen.

Um von der gegebenen ersten Ableitung zur zweiten zu kommen, benötigen Sie sowohl die Produkt- als auch die Kettenregel. Anschließend bestimmen Sie die Nullstellen der zweiten Ableitung. Da die Wendepunkte gefragt sind, müssen Sie durch Auswertung der Funktion f_c an den Wendestellen die zugehörigen y-Werte berechnen.

Am Wendepunkt des Graphen liegt in diesem Beispiel die positiv steilste Steigung vor. Überlegen Sie, welche Bedeutung dies im Sachzusammenhang hat.

2.2 Ersetzen Sie den Parameter c in der y-Koordinate durch einen Term in Abhängigkeit von der Variablen t. Beachten Sie, dass die t-Koordinate von c abhängt.

3.1 Beachten Sie zuerst, dass für den allgemeinen Parameter c in f_c hier für die Funktion f_1 der konkrete Wert $c = 1$ verwendet wird.

Da es sich beim Funktionsterm um das Produkt eines ganzrationalen und eines Exponentialterms handelt, bietet sich die partielle Integration zur Bestimmung der Stammfunktion an. Wählen Sie den exponentiellen Faktor als v' und den ganzrationalen als u.

3.2 Die Anzahl der Geburten entspricht der Bestandsänderung über die ersten 10 Jahre. Sie müssen deshalb die Differenz $F_1(10) - F_1(0)$ berechnen, da es sich bei F_1 um die Bestandsfunktion handelt. Hierfür können Sie das Integral $\int_0^{10} f_1(t)\,\mathrm{d}t$ ansetzen.

3.3 Überlegen Sie, wie sich die Funktion d aus den Funktionen f_1 und s zusammensetzt und welche Operationen mit dieser durchgeführt werden.

Beachten Sie bei der Deutung des Wertes $t_1 \approx 1{,}4$, dass es sich bei diesem um die Nullstelle einer Ableitungsfunktion handelt.

3.4 Die Größe ändert sich nicht, wenn die Geburtenrate der Sterberate entspricht. Sie müssen deshalb die gemeinsamen Punkte der Funktionen f_1 und s berechnen, indem Sie die Gleichung $f_1(t) = s(t)$ lösen.

Alternativ können Sie auch $d(t) = f_1(t) - s(t) = 0$ ansetzen; also die Nullstellen der Differenzfunktion berechnen.

Sobald Sie bei einer quadratischen Gleichung im Term e^{-t} angelangt sind, verwenden Sie die vorgegebene Substitution.

Abitur 2018 – Aufgabe A2 (WTR)

1.1 Setzen Sie die Stellen/Werte $t = 1$ und $t = 10$ in die allgemeine Form von f ein. Da Sie aufgrund der Wertetabelle die zugehörigen Funktionswerte kennen, erhalten Sie auf diesem Weg zwei Gleichungen. Dividieren Sie diese beiden Gleichungen und berechnen Sie anschließend Werte für k und a. Setzen Sie die berechneten Werte in die allgemeine Form für f ein, um die gesuchte Funktion zu erhalten.

Berechnen Sie für die Stellen $t = 2$ und $t = 4$ Funktionswerte der zuvor erstellten Funktion. Bilden Sie jeweils die Differenz zum Tabellenwert und überprüfen Sie, ob beide Werte weniger als 3 % vom zugehörigen Tabellenwert abweichen.

1.2.1 Überlegen Sie, welcher Teil des Funktionsterms von g von einer Grenzwertbetrachtung $\lim\limits_{t\to\infty}$ betroffen ist und bilden Sie den Grenzwert für diesen Term. Setzen Sie diesen Grenzwert an der entsprechenden Stelle der Funktion g ein und werten Sie den entstehenden Bruch weiter aus.

Für die Deutung des Wertes im Sachzusammenhang ist es wichtig, sich die Bedeutung des Funktionswertes von g klar zu machen.

Überlegen Sie, welche Entwicklung die Funktion f auf lange Sicht nimmt, und begründen Sie hieraus, weshalb die Funktion g der Realität angemessener ist.

1.2.2 Hier ist ein allgemeiner Term für g', der durch Eigenschaft (I) gegeben ist, abzuleiten. Der Term ist zwar allgemein, aber der Aufbau des Terms stellt ein Produkt dar, weshalb Sie für die Ableitung die Produktregel verwenden müssen. Beachten Sie, dass Sie den Term $g'(t)$ nicht weiter vereinfachen oder durch einen konkreten Funktionsterm ersetzen können.

Formen Sie den durch die Produktregel entstandenen Term so weit um, bis der zu zeigende Term aus der Aufgabenstellung entstanden ist.

1.2.3 Der Zeitpunkt, zu dem die Larve am stärksten wächst, ist der Hochpunkt der Wachstumsgeschwindigkeit, die durch g' beschrieben wird. Sie müssen also die Ableitung von g', wie sie in Eigenschaft (II) gegeben ist, Null setzen und anschließend die Gleichung umformen, bis Sie erkennen, dass $g(t)$ die Hälfte der Sättigungsgrenze ist.

Zur Berechnung des konkreten Zeitpunkts, zu dem die Larve am stärksten wächst, können Sie nun die Information nutzen, dass die Larve an diesem Zeitpunkt eine Größe von $\frac{1}{2} \cdot 19{,}4\,\text{mm} = 9{,}7\,\text{mm}$ besitzt. Dieses Wissen führt auf die Gleichung $f(t) = 9{,}7$, die Sie nach t auflösen müssen.

2.1 Machen Sie sich für jeden Parameter einer allgemeinen Sinusfunktion

$$s_{\text{allg.}}(x) = A \cdot \sin(B \cdot (t + C)) + D$$

klar, welche Änderung dieser Wert für den Graphen nach sich zieht. Bspw. führt ein Wert $A = 7$ dazu, dass jeder Funktionswert das Siebenfache des vorherigen ist und eine Versiebenfachung eines y-Werts entspricht einer entsprechend starken Streckung des Graphen in diese Richtung.

Für die Änderung der Periodenlänge einer Sinusfunktion ist der Parameter B verantwortlich, der mit einer Streckung in x-Richtung korrespondiert. Sie müssen deshalb die Periodenlänge der allgemeinen Sinusfunktion s, also 2π, mit dem zuvor bestimmten Streckfaktor in x-Richtung multiplizieren, um die veränderte Periodenlänge zu erhalten.

2.2 Zeichnen Sie sich zur Hilfe die Gerade $y = 100$ in das Koordinatensystem in Material 1 ein. Zur Skalierung der y-Achse können Sie das Wissen nutzen, dass der größte Wert, den die Funktion k annimmt, ca. 500 ist. Diese Zeichnung sollte Ihnen helfen, den Ansatz (I) zu verstehen.

Verwenden Sie die Tatsache, dass das Jahr 2018 dem t-Wert 29 entspricht, um in der Zeichnung den relevanten Schnittpunkt zur Beantwortung der Aufgabenstellung zu identifizieren.

Nutzen Sie dann die Zeile (III) um den konkreten t-Wert des Schnittpunkts zu bestimmen. Bedenken Sie abschließend, dass Sie den t-Wert wieder in ein Jahr rücküberführen müssen. Durch die Aufgabenstellung wissen Sie bereits, dass dies das Jahr 2022 sein muss.

2.3 Machen Sie sich für Strategie (I) klar, welche Bedeutung es in einem Graphen hätte, wenn über ein ganzes Jahr (bspw. $t = 30$) ein konstanter Wert vorliegt. Alternativ können Sie auch die Rechnung zur Bestimmung von d_I als arithmetisches Mittel auffassen. Sie müssen dann angeben, von welchem Wert und über welchen Zeitraum dieses Mittel gebildet wird.

Auch in Strategie (II) wird ein Mittel berechnet, da wiederum durch 20 dividiert wird. Nun müssen Sie noch erläutern, welche Bedeutung der Wert des Integrals vor der Division besitzt.

Abschließend vergleichen Sie die beiden Werte. Hierfür müssen Sie zuerst den Wert für d_{II} bestimmen. Hierfür dürfen Sie den Taschenrechner verwenden.

Abitur 2018 – Aufgabe B1 (WTR/GTR/CAS)

1.1 Ein gleichschenkliges Trapez ist ein Viereck mit zwei parallelen Seiten und einer Symmetrieachse. Parallele Seiten weisen Sie nach, indem Sie die betreffenden Vektoren auf Kollinearität untersuchen. Eine Symmetrie können Sie indirekt nachweisen, indem Sie zeigen, dass zwei Seiten, die achsensymmetrisch verlaufen, gleich lang sind.

1.2 Berechnen Sie den Winkel zwischen den Normalenvektoren der beiden relevanten Ebenen mit Hilfe des Skalarproduktes. Eine Formel finden Sie in Ihrer Formelsammlung.

1.3 Bestimmen Sie zunächst die Fläche der Tribüne. Eine Formel können Sie Ihrer Formelsammlung entnehmen, für die Berechnung der Höhe des Trapezes können Sie die Symmetrie des gleichschenkligen Trapezes ausnutzen: Die Mittelpunkte M_1 und M_2 der beiden parallelen Seiten im Trapez liegen auf der Symmetrieachse, die Höhe des Trapezes ist also gerade $h = \overline{M_1M_2}$.

1.4 Zur Berechnung von Abständen sind in jeder Formelsammlung passende Formeln enthalten. Alternativ können Sie zunächst eine Hilfsgerade aufstellen, die durch F geht und senkrecht auf L steht. Der Schnittpunkt S kann für das Lotfußpunktverfahren verwendet werden.

1.5 Untersuchen Sie die Lage des Lotfußpunkts des Lots von F auf L relativ zur Tribüne. Hier kann eine Skizze mit Blick in x_2-Richtung helfen.

2 Berechnen Sie zunächst den Punkt, an dem der Ball durch die Netzebene fliegt. Betrachten Sie dann die x_3-Komponente dieses Punkts.

3.1 Die Bahn des Balls nach dem Aufschlag wird durch eine Punkteschar angegeben. In $X_t\left(3|12t-1|-5t^2+4t+2,\right)$ ergeben sich für jeden Wert von t neue Koordinaten, die die aktuelle Position des Punktes zum Zeitpunkt t angeben.
Untersuchen Sie die zeitliche Entwicklung der einzelnen Komponenten von X_t, um die Behauptung, dass sich der Ball in einer Ebene bewegt, zu begründen.

3.2 Der Auftreffpunkt des Balls entspricht einem Punkt in der Spielfeldebene, also mit $x_3 = 0$. Ob dieser Punkt innerhalb des Spielfeldes liegt, erkennen Sie an den Werten der Parameter für die Berechnung dieses Punkts mit Hilfe der Parameterform der Ebene.

4 Der Aufbau von Drehmatrizen kann einer Formelsammlung entnommen werden. Überlegen Sie sich dann, wie eine Verkleinerung einer Koordinate eines Vektors erreicht werden kann. Um die beiden einzelnen Matrizen zu kombinieren, multiplizieren Sie sie. Überlegen Sie dabei, ob die beiden Abbildungen kommutativ sind, d. h. ob die Reihenfolge Ihrer Ausführung relevant ist.

Abitur 2018 – Aufgabe B2 (WTR)

1.1 Ein Rechteck ist ein Viereck mit jeweils zwei parallelen Seiten und vier rechten Winkeln. Parallele Seiten weisen Sie nach, indem Sie die betreffenden Vektoren auf Kollinearität untersuchen. Mit Hilfe des Skalarproduktes können Sie den Winkel zwischen zwei Vektoren untersuchen. Wegen $\vec{a} \cdot \vec{b} = |\vec{a}| \cdot \left|\vec{b}\right| \cdot \cos(\alpha)$ ergibt das Skalarprodukt zweier Vektoren gerade 0, wenn sie senkrecht aufeinander stehen.

1.2 Für die Parameterdarstellung einer Ebene benötigen Sie drei Punkte, die Gleichung besteht aus einem Stütz- und zwei Richtungsvektoren: $\vec{x} = \overrightarrow{OS} + r \cdot \overrightarrow{RV_1} + s \cdot \overrightarrow{RV_2}$. Für die Umrechnung in Koordinatenform können Sie den Normalenvektor der Ebene mit Hilfe des Vektorproduktes berechnen. Die Koordinatenform ergibt sich dann mit $\vec{x} \cdot \vec{n} = \overrightarrow{OS} \cdot \vec{n}$.

1.3 Berechnen Sie den Winkel zwischen den Normalenvektoren der beiden relevanten Ebenen mit Hilfe des Skalarproduktes.

2.1 Das Licht breitet sich von L geradlinig in alle Richtungen aus. Berechnen Sie daher zunächst den Vektor in Richtung der Mastspitze S. Berechnen Sie dann den Schnittpunkt einer Geraden durch L und S, die dem Lichtweg entspricht, mit der Rampenebene. Um zu untersuchen, ob der Punkt tatsächlich auf der Rampenfläche liegt, berechnen Sie, mit welchen Werten der Parameter r und s aus Aufgabe 1.2 Sie den Schnittpunkt erreichen können. Bei geeigneter Wahl der Richtungsvektoren bedeuten Werte zwischen 0 und 1, dass der Punkt auf der Fläche liegt.

2.2 Vergleichen Sie die Komponenten der einzelnen Vektoren mit den Koordinaten aus den vorherigen Aufgaben und berechnen Sie gegebenenfalls einzelne Beispielvektoren für verschiedene Werte von a. Beachten Sie, dass der Stützvektor der Geraden auch in der Berechnung des Richtungsvektors vorkommt.
Verwenden Sie bei Bedarf die Skizze aus dem Material, um sich die Zusammenhänge zu verdeutlichen.

3.1 Untersuchen Sie den Bildpunkt eines allgemeinen Punktes $Q(a|b|c)$, indem Sie eine Gerade durch Q mit dem Richtungsvektor $\vec{v}$ bilden und ihren Schnittpunkt mit der Rampenebene berechnen. Aus dem Lösungsvektor können Sie die Abbildungsmatrix ablesen.

3.2 Die Gleichung $P^2 = P$ bedeutet, dass das Ergebnis der einfachen Abbildung mit P dem Ergebnis der zweifachen Abbildung mit P (also P^2) entspricht. Überlegen Sie, für welche Punkte diese Bedingung erfüllt ist.

Abitur 2018 – Aufgabe C (WTR/GTR/CAS)

1.1 Beachten Sie, dass die Ereignisse das Feld 19 und das Feld 20 zu treffen, unvereinbar sind. Summieren Sie in beiden Fällen („Laie“ und „Könner“) die zugehörigen Wahrscheinlichkeiten. Diese Wahrscheinlichkeiten können Sie direkt aus dem Aufgabentext oder der abgedruckten Tabelle entnehmen.

1.2 Betrachten Sie zuerst einen einzelnen Summanden der Summe. Wählen Sie bspw. für k den Wert 1. Bei jedem dieser Summanden handelt es sich um eine Bernoulli-Formel $\binom{n}{k} \cdot p^k \cdot (1-p)^{n-k}$. Überlegen Sie, welche Bedeutungen die Parameter n, p und k in der vorliegenden Aufgabe haben. Haben Sie verstanden, welche Bedeutung ein einzelner Summand im Sachzusammenhang hat, müssen Sie erläutern, welche Bedeutung die Summe dreier solcher Summanden für $k = 0, 1, 2$ besitzt.

2.1 Bei dieser Aufgabe handelt es sich um eine klassische Aufgabe, die unter dem Namen „3-mal-mindestens-Aufgabe“ bekannt ist. Geben Sie zuerst die Wahrscheinlchkeit für das Gegenereignis von „mindestens ein Treffer“ an. Subtrahieren Sie diese Wahrscheinlichkeit von 1 müssen die 99 % überschritten werden. Sie erhalten eine Ungleichung, die Sie nach der Unbekannten n (Anzahl der Würfe) auflösen müssen.

Achten Sie bei der Rechnung darauf, dass eine Multiplikation mit einer negativen Zahl das Ungleichheitszeichen umdreht. Bedenken Sie bei Ihrem endgültigen Ergebnis, dass eine Anzahl immer nur eine natürliche Zahl sein kann.

2.2 Betrachten Sie die Zeile (I) und vergleichen Sie diese mit Ihrem Ansatz aus der vorigen Aufgabe. Sie stellen fest, dass die beiden Ansätze identisch sind. Es geht somit auch hier um die Wahrscheinlichkeit das Feld „20“ mindestens 1-mal zu treffen.

Den beiden Zeilen aus Bedingung (II) können Sie entnehmen, dass in dieser Aufgabe aber Werte für n vorgegeben werden und nicht gesucht sind. Entnehmen Sie der Bedingung (II), welcher Wert stattdessen bestimmt werden soll und interpretieren Sie diesen Aufgabentyp im Sachzusammenhang.

3.1 Berechnen Sie die Werte für den Erwartungswert μ und die Standardabweichung σ für die vorliegende Binomialverteilung. Falls Sie nicht mehr wissen, wie diese Werte berechnet werden können, hilft ein Blick in die Formelsammlung. Setzen Sie die Werte in das Intervall ein, das in Material 2 gegeben ist. Bedenken Sie, dass Anzahlen nur ganzzahlig sein können.

Beschreiben Sie im Sachzusammenhang und unter Verwendung der berechneten Werte, dass bei einer Binomialverteilung, falls die LaPlace-Bedingung $\sigma > 3$ erfüllt ist, ca. 95,5 % aller Ergebnisse in die 2σ-Umgebung fallen.

3.2 In dieser Aufgabe ist eine bedingte Wahrscheinlichkeit gesucht. Klären Sie, welche beiden Merkmale in der Aufgabe betrachtet werden und welche bedingte Wahrscheinlichkeit sich aus diesen laut Aufgabenstellung ergibt.

Es lohnt sich als Hilfestellung ein Baumdiagramm zu zeichnen, auch wenn dieses nicht in der Aufgabenstellung gefordert ist. Sie werden dann feststellen, dass sich mehr als vier Pfade ergeben, wenn Sie alle Informationen umsetzen wollen.

Sobald Sie Ihren Ansatz zur Berechnung der gesuchten bedingten Wahrscheinlichkeit gefunden haben, können Sie den Satz von Bayes nutzen. Anschließend können Sie den Term so lange umformen, bis nur noch bekannte Wahrscheinlichkeiten zur Berechnung des Ergebnisses nötig sind. Auch bei diesen Umformungen hilft ein Blick auf das Baumdiagramm, falls Sie es gezeichnet haben.

3.3.1 Formulieren Sie die Null- und die Alternativhypothese für die vorliegende Situation. Machen Sie sich klar, dass es sich um einen rechtsseitigen Test handelt, der Verwerfungsbereich also eine Menge der Form $\{k, \ldots, 200\}$ ist.

Bestimmen Sie den kritischen Wert k, indem Sie die Wahrscheinlichkeit für den Fehler 1. Art ansetzen und die beigelegte Tabelle zur Binomialsummenfunktion nutzen, um k so zu wählen, dass diese Wahrscheinlichkeit kleiner als 5 % bleibt.

Vergessen Sie nicht, abschließend ihr Ergebnis im Sachzusammenhang in Worten zu beschreiben.

3.3.2 Der Aufgabe liegt eine kumulierte Binomialverteilung zu Grunde. Die Werte für n und p sind in der Aufgabe gegeben. Die Werte, die die Zufallsgröße für die gesuchte Wahrscheinlichkeit annehmen soll, können Sie folgendem Satz entnehmen: „Für einen Fehler 2. Art muss eine Stichprobe im Annahmebereich der Nullhypothese landen."

Das Ergebnis müssen Sie der beigefügten Tabelle im Material entnehmen.

2 Beispielaufgaben Abitur 2019

Abitur 2019 Beispielaufgaben – Aufgabe B1 (WTR)

1.1 Setzen Sie die Werte für $t = 0$ und $t = 1{,}7$ in die allgemeine Funktionsgleichung für h ein. Dadurch erhalten Sie zwei Gleichungen, die Sie nutzen können, um die unbekannten Parameter a und b zu bestimmen. Beachten Sie, dass der Funktionswert von h für $t = 1{,}7$ doppelt so groß sein muss wie für $t = 0$.

1.2 Berechnen Sie den Zeitpunkt t für den gilt, dass die Funktion h den Funktionswert $10 \cdot 10 = 100$ liefert. Lösen Sie hierfür die Gleichung $h(t) = 100$.

1.3 Zuerst müssen Sie die Summe aller Massen der Hefe über die ersten vier Stunden berechnen. Da es sich bei der Funktion h um eine stetige Funktion handelt, benötigen Sie für diesen Wert das Integral von h über die ersten vier Stunden.
Da die durchschnittliche Masse gesucht ist, müssen Sie den Wert des Integrals noch durch die Länge des Zeitraums dividieren.

2.1 Betrachten Sie den Exponenten der Exponentialfunktion und überlegen Sie, welcher der beiden Summanden im Exponenten für die Grenzwertbildung $t \to \infty$ der dominierende ist. Betrachten Sie nun das Vorzeichen des dominierenden Terms und schließen Sie aus diesem auf das Grenzwertverhalten des vollständigen Exponentialterms.

2.2 Die notwendige Bedingung für einen Hochpunkt ist: $h_k{}'(t) = 0$. Im ersten Schritt müssen Sie deshalb die erste Ableitung von h_k bestimmen. Sie benötigen hierfür die Kettenregel. Der Term $0{,}4t - 0{,}5kt^2$ ist im vorliegenden Fall der Funktionsterm der inneren Funktion.

Haben Sie die Ableitung gebildet, berechnen Sie anschließend deren Nullstellen. Beachten Sie, dass Ihr Ergebnis noch vom Parameter k abhängig ist.

Da die Hoch**punkte** gefragt sind, müssen Sie die Nullstelle(n) der Ableitung in die Funktion h_k einsetzen, um die y-Koordinaten der Hochpunkte zu erhalten.

Betrachten Sie die beiden Koordinaten der Hochpunkte einzeln und überlegen Sie, wie sich die Koordinaten für größer werdendes k verhalten. Übersetzen Sie diese Erkenntnisse in den Sachzusammenhang. Formulieren Sie bspw. Sätze der Form: „Wird mehr Konservierungsstoff hinzu gegeben (k wird größer), erreicht der Maximalwert der Hefe …“.

2.3 Lösen Sie die t-Koordinate des Hochpunktes nach dem Parameter k auf. Setzen Sie den entstehenden Term in die y-Koordinate des Hochpunktes für k ein.

Bestimmen Sie k so, dass Sie als t-Koordinate des Hochpunktes den Wert erhalten, den Sie dem Graph im Material entnehmen können.

2.4 Berechnen Sie mittels der Gleichung $h_{0,08}(t) = 10$ zuerst den Zeitpunkt t_1, an dem die Hefe wieder ihre ursprüngliche Masse erreicht hat.

Erstellen Sie nun eine lineare Funktion s, die die folgenden beiden Bedingungen erfüllt:

- Ihr Graph geht durch den eben berechneten Punkt: $s(t_1) = h_{0,08}(t_1)$ (ohne Sprung)
- Die Steigung des Graphen an diesem Punkt entspricht der Steigung der Funktion $h_{0,08}$ an diesem Punkt: $s'(t_1) = h_{0,08}{}'(t_1)$ (ohne Knick)

Abschließend müssen Sie die Nullstelle der Funktion s berechnen.

3.1 Vergleichen Sie die konkrete Funktion f mit der allgemeinen Funktion g. Aus einem Vergleich der Zähler können Sie G bestimmen. Zur Bestimmung von r müssen Sie die Exponentialterme der Nenner betrachten. Beachten Sie, dass Sie G jetzt bereits kennen.

3.2 Überprüfen Sie, ob die Gleichung $f(1{,}7) = 2 \cdot f(0)$ Gültigkeit besitzt, indem Sie die beiden Seiten der Gleichung auswerten.

Lösen Sie die Gleichung $f(t) = \frac{G}{2} = 150$, um den Zeitpunkt zu bestimmen, an dem die Masse der Hefe die Hälfte des Grenzwerts annimmt.

3.3 Zerlegen Sie die allgemeine Form von g' aus dem Material in ein Produkt aus zwei Faktoren und verwenden Sie die Produktregel, um die zweite Ableitung von g zu bestimmen.

Die Wachstumsgeschwindigkeit ist an der Wendestelle am größten. Zum Nachweis der Aussage müssen Sie deshalb eine Gleichung ansetzen, die zur Bestimmung einer Wendestelle genutzt werden kann; nämlich $g''(t^*) = 0$. Formen Sie diese Gleichung so lange um, bis Sie bei der geforderten Aussage $\left(\text{formal: } g(t^*) = \frac{1}{2}G\right)$ angekommen sind.

Achten Sie darauf, für welche Umformungen Sie die Voraussetzungen (I) und (II) benötigen.

Abitur 2019 Beispielaufgaben – Aufgabe C1 (WTR/CAS)

1.1 Vergleichen Sie die Komponenten der Stützvektoren mit den Koordinaten der angegebenen Punkte. Berechnen Sie außerdem die Verbindungsvektoren von A und B bzw. P und Q und vergleichen Sie diese mit den Richtungsvektoren der angegebenen Geraden. Da der Parameter t für die Zeit in Sekunden steht, müssen die Richtungsvektoren die Positionsänderungen der Flugzeuge innerhalb einer Sekunde beschreiben.
Da die aktuelle Höhe des Flugzeugs durch seine z-Komponente angegeben wird, kann ein möglicher Steigflug an dieser Komponente abgelesen werden.

1.2 Die Formel zur Berechnung des Betrags eines Vektors finden Sie in Ihrer Formelsammlung. Rufen Sie sich für den Sachzusammenhang in Erinnerung, dass t für die Zeit in Sekunden steht und der Richtungsvektor entsprechen für die zurückgelegte Distanz in einer Sekunde.

1.3 Der Flughafen liegt in der x-y-Ebene, hat also die z-Koordinate $z = 0$. Berechnen Sie also den Punkt auf g_1, für den $z = 0$ gilt. Zur Bestimmung des Winkels zwischen zwei Vektoren können Sie der Formelsammlung eine Formel entnehmen. Beachten Sie aber: Wenn Sie den Winkel α zwischen dem Normalenvektor der Flughafenebene und dem Richtungsvektor von g_1 berechnen, haben Sie den Winkel berechnet, den die Gerade mit der Vertikalen einschließt. Der Steigungswinkel β des Flugzeugs ist aber der Winkel, den die Gerade mit der Horizontalen einschließt, es ist $\beta = 90° - \alpha$.

1.4 Damit die Flugzeuge sich nicht treffen können, darf es keinen Schnittpunkt zwischen den beiden Geraden geben. Untersuchen Sie das rechnerisch, indem Sie die Gleichungen der beiden Geraden gleichsetzen. Da Sie die Geraden unabhängig von der Zeit auf gemeinsame Punkte untersuchen, verwenden Sie zwei verschiedene Parameter t_1 und t_2. Beachten Sie: Hat ein Gleichungssystem mehr Gleichungen als Unbekannte, berechnet man zunächst mit einer geringeren Anzahl an Gleichungen, die der Zahl der Unbekannten entspricht (hier 2), eine Lösung. Diese Lösung wird in die verbleibende Gleichung eingesetzt und erst, wenn diese Gleichung erfüllt ist, hat das Gleichungssystem die ermittelte Lösung.

1.5 Das Ergebnis des Vektorprodukts ist ein Vektor, der senkrecht auf den beiden Vektoren steht. Vergleichen Sie mit der Aufgabe, um welche Vektoren es sich in (1) handelt. Die Ebene H aus (2) hat den Vektor aus (1) als Normalenvektor, die Gerade g als Richtungsvektor. g steht also senkrecht auf H. Schauen Sie, welche Punkte jeweils als Aufhängepunkte dienen. F ist der Schnittpunkt von g und H, überlegen Sie sich, evtl. mit Hilfe einer kleinen Skizze, welche Bedeutung dann dem Betrag des Vektors $\overrightarrow{\mathrm{PF}}$ zukommt.

1.6 Da die beiden Flugzeuge zeitgleich starten, ist der Parameter t in beiden Gleichungen g_1 und g_2 gleich. Die tatsächliche Entfernung der beiden Flugzeuge erhalten Sie daher, indem Sie den Abstand von zwei beliebigen Punkten auf g_1 und g_2, ausgedrückt jeweils durch die Parametergleichung, berechnen. Betrachten Sie also die Komponenten von $\vec{X}_{g_2} - \vec{X}_{g_1}$ als Funktion von t.

1.7 Die Flughöhe des Flugzeugs wird durch die z-Koordinate des aktuellen Punktes bestimmt. Reiseflughöhe erreicht das Flugzeug also für $z = 301$ (1 LE = 100 ft). Berechnen Sie den zugehörigen Punkt, er ist der Aufhängepunkt der neuen Flugroute. Den neuen Richtungsvektor erhalten Sie, wenn Sie die z-Komponente des vorherigen Richtungsvektors $= 0$ setzen. Das Flugzeug bewegt sich auf konstanter Höhe ($z = 0$), aber in gleichbleibender Richtung (x und y bleiben erhalten).

2 In den Spalten einer Matrix stehen die Bilder der Einheitsvektoren, also der Vektoren $\vec{e_x} = \begin{pmatrix} 1 \\ 0 \\ 0 \end{pmatrix}$, $\vec{e_y} = \begin{pmatrix} 0 \\ 1 \\ 0 \end{pmatrix}$ und $\vec{e_z} = \begin{pmatrix} 0 \\ 0 \\ 1 \end{pmatrix}$. Überlegen Sie, welche der Vektoren bei einer Projektion in die y-z-Ebene erhalten bleiben und welche sich -wie- verändern. Für die

projizierte Flugbahn des Flugzeugs wenden Sie die Matrix auf die Geradengleichung an, multiplizieren Sie also $P \cdot \vec{x}_{g_1}$. Für die Zeichnung eignet sich ein zweidimensionales Koordinatensystem mit den Achsen y und z.

3.1 Der Wert 30 % findet sich in der Zeile K1 und der Spalte B. Versprachlichen Sie diese beiden Merkmale (K2 wären z. B. die verkauften Plätze in Kategorie 2). Für ein lineares Gleichungssystem vergeben Sie beispielsweise die Variablen a, b und c für die Anzahl an verkauften Plätzen in einer Kategorie durch Veranstalter A, B und C und drücken Sie Prozentangaben als Änderungsfaktor aus (z. B. $40\,\% = 0{,}4$) . Alle verkauften Plätze in Kategorie 1 aufsummiert ergeben 80 Plätze, in Kategorie 2 sind es 200 Plätze.
Das entstehende Gleichungssystem ist unterbestimmt, die Zahl der Unbekannten ist größer als die Zahl der Gleichungen. Es gibt daher keine eindeutige Lösung. Eliminieren Sie eine Variable, beispielsweise a, aus beiden Gleichungen und wählen Sie anschließend $c = s$, um die angegebene Kontrolllösung zu erhalten.

3.2 Da insgesamt 280 Plätze verkauft wurden, müssen die Lösungen für a, b und c jeweils zwischen 0 und 280 liegen. Formulieren Sie diese Bedingungen und überlegen Sie, mit welchen Werten für s Sie die Ränder, also 0 und 280, erreichen. Da es sich bei a, b und c um eine Anzahl von Plätzen handelt, müssen die Komponenten des Lösungsvektors außerdem ganzzahlig sein.

Abitur 2019 Beispielaufgaben – Aufgabe C2 (WTR/CAS)

1.1 Stellen Sie in Ihrem Baumdiagramm die Merkmale „Alter“ und „Leseverhalten“ dar. Lesen Sie den Text sorgfältig, um zu entscheiden, für welches Merkmal sich die erste und für welches sich die zweite Stufe des Diagramms anbietet. Für Wahrscheinlichkeiten/Anteile, die Sie nicht kennen, verwenden Sie einen Parameter, beispielsweise p.
Wählen Sie dann für die in der Aufgabe beschriebenen Ereignisse die passenden Pfade im Baumdiagramm aus und berechnen Sie die Wahrscheinlichkeiten. Beachten Sie, dass entlang eines Pfades alle Werte multipliziert werden, die Wahrscheinlichkeiten verschiedener Pfade auf der gleichen Stufe werden addiert.

1.2 Hier wird eine bedingte Wahrscheinlichkeit gesucht. Die Bedingung ist, dass die befragte Person angab, in ihrer Freizeit regelmäßig Bücher zu lesen. Berechnen Sie unter dieser Bedingung die Wahrscheinlichkeit dafür, dass die Person in die Altersklasse „18 oder 19 Jahre“ fällt.

2.1 Bei dem Ausdruck handelt es sich um eine kumulierte Binomialverteilung. Identifizieren Sie die Werte für n, k, p und $q = (1 - p)$ und deuten Sie sie im Sachzusammenhang.
Außerdem sollen Sie begründen, warum es wichtig ist, die Gesamtzahl der Schüler in etwa zu kennen. Überlegen Sie hierfür zum einen, was Sie über die Bedingungen für eine

binomialverteilte Zufallsgröße wissen. Vergleichen Sie diese Anforderungen mit dem tatsächlichen Experiment, nämlich der Auswahl einzelner Schüler aus einer Gesamtheit.

2.2.1 Die Nullhypothese geht gewöhnlich davon aus, dass sich an der ursprünglichen Situation, hier dem Leseverhalten der Schüler, auch durch Maßnahmen zu Änderung nichts getan hat. Dadurch ist die Wahrscheinlichkeit für die Nullhypothese bekannt, der α-Fehler oder Fehler 1. Art und damit das Signifikanzniveau des entworfenen Tests kann angegeben werden.
Für die Erklärung der Ungleichung in Aufgabe 2 rufen Sie sich die Definition der beiden Fehler, die bei der Durchführung von Hypothesentests auftreten können, in Erinnerung. Nutzen Sie die Ungleichung anschließend, um mit Hilfe der Tabelle im Material den Verwerfungsbereich der Nullhypothese zu bestimmen.

2.2.2 Durch die Angabe des neuen Anteils an Schülern, die regelmäßig lesen, ist jetzt auch die Wahrscheinlichkeit der Alternativhypothese bekannt. Verwenden Sie diese, um den β-Fehler oder Fehler 2. Art zu berechnen, der für den beschriebenen Test auftritt. Formulieren Sie den Fehler im Sachzusammenhang, um die Behauptung zu belegen.

3.1 Überlegen Sie sich für die Begründung, warum es sich auch ohne Runden um Näherungswerte handelt, wie exakt die Angaben in der Tabelle auf dem Aufgabenblatt sind. Die Formeln für Mittelwert und Standardabweichung einer beliebigen Zufallsgröße können Sie Ihrer Formelsammlung entnehmen.

3.2 Überlegen Sie, wie die Dichteverteilung einer normalverteilten Zufallsgröße aussieht und was die Normalverteilung beispielsweise von der Binomialverteilung unterscheidet. Legen Sie diese Kriterien dann an Ihr Histogramm aus 3.1 an.

3.2 Die Werte der Standardnormalverteilung können einer Tabelle mit Werten für $\Phi(z)$ entnommen werden. Dafür muss die Zufallsgröße auf $\mu = 0$ und $\sigma = 1$ normiert werden.

3 Abitur 2019

Abitur 2019 – Aufgabe B1 (WTR)

1.1 Lesen Sie den Einführungstext genau, um die gesuchten Parameter zu finden. Setzen Sie die gefundenen Parameter in die gegebene allgemein Funktionsgleichung $w(t)$ ein. Entnehmen Sie dem Einführungstext ein Wertepaar der gesuchten Funktionsgleichung und setzen Sie auch dieses Paar in die allgemeine Funktionsgleichung ein. Lösen Sie die so entstandene Gleichung nach k auf.
Vergessen Sie nicht, abschließend die konkrete Funktionsgleichung anzugeben.

1.2 Bestimmen Sie die Funktionswerte zu den Zeiten $t = 0$ und $t = 10$. Berechnen Sie nun, um wie viel Prozent der Wert zum Zeitpunkt $t = 10$ größer ist als der zum Zeitpunkt $t = 0$.
Beachten Sie: Es geht um die prozentuelle Zunahme, nicht den absolut erreichten Prozentwert.

1.3 Da der Operator „Berechnen“ lautet, benötigen Sie für die Bearbeitung der Aufgabe die Stammfunktion der Funktion w. Außerdem müssen Sie die Differenz der Funktionswerte der Stammfunktion an den Integralgrenzen angeben. Beachten Sie bei der Bestimmung der Stammfunkton, dass der Funktionsterm von w aus 2 Summanden besteht.
Zur Deutung des Terms sollten Sie zuerst überlegen, welche Bedeutung das Integral über den Zeitraum der ersten 10 Minuten besitzt. Beachten Sie bei dieser Überlegung, dass ein Integral als kontinuierliche Summe aufgefasst werden kann.
Vergessen Sie in Ihrer Deutung nicht, dass das Integral noch durch 10 geteilt wird.

1.4 Überlegen Sie zuerst, welche Teilterm des Funktionsterms überhaupt von der Grenzwertbildung abhängig sind. Berechnen Sie den Grenzwert dieses Teilterms und ersetzen Sie im Funktionsterm diesen Teilterm durch diesen Grenzwert.
Der Operator „Begründen“ ermöglicht es, diese Aufgabe in Textform zu bearbeiten; der Bezug zum Funktionsterm muss allerdings hergestellt werden
Bedenken Sie für die Erläuterung im Sachzusammenhang, wo der Wert 30 bereits aufgetaucht ist, und überlegen Sie, was dies für die Wassertemperatur bedeutet.

1.5 Überlegen Sie sich, welche Funktion etwas über die Erwärmungsgeschwindigkeit, also die Änderung der Temperatur in der Zeit, aussagt. Werten Sie diese Funktion für den Zeitpunkt der Entnahme aus.
Setzen Sie als nächstes eine Gleichung an, durch die man berechnen kann, für welchen Zeitpunkt die Funktion einen Wert zurückliefert, der halb so groß ist, wie der zuvor bestimmte.
Da Sie zeigen sollen, dass die Funktion im Zeitverlauf abnimmt, müssen Sie überlegen, welche Eigenschaft dies für die Steigung der Funktion über den vollständigen, betrachteten Zeitraum aussagt.

Vergessen Sie nicht, auch zu begründen, warum der Funktionswert 0 nie erreicht werden kann.

1.6 Setzen Sie die beiden Funktionen w und w' in die definierende Gleichung eines begrenzten Wachstums ein. Formen Sie eine (oder beide Seiten) der Gleichung um, bis die Korrektheit der Gleichheit bewiesen ist.
Machen Sie sich in einem ersten Schritt anhand der definierenden Gleichung klar, welche Bedeutung der Faktor k allgemein für ein beschränktes Wachstum besitzt. Übertragen Sie dann diese Bedeutung auf den konkreten Wert von k im Sachzusammenhang.

2.1 Verwenden Sie die klassischen Ansätze zur Berechnung der Nullstellen und des y-Achsenabschnitts für die Funktionenschar f_n. Führen Sie die beiden Ansätze rechnerisch zu einem Ende und machen Sie sich klar, weshalb das Ergebnis unabhängig von n ist.
Vergessen Sie nicht, die Schnittpunkte mit den Achsen anzugeben.

2.2 Überlegen Sie, wie sich die einzelnen Faktoren des Funktionsterms für $x \to -\infty$ verhalten, und, welcher der Terme für den Grenzwert des Produkts ausschlaggebend ist.
In einem ersten Schritt sollten Sie sich klar machen, worin der angesprochene Unterschied der beiden abgebildeten Graphen besteht, und, welches das relevante Intervall bei der Betrachtung dieses Unterschieds darstellt.
Da der Unterschied rechnerisch durch einen Vorzeichenwechsel entsteht, müssen Sie überlegen, wie die einzelnen Faktoren des Funktionsterms im betrachteten Intervall das Vorzeichen des Funktionswerts beeinflussen.
Überlegen Sie, wann die Funktionswerte positiv und wann negativ werden.

2.3 Für die Ableitung von f_n benötogen Sie die Produkt- und die Kettenregel.
Zum Nachweis der Gleichheit lohnt es sich, den Term f_{n-1} zu notieren. Klammern Sie diesen aus der Ableitung aus, ergibt sich die gesuchte Gleichheit.

2.4 Setzen Sie die notwendige Bedingung zur Berechnung der Extremstellen an. Lösen Sie die entstehende Gleichung. Zur Erinnerung: An einer Extremstelle besitzt der Graph einer Funktion eine waagrechte Tangente.
Zur Skalierung der Achsen im Material sollten Sie auf die in Aufgabe 2.1 berechneten Schnittpunkte mit den Achsen zurückgreifen.
Lesen Sie die jeweiligen x-Werte der Extremstellen aus den Graphen im Material ab und setzen Sie sie in eine der berechnenten Extremstellen ein; n sollte sich dann direkt ergeben.

2.5 Machen Sie sich klar, dass mit Hilfe des Steigungsverhalten der Funktion f_n um die zu betrachtende Stelle entschieden werden kann, ob ein Extremum oder ein Sattelpunkt vorliegt.
Aus diesem Grund müssen Sie sich die einzelnen Faktoren der Ableitung f_n' anschauen und überlegen, was diese in ihrer Gesamtheit über das Steigungsverhalten links und rechts der Stelle $x = -1$ aussagen.

Abitur 2019 – Aufgabe B2 (WTR)

1.1 Verdeutlichen Sie sich den Einfluss eines konstanten Vorfaktors auf den Graphen einer Funktion.
Überlegen Sie, wie sich die einzelnen Faktoren des Funktionsterms für $t \to \infty$ entwickeln und bedenken Sie, dass Exponentialterme ganzrationale bei der Grenzwertbildung eines Produktes dominieren, um den Grenzwert des gesamten Ausdrucks zu bestimmen.

1.2 Notwendig für das Vorliegen eines Hochpunkts ist eine Nullstelle in der ersten Ableitung der Funktion, hinreichend ein negatives Vorzeichen in der zweiten Ableitung. Berechnen Sie also zunächst die ersten beiden Ableitungen der Schar (Produktregel!). Berechnen Sie die Nullstelle(n) der ersten Ableitung und denken Sie daran, dass die e-Funktion immer größer ist als Null. Setzen Sie die Nullstelle(n) der ersten Ableitung in die zweite Ableitung ein und bestätigen Sie das Vorliegen eines Hochpunkts. Berechnen Sie die y-Koordinate, indem Sie die Nullstelle der ersten Ableitung in die Ausgangsfunktion einsetzen.

1.3 Leiten Sie wie angegeben die Funktion $F_k(t)$ nach t ab. k, a und b sind dabei Parameter und werden behandelt wie Zahlen. Klammern Sie aus und bringen Sie Ihr Ergebnis in die Form der Funktion f_k. Vergleichen Sie dann die Koeffizienten beider Funktionsterme und bestimmen Sie a und b.

1.4 Berechnen Sie zunächst das Integral der Funktion f_k für die untere Grenze 0 und eine variable obere Grenze b. Betrachten Sie anschließend den Grenzwert des Ausdrucks für $b \to \infty$.

2 Zeigen Sie, dass die Funktionen f_k und g_k sich in den angegebenen Punkten schneiden, indem Sie die Gleichungen beider Funktionen gleichsetzen und t bestimmen. Für die Ortskurve der Schnittpunkte S_2 formen Sie die t-Koordinate des Punkts nach k um und setzen diese Gleichung in die zugehörige y-Koordinate ein.

3.1 Die Sammelrate eines Nebelfängers vom Typ I wird durch Funktionen der Schar f_k beschrieben. Die Ausbeute des Nebelfängers erhalten Sie daher über das Integral der Funktion. Die Zeit zwischen 19 Uhr abends und 05 Uhr morgens wird durch das Intervall $[0;10]$ abgebildet.
k kann Werte zwischen 1 und 3 annehmen, die minimal mögliche Ausbeute erhalten Sie daher, indem Sie $k = 1$ in den Ausdruck $5{,}678 \cdot k$ einsetzen. Die maximal mögliche Ausbeute ergibt sich analog mit $k = 3$.

3.2 Bestimmen Sie den Wert der Integrale der Funktionen $f_{2,08}$ und $g_{2,08}$ im Intervall $[0;10]$. Sie dürfen hier die Integralfunktion Ihres Taschenrechners verwenden.

3.3 Versprachlichen Sie zunächst die Gleichungen (I) und (II) und überlegen Sie dann, welches Ziel mit den gezeigten Umformungen verfolgt werden könnte. Behalten Sie die vorherigen Teilaufgaben im Hinterkopf.

4.1 Das Kontrollergebnis aus Aufgabe 2 ist die Ortskurve der Schnittpunkte S_2 der Funktionen f_k und g_k. Überlegen Sie, was diese Kurve mit dem Sachverhalt zu tun hat.

4.2 Die Zeitpunkte t^*, zu denen beide Nebelfänger die gleiche Sammelrate haben, entsprechen dem t-Wert des Schnittpunkts S_2 aus Aufgabe 2. Setzen Sie diesen Ausdruck gleich 5 und bestimmen Sie k.

Abitur 2019 – Aufgabe C1 (WTR/CAS)

1.1 Überlegen Sie, welche Bedingungen ein Viereck mindestens besitzen muss, damit es sich um ein Rechteck handelt. Sind zwei gegenüberliegende Seiten parallel und gleich lang, handelt es sich bei dem Viereck bereits um ein Parallelogramm. Sie müssen dann noch nachweisen, dass zwei beliebige Seiten senkrecht aufeinander stehen. Das Skalarprodukt der beiden Vektoren, die diese Seiten beschreiben, muss in diesem Fall 0 sein.

Den Flächeninhalt eines Rechtecks berechnet man, indem man die zwei Seitenlängen des Rechtecks miteinander multipliziert.

1.2 Zur Erstellung der Parameterform einer Ebene benötigen Sie einen Stützvektor und zwei nicht parallele Richtungsvektoren. Als Stützvektor können Sie einen Vektor vom Ursprung zu einem beliebigen Punkt P auf der Ebene und als Richtungsvektoren Verbindungsvektoren zweier Punkte auf der Ebene wählen. Diese setzen Sie in die allgemeine Gleichung $\vec{x} = \overrightarrow{OP} + r \cdot \vec{u} + s \cdot \vec{v}$ ein.

Sie benötigen einen Normalenvektor der Ebene. Dessen Komponenten tauchen als Koeffizienten in der Koordinatenform der Ebene auf. Die rechte Seite der Gleichung können Sie durch Einsetzen eines Punktes bestimmen.

1.3 Überlegen Sie, was es für die Ebene bedeutet, wenn die y-Koordinate eines Punktes keine Bedeutung dafür besitzt, ob der Punkt auf der Ebene liegt.

1.4 Machen Sie sich klar, dass die Normalenvektoren zweier Ebenen denselben Winkel einschließen wie die Ebenen selbst. Überlegen Sie anschließend, welche Normalenvektoren die Ebene E sowie die Horizontale besitzen. Verwenden Sie die Formel zur Bestimmung des Winkels zwischen zwei Vektoren und achten Sie darauf, dass Sie den kleineren der beiden möglichen Winkel als Lösung angeben.

1.5 Zur Berechnung des Volumens eines Zylinders benötigen Sie dessen Höhe und Radius des Bodens bzw. des Daches. Beides können Sie direkt dem Aufgabentext entnehmen.

Der gesuchte Flächeninhalt besteht aus dem Inhalt des Daches und dem Inhalt des Mantels. Die Form des Daches ist ein Kreis und die Mantelfläche M eines Zylinders bestimmt sich durch $M = 2\pi rh$.

2.1 Von den fünf Punkten, die in der Ebene liegen sollen, kennen Sie bereits P. Die Koordinaten des Punktes Q können Sie bestimmen, da Q unterhalb von P auf dem Untergrund liegt. Überprüfen Sie mittels Punktprobe, dass diese beiden Punkte in der Ebene F liegen.

Desweiteren ist noch bekannt, dass T, also der Schattenpunkt von P, in der Ebene liegt. Aus diesem Grund muss die Schattengerade durch P und Q in der Ebene liegen. Überlegen Sie, welche Richtung eine Gerade bezogen auf den Normalenvektor einer Ebene besitzen muss, damit Sie parallel zu bzw. in dieser Ebene liegt. Zeigen Sie, dass die benötigte Bedingung im vorliegenden Fall erfüllt ist.

2.2 Bestimmen Sie den Punkt T, indem Sie die Schattengerade durch P in Richtung der Sonnenstrahlen mit der Dachebene E schneiden. Bestimmen Sie den Punkt S, indem Sie eine Gerade durch A und D mit der Schattenebene F schneiden.

Berechnen Sie abschließend den Betrag des Vektors $\overrightarrow{ST}$, der dem Abstand der beiden Punkte S und T entspricht.

2.3 Überlegen Sie, welche Raumrichtung relevant für die Breite des Schattens auf der Scheune ist.

Skizzieren Sie sich anschließend die vorliegende Situation zweidimensional mit Blickrichtung von oben. Der Zylinder wird zu einem Kreis, die beiden Randschattenebenen zu Geraden.

Beachten Sie, dass der projizierte Schatten nicht senkrecht auf die Seitenwand der Scheune fällt. Vergleichen Sie nun den Durchmesser des Silos mit der Breite des Schattens und begründen Sie mit Hilfe Ihrer Skizze, weshalb diese beiden Größen unterschiedlich lang sein müssen.

2.4 Die zweite Begrenzungsfläche muss parallel zur Ebene F sein. Dies lässt sich auch den Normalenvektoren der beiden Ebenen entnehmen. Wenn die Ebene H parallel zur Ebene F das Silo berührt, muss sie den Punkt enthalten, der dem Punkt P auf dem Silodach bezogen auf den Mittelpunkt des Silos gegenüberliegt.

Sie müssen somit den Punkt bestimmen, der in Richtung des Normalenvektors der Schattenebenen einen Silo-Durchmesser von P entfernt liegt. Achten Sie darauf, dass Sie von P aus den Durchmesser in die richtige Richtung, also über das Dach und nicht entgegengesetzt, gehen.

3.1 Die Forderung der Aufgabe lässt sich in die Gleichung $M \cdot \vec{x} = \vec{x}$ übersetzen, wobei $\vec{x}$ dem Ortsvektor der gesuchten Punkte entspricht. Setzt man $\vec{x} = \begin{pmatrix} x \\ y \\ z \end{pmatrix}$, führt die Forderung auf ein lineares Gleichungssystem mit drei Unbekannten. Beachten Sie, dass dieses keine eindeutige Lösung besitzen kann, da mehrere Punkte die geforderte Bedingung erfüllen.

Zur Beschreibung der Lage aller Punkte müssen Sie sich überlegen, welche Bedeutung es hat, dass die dritte Zeile der Matrix M eine Nullzeile ist.

3.2 Auch für diese Aufgabe müssen Sie ein lineares Gleichungssystem erstellen. Gesucht sind nun alle Punkte mit Ortsvektoren $\vec{x}$, für die gilt: $M \cdot \vec{x} = \vec{0}$.

Es gibt ebenfalls wieder unendlich viele Lösungen, die von einem Parameter abhängen werden. Interpretieren Sie diese Punkte abschließend geometrisch.

Beachten Sie: Der Nullvektor wird grundsätzlich durch jede Matrix (lineare Abbildung) auf sich selbst abgebildet, muss also Teil der Lösungsmenge sein.

3.3 Kombinieren Sie die Informationen aus den beiden vorigen Aufgaben, also, welche Punkte auf sich selbst und welche auf den Ursprung abgebildet werden, um zu erklären, welche Art von linearer Abbildung vorliegt.

Abitur 2019 – Aufgabe C2 (WTR/CAS)

1.1 Ein binomialverteiltes Zufallsexperiment, das durch eine Bernoulli-Kette beschrieben werden kann, erfüllt zwei Kriterien: Es hat nur zwei Ausgänge und die Wahrscheinlichkeit für beide Ausgänge bleibt im Verlauf des Experiments konstant. Übertragen Sie diese Anforderungen auf den Sachkontext. Berücksichtigen Sie, dass bei ausreichend großer Grundgesamtheit auch für Experimente ohne Zurücklegen von annähernd konstanten Wahrscheinlichkeiten ausgegangen werden kann.

1.2 Sie können hier die Formel von Bernoulli verwenden. Definieren Sie entweder zu Beginn eine Zufallsvariable und behalten Sie diese für alle drei Ereignisse bei, oder definieren Sie für jedes Ereignis eine neue Zufallsvariable.

1.3 Bei diesem Ausdruck handelt es sich um die Lösung einer mindestens-mindestens-mindestens-Aufgabe. Formulieren Sie den Ansatz in für Sie gewohnter Form und ohne das Summenzeichen neu und berechnen Sie n.

2.1 Vergeben Sie für den Anteil der von Hühnerfarm C bezogenen Eier eine Variable und stellen Sie die Zusammenhänge zum Beispiel in einem Baumdiagramm dar. Formulieren Sie eine Gleichung für die totale Wahrscheinlichkeit für „*weiße Eier*“.

2.2 Hier handelt es sich um eine bedingte Wahrscheinlichkeit, das Merkmal „*Hühnerfarm C*“ soll unter der Bedingung betrachtet werden, dass das entnommene Ei weiß ist.

3.1 Entwickeln Sie einen rechtsseitigen Hypothesentest mit der Nullhypothese $H_0 : p_0 \leq 0{,}3$. Das Signifikanzniveau eines Hypothesentests gibt die Größe des α-Fehlers an. Bestimmen die den Annahme- und Ablehnungsbereich der Nullhypothese so, dass die Wahrscheinlichkeit für einen α-Fehler, also die Wahrscheinlichkeit, in den Ablehnungsbereich der Nullhypothese zu treffen, obwohl $p_0 = 0{,}3$ wahr ist, kleiner als 5 % ist.

3.2 Ein Fehler 2. Art liegt vor, wenn die Alternativhypothese fälschlicherweise abgelehnt wird. Formulieren Sie diesen Fehler im Sachzusammenhang und berechnen Sie die Wahrscheinlichkeit dafür, in den Annahmebereich der Nullhypothese zu treffen, obwohl $p_1 = 0{,}35$ gilt.

3.3 Im Material ist eine Operationscharakteristik abgebildet, die für festes n, p_0 und k die Entwicklung des Fehlers 2. Art für verschiedene Werte von p_1 zeigt.
Wird das Signifikanzniveau eines Tests kleiner, verkleinert sich der Ablehnungsbereich der Nullhypothese. Entsprechend wird der Ablehnungsbereich der Alternativhypothese und damit der Fehler 2. Art größer. Überlegen Sie, was dies für den zugehörigen Graphen bedeutet.

4.1 Verwenden Sie für die Berechnung der angegebenen Wahrscheinlichkeiten die Normalverteilungsfunktion Ihres Taschenrechners oder die Tabelle zur Normalverteilung in Ihrer Formelsammlung. Beachten Sie, dass das Gewicht der Eier kontinuierlich verteilt ist und somit keine Stetigkeitskorrektur notwendig ist.
Hinweis: In der originalen Aufgabenstellung für 2019 ist eine Tabelle zur Normalverteilung beigelegt. Diese Tabellen stehen ab 2020 nicht mehr zur Verfügung und wurden daher bei der Lösung der Aufgaben für dieses Buch auch nicht verwendet.

4.2 Der Ausdruck $1 - p$ deutet immer auf die Betrachtung eines Gegenereignisses hin. Überlegen Sie also, welche Wahrscheinlichkeit mit der Normalverteilung berechnet wird und formulieren Sie das Gegenereignis. Berechnen Sie den Wert von a, indem Sie den im Hinweis angegebenen Zusammenhang nutzen.

4 Abitur 2020

Abitur 2020 – Aufgabe B1 (WTR)

1.1 Setzen Sie den Wert für t in die Funktionenschar ein. Beachten Sie, dass der Funktionswert weiterhin vom Parameter k abhängig ist.

1.2 Lösen Sie die Gleichung $f_k{}'(t) = 0$, um ein mögliches Maximum der Funktionenschar zu berechnen. Nutzen Sie zur Bestimmung der benötigten 1. Ableitung sowohl die Produkt- als auch die Kettenregel. Die 2. Ableitung ist in der Aufgabe bereits gegeben, so dass Sie diese direkt zum Nachweis auf einen lokalen Hochpunkt verwenden können. Beachten Sie bei Ihren Rechnungen, dass der Parameter k nur positive Werte annehmen kann.

Vergessen Sie nicht, den konkreten maximalen Wert für die Zuflussrate durch Einsetzen der maximalen Stelle in die Funktionenschar zu berechnen.

1.3 Überlegen Sie, welchen Einfluss es auf die Koordinaten des lokalen Hochpunkts hat, wenn der Parameter k größer wird. Wird die 1. Koordinate $\frac{4}{k}$ (der Zeitpunkt) größer oder kleiner bei wachsendem k? Wird die 2. Koordinate (die Zuflussrate) größer oder kleiner bei wachsendem k? Nutzen Sie Ihre Erkenntnisse, um den Graphen die richtigen Parameter zuzuordnen.

Zur Bestimmung der Ortskurve lösen Sie die 1. Koordinate des Hochpunktes nach k auf und setzen Sie diese in die 2. Koordinate ein. Dem entstehenden Term können Sie entnehmen, wie die Ortskurve außerhalb des Bereichs der 4 gegebenen Hochpunkte fortgeführt werden muss.

1.4 Wendepunkte sind Punkte, die weder rechts- noch linksgekrümmt sind. Sie müssen somit die Gleichung $f_k{}''(t) = 0$ lösen. Sie müssen keine hinreichende Bedingung verwenden, dürfen aber die y-Koordinate der Wendepunkte nicht vergessen.

1.5.1 Überlegen Sie, welche inhaltliche Bedeutung eine Differenz der Form $F_k(a) - F_k(b)$ besitzt, wenn es sich bei f_k um eine Zuflussrate handelt. Beachten Sie für Ihre Entscheidung außerdem den Zeitraum, der für die Änderung des Wasservolumens in dem Becken relevant ist.

1.5.2 Leiten Sie die allgemeine Form der Stammfunktionenschar ab und vergleichen Sie anschließend die Koeffizienten des ganzrationalen Terms Ihrer allgemeinen Ableitung mit der konkreten Funktionenschar f_k. Bestimmen Sie die Parameter a und b so, dass die beiden Terme identisch sind.

1.5.3 Für die Berechnung nach Verfahren (1) setzen Sie die Stammfunktion in die vorgegebene Formel ein. Bei der Bestimmung des dadurch entstehenden Grenzwerts müssen Sie die Dominanz des Exponentialterms beachten.

Für die Berechnung nach Verfahren (2) müssen Sie die Schnittpunkte der Wendetangente mit den Koordinatenachsen berechnen. Da es sich bei der Wendetangente um eine Gerade handelt, ist die eingeschlossene Fläche ein Dreieck, dessen Flächeninhalt Sie elementargeometrisch berechnen können.

Bei der Berechnung der prozentualen Abweichung müssen Sie den korrekten Wert des Fassungsvermögens, der durch Verfahren (1) entsteht, als Grundwert in Ihrer Rechnung verwenden.

2.1 Berechnen Sie das Rotationsvolumen des Graphen von g in den Grenzen von 0 bis H. Die benötigte Formel können Sie der Formelsammlung entnehmen.

Da das Volumen des Beckens $3000\,\text{m}^3$ beträgt, müssen Sie die Formel für das Volumen mit 3000 gleichsetzen und nach der Tiefe H auflösen. Wie dem Graphen im Material zu entnehmen ist, können Sie den Durchmesser durch Auswertung der Funktion g an der Stelle H ermitteln. Beachten Sie, dass diese Auswertung nur den Radius des betrachteten Rotationskreises liefert.

2.2.1 Erläutern Sie, welche Bedeutung es für die Veränderung der Höhe des Wasserstandes hat, dass der Radius des Beckens nach unten immer schmaler wird. Alternativ können Sie auch begründen, wo sich bei einem Gefäß, dass nach oben hin immer breiter wird, die Marke für das halbe Volumen befinden muss.

2.2.2 Begründen Sie, weshalb aus einer konstanten Abflussrate folgt, dass es sich bei dem Restvolumen um eine lineare Funktion handeln muss. Deren y-Achsenabschnitt entnehmen Sie dem Volumen zum Zeitpunkt $t = 0$. Die Steigung erhalten Sie, indem Sie betrachten, in welchem Zeitraum (100 Stunden) das gesamte Volumen (3000 Kubikmeter) abgeflossen ist.

2.2.3 Machen Sie sich klar, dass die Volumenformel aus Aufgabe 2.1 für beliebige Höhen h gilt. Lösen Sie die Formel nach h auf und ersetzen Sie das Volumen V durch das zeitabhängige $V(t)$, um die Höhe des Wasserstandes in Abhängigkeit von t zu erhalten.

Abitur 2020 – Aufgabe B2 (WTR)

1.1 Überlegen Sie, welche Operation bei der Auswertung der gegebenen Funktionen zuletzt ausgeführt wird, und weshalb daher keine Nullstellen entstehen können.

1.2 Beachten Sie, dass die Funktionenschar f_a aus der Verkettung einer quadratischen Funktionenschar und einer Exponentialfunktion besteht, weshalb Sie für die 1. Ableitung die Kettenregel benötigen. Da in der Formel für die Kettenregel ein Produkt vorhanden ist, benötigen Sie zum Nachweis der 2. Ableitung auch die Produktregel.

1.3 Überprüfen Sie mittels der 1. Ableitung, dass es sich bei der Stelle $\frac{5}{3}a$ um einen möglichen Hochpunkt handelt und verwenden Sie als hinreichende Bedingung das Einsetzen der Stelle in die 2. Ableitung. Beachten Sie bei Ihrer Argumentation, dass der auftauchende Exponentialterm positiv ist.

Lösen Sie die t-Koordinate des Hochpunktes nach a auf und setzen Sie das Ergebnis für a in die y-Koordinate ein, um die Ortskurve der Hochpunkte zu erhalten.

1.4 Überlegen Sie, welche Funktionsauswertungen in den ersten beiden Zeilen stattfinden und, was die dritte Zeile über deren Ergebnis aussagt.

Beschreiben Sie, welche Form der Symmetrie der Graphen durch die Gleichheit in Zeile (3) gegeben ist.

2.1 Setzen Sie den konkreten Wert für a in den allgemeinen HP ein, um die gefragten Werte zu erhalten. Nutzen Sie die entstehenden Koordinaten des Hochpunkts, um die Achsen in Material 1 zu skalieren.

2.2 Bestimmen Sie, welcher Funktionswert von $f_{2,7}$ bei klassischer Rundung so interpretiert werden kann, dass kein Bakterium mehr vorhanden ist. Setzen Sie diesen Wert mit $f_{2,7}$ gleich und lösen Sie die Gleichung. Vergessen Sie nicht die Erläuterung des Ergebnisses.

2.3 Begründen Sie, welche Bedeutung es für das Steigungsverhalten von $F_{2,7}$ hat, wenn deren Ableitung $f_{2,7}$ nur positive Werte besitzt. Der Hochpunkt in der Ableitung $f_{2,7}$ von $F_{2,7}$ zeigt die Stelle größter Steigung in $F_{2,7}$ an. Erläutern Sie, um welchen Punkt es sich dabei handelt.

2.4 Verbinden Sie den Funktionsgraphen von $f_{2,7}$ an den Stellen 1 und 2 durch eine Strecke miteinander und ergänzen Sie diese mit der t-Achse zu einem Trapez.

Beachten Sie bei der Berechnung der Trapezfläche, dass die Grundseiten in der Formel für dessen Flächeninhalt den Funktionswerten an den Stellen 1 und 2 der Funktion $f_{2,7}$ entsprechen.

2.5 Verwenden Sie die Integraltaste Ihres Taschenrechners, um den Wert des bestimmten Integrals $\int_1^2 f_{2,7}\,dt$ zu ermitteln.

2.6 Überlegen Sie, welche Eigenschaft eine Trapezfläche im Vergleich zur Fläche unter einem Graphen in einem links- bzw. rechtsgekrümmten Intervall besitzt. Weshalb müssen die gesuchten Intervalle deshalb die Wendestellen beinhalten?

Begründen Sie, weshalb es kein Problem darstellt, die Breite eines solchen Intervalls beliebig festzulegen; also auch nicht im vorliegenden Fall 1.

3.1 Bestimmen Sie, für welche Werte von x der Radikand der Wurzel im Term der Funktionsgleichung von h nichtnegativ wird.

3.2 Berechnen Sie das Volumen des Rotationskörpers, wenn die Funktion h um die x-Achse rotiert. Die allgemeine Formel für einen solchen Rotationskörper können Sie der Formelsammlung entnehmen.

Berechnen Sie, wie viel mg Antibiotikum sich im berechneten Volumen befinden, wenn $0{,}01\,\text{cm}^3$ einer Tablette 2 mg enthalten.

Abitur 2020 – Aufgabe C1 (WTR/GTR/CAS)

1.1 Wählen Sie als Stützvektor der Parameterform den Ortsvektor eines Punktes auf der Ebene und als Richtungsvektoren die Verbindungsvektoren zweier Punkte auf der Ebene.

Bestimmen Sie einen Normalenvektor der Ebene, um die Koeffizienten der Koordinatenform zu erhalten. Setzen Sie in die unfertige Koordinatenform einen Punkt der Ebene ein, um die Gleichung zu vervollständigen.

Überlegen Sie, was für Koordinatengleichung gelten muss, falls der Koordinatenursprung, also der Punkt $(0|0|0)$, die Gleichung erfüllen soll.

1.2 Berechnen Sie unter Verwendung des Skalarprodukts den Winkel zwischen den Normalenvektoren der Spiegel- und der Deckenebene. Beachten Sie hierbei, dass die Deckenfläche horizontal ausgerichtet ist.

2.1 Bestimmen Sie den Punkt auf der Ebene mit dem kürzesten Abstand zum Mittelpunkt der Kugel. Erstellen Sie hierfür eine Lotgerade zur Ebene E durch den Mittelpunkt M und schneiden Sie diese mit der Ebene. Wählen Sie eine sinnvolle Gleichungsform der Ebene für die Schnittberechnung.

Begründen Sie aufgrund der Geometrie des Innenraums der Diskothek, ob der berechnete Schnittpunkt auf dem Spiegel liegt oder nicht.

2.2 Erstellen Sie einen allgemeinen Verbindungsvektor vom Punkt M zur Geraden durch P und Q. Berechnen Sie, welcher konkrete Verbindungsvektor senkrecht auf der Geraden steht, indem Sie den Parameter im allgemeinen Verbindungsvektor so bestimmen, dass das Skalarprodukt mit dem Richtungsvektor der Geraden 0 ergibt. Setzen Sie diesen Parameter zur Bestimmung des nächstgelegenen Punktes in die Geradengleichung ein.

Bedenken Sie bei der abschließenden Abstandsberechnung, dass der Abstand zur Kugeloberfläche und nicht zum Kugelmittelpunkt gefragt ist.

3.1 Erstellen Sie ein Gleichungssystem für alle Punkte $(x|y|z)$ deren Ortsvektoren durch s auf sich selbst abgebildet werden. Beachten Sie bei der Lösung des entstehenden Gleichungssystems, dass dieses unterbestimmt ist.

3.2 Überlegen Sie, welche linearen Abbildungen ihre eigene Umkehrabbildung sind. Begründen Sie, warum von allen diesen Möglichkeiten im vorliegenden Fall nur die Spiegelung an Ebene E zutreffen kann.

4.1 Bestimmen Sie die Bilder der Basisvektoren bei der Projektion auf die Wandebene. Beachten Sie, dass die Wandebene eine Koordinatenebene ist und deshalb zwei Basisvektoren auf sich selbst abgebildet werden. Schneiden Sie zur Bestimmung des Bildes des übrigbleibenden Basisvektors eine Laserstrahlgerade mit diesem Basisvektor als Stützvektor mit der Wandebene.

4.2 Verwenden Sie die Abbildungsmatrix W um den Bildpunkt von L auf der Wandfläche zu bestimmen. Betrachten Sie die Koordinaten des entstehenden Bildpunktes, um zu entscheiden, ob der Strahl auf das Bild trifft.

4.3 Erläutern Sie, welche Bedeutung es hat, dass das Bild der Vektoren $\vec{x}$ der Ortsvektor des Punktes $(0|0|0)$ ist. Beschreiben Sie, welche Eigenschaft alle Punkte haben müssen, damit sie auf den Koordinatenursprung projiziert werden, und welches geometrische Objekt dadurch entsteht.

5.1 Verwenden Sie, wie in der Aufgabenstellung angedeutet, die Anteile der ursprünglichen Cocktails am neuen als Bedeutung der Variablen. Geben Sie die Informationen, dass der neue Cocktail vollständig aus den ursprünglichen besteht und, dass der Anteil an Ananassaft 25% beträgt, in Gleichungen wieder.

Falls es Ihnen beim Erstellen der Gleichungen hilft, können Sie davon ausgehen, dass die Füllmenge aller Cocktails jeweils 1 l wäre.

5.2 Betrachten Sie die drei Komponenten der Lösung und bestimmen Sie für jede Komponente den Parameter s so, dass diese größergleich 0 ist. Fassen Sie alle so erhaltenen Einschränkungen für s in ein Intervall zusammen, das für alle drei Komponenten Gültigkeit besitzt.

5.3 Erstellen Sie einen Term, der die Kosten für den neuen Cocktail in Abhängigkeit des Parameters s bestimmt. Begründen Sie, für welchen Wert s aus dem in Aufgabenteil 5.2 bestimmten Intervall der erstellte Term sein Minimum annimmt.

Abitur 2020 – Aufgabe C2 (WTR/GTR/CAS)

1.1 Sie müssen zwei Bedingungen überprüfen. Hat ein einzelner Versuch (Auswahl eines Befragten) nur zwei Ergebnisse und bleibt die Wahrscheinlichkeit für diese Ergebnisse über alle Versuche hin gleich?

1.2 Bestimmen Sie die Wahrscheinlichkeiten dafür, dass die erste, zweite oder dritte Person als erstes Mal das Merkmal „Linkshänder“ aufweist und summieren Sie diese Wahrscheinlichkeiten auf.

1.3 Beachten Sie, dass es sich bei der Befragung um eine Bernoulli-Kette handelt und wählen Sie die zugehörige Zufallsgröße X so, dass sie binomialverteilt ist.

Greifen Sie zur Bestimmung der Wahrscheinlichkeiten für A und B auf die Taschenrechnerfunktionalitäten für die Binomialverteilung bzw. die kumulierte Binomialverteilung zurück.

Zählen Sie für Ereignis C, wie viele Möglichkeiten es gibt, dass zwei Linkshänder nacheinander befragt werden. Multiplizieren Sie diesen Wert mit der grundsätzlichen Wahrscheinlichkeit für zwei Linkshänder in der Umfrage.

1.4 Betrachten Sie das Gegenereignis von „mindestens 1" und ersetzen Sie dieses durch die Bernoulliformel. Lösen Sie die so entstehende Ungleichung nach n (Anzahl der befragten Personen) auf. Beachten Sie bei der Lösung der Ungleichung, dass Multiplikationen mit negativen Zahlen das Ungleichheitszeichen umdrehen.

2.1 Entnehmen Sie dem Text eine totale und zwei bedingte Wahrscheinlichkeiten. Tragen Sie diese an den zugehörigen Pfaden eines zweistufigen Baumdiagramms ein und ergänzen Sie die Wahrscheinlichkeiten der übrigen Pfade mittels grundlegender Eigenschaften eines Baumdiagramms.

Falls Sie eine Vier-Felder-Tafel nutzen wollen, müssen Sie zuerst Wahrscheinlichkeiten für Ereignisse der Art „Rechtslutscher und Rechtshänder" bestimmen. Zwei sinnvoll gewählte Wahrscheinlichkeiten dieser Form genügen, damit Sie anschließend mittels Summenbildung über Zeilen und Spalten die Tafel vollständig ausfüllen können.

2.2 Machen Sie sich klar, dass eine bedingte Wahrscheinlichkeit gesucht ist, und berechnen Sie diese unter Verwendung des Satzes von Bayes.

3.1 Wählen Sie die Nullhypothese des Signifikanztests so, dass sie der Vermutung der Forscher entgegensteht. Bestimmen Sie anschließend, wie viele Personen in der Umfrage mindestens Linkshänder sein müssen, damit die Wahrscheinlichkeit des Fehlers 1. Art kleiner als 2,5% ist. Entnehmen Sie die Bedeutung des Begriffs Signifkanzniveau und des Fehlers 1. Art notfalls der Formelsammlung.

Als Entscheidungsregel müssen Sie einen Satz formulieren, der beschreibt, wie die Forscher in Abhängigkeit des Umfrageergebnisses ihre Hypothese bewerten. Vergessen Sie in der Formulierung nicht, dass die Entscheidung nur mit einer vorgegebenen Sicherheitswahrscheinlichkeit gefällt werden kann.

3.2 Übertragen Sie die grundlegende Idee des Fehlers 2. Art „Nullhypothese wird angenommen, obwohl sie falsch ist" auf den vorliegenden Sachverhalt.

Fassen Sie die Umfrage nun als Bernoullikette der Länge 300 mit Einzelwahrscheinlichkeit $p = 0{,}18$ auf und bestimmen Sie, wie wahrscheinlich es ist, im Annahmebereich des Signifikanztests der vorigen Aufgabe zu landen.

4.1 Erstellen Sie ein Histogramm, deren Balken jeweils die Breite der in der Tabelle angegebenen Zeitintervalle haben.

Entnehmen Sie die Formeln für Erwartungswert μ und Standardabweichung σ der Formelsammlung und beachten Sie beim Einsetzen der Werte für die Reaktionszeiten in die Formeln, dass Sie die Intervallmitten nutzen sollen.

4.2 Begründen Sie, dass die Zufallsgröße Z stetig ist und die zwei wichtigsten Eigenschaften einer Glockenkurve annähernd erfüllt sind: Die Lage des Maximums und die Art der Symmetrie!

4.3 Verwenden Sie für beide Ereignisse das Menü des Taschenrechners zur Normalverteilung. Beachten Sie bei Ereignis D, dass die untere Grenze des Intervalls implizit gegeben ist, und bei Ereignis E, dass Sie die Grenzen des Intervalls zuerst als $0{,}5\sigma$-Umgebung des Erwartungswertes berechnen müssen.

5 Abitur 2021

Abitur 2021 – Aufgabe B1 (WTR)

1.1 Beachten Sie, dass sich jeweils ein Graph im y-Achsenabschnitt und im Grenzwert $t \to \infty$ deutlich von den anderen beiden Graphen unterscheidet. Nutzen Sie diese Unterschiede zur Zuordnung zu den Funktionsgleichungen.

1.2 Der orientierte Flächeninhalt zwischen Graph und t-Achse wird durch das Integral im entsprechenden Intervall geliefert. Verwenden Sie den Fakt, dass der Graph der Funktion vollständig oberhalb der t-Achse liegt, und vergessen Sie bei der Berechnung nicht die Angabe einer Stammfunktion.

1.3 Extremstellen müssen Nullstellen der 1. Ableitung sein, weshalb Sie zur Bearbeitung der Aufgabe die 1. Ableitung von v_2 benötigen. Bei der Bestimmung dieser Ableitung brauchen Sie Summen-, Produkt- und Kettenregel.
Setzen Sie die Gleichung zur Berechnung der Nullstellen von $v_2{}'$ an und zeigen Sie, dass diese Gleichung nicht mehr als zwei Lösungen haben kann.

2.1 Die Ableitung der Stammfunktionenschar F_k ist die Funktionenschar f_k. Leiten Sie deshalb die Stammfunktionenschar F_k mit den beiden Parametern a und b ab und setzen Sie das Ergebnis mit f_k gleich. Vergleichen Sie die Koeffizienten im ganzrationalen Faktor auf beiden Seiten der Gleichung, um die Parameter a und b zu bestimmen.

2.2 Nutzen Sie zur Berechnung des Integrals, dass im vorigen Aufgabenteil die Stammfunktionenschar F_k angegeben wurde. Bedenken Sie bei der Grenzwertbildung, dass in einem Produkt eines ganzrationalem mit einem Exponentialterm der letztere dominiert.

2.3 Die Nullstellen einer Funktionenschar erfüllen die Gleichung $f_k(t) = 0$; die Stellen t, an denen f_k den Wert 0 zurückliefert.

Hochpunkte sind Extrempunkte und liegen somit bei Nullstellen der 1. Ableitung. Lösen Sie deshalb die Gleichung $f_k{}'(t) = 0$. Vergessen Sie nicht die hinreichende Bedingung für Hochpunkte, denn $f_k{}'(t) = 0$ ist nur notwendig für einen Hochpunkt. Berechnen Sie die y-Koordinate der Hochpunkte der Schar, indem Sie die berechnete Stelle in die ursprüngliche Schar f_k einsetzen.

2.4 Lösen Sie die t-Koordinate der Hochpunkte nach k auf und ersetzen Sie k in der y-Koordinate durch den entstehenden Term.

3.1 Identifizieren Sie relevante Eigenschaften, an denen Sie die drei Graphen vergleichen können. Hierunter fallen bspw. der Beginn und das Ende des betrachteten Intervalls. Auch ausgezeichnete Punkte (Extrempunkte, Wendepunkte) sollten Sie in Ihre Beschreibung aufnehmen, falls diese interessante Informationen für den Vergleich der Graphen liefern.

3.2 Die Fläche unter einem Geschwindigkeitsgraphen kann als Bestandsänderung (also Änderung der zurückgelegten Strecke) interpretiert werden. Nutzen Sie diesen Gedanken, wenn Sie zwei Geschwindigkeitsgraphen nicht direkt entnehmen können, welcher Radfahrer durchgängig schneller ist.
Beachten Sie bei der Bearbeitung, dass nur das Intervall $[0;6]$ relevant ist.

3.3 Die Änderungsrate einer Größe wird durch die Ableitung geliefert. Werten Sie entsprechend $v_1{}'$ an der richtigen Stelle aus.

3.4 Lesen Sie den ersten Satz im Tipp zu Teilaufgabe 3.2. Mit dieser Überlegung bestimmt sich die Strecke durch $\int_0^{16} v_3 \, \mathrm{d}t$.
Eine (Durchschnitts)-Geschwindigkeit ist der Quotient aus zurückgelegter Strecke und der benötigten Zeit.

Achtung: Die Einheiten müssen bei beiden Lösungen vorhanden sein.

3.5 Als Integralgrenzen benötigen Sie die Schnittstellen der beiden Funktionen v_1 und v_3. Die entstehende Gleichung lässt sich nur mit dem WTR lösen. Nutzen Sie, um Zeit zu sparen, den WTR auch für den zu bestimmenden Integralwert.
Hinweis: Wenn Sie zu Beginn der Aufgabe die Graphen richtig zugeordnet haben, vereinfacht sich die Schnittstellenbestimmung, da bei Verwendung der SOLVE-Taste des WTR zielgerichtetere Startwerte für die Iteration gewählt werden können.

Gehen Sie in Ihrer Deutung sowohl auf die Positionen als auch die Geschwindigkeiten der Radfahrer ein.

3.6 Durch das Integral wird der orientierte Flächeninhalt zwischen den Graphen von v_1 und v_3 im Intervall $[0;t_0]$ bestimmt. Überlegen Sie, was es bedeutet, wenn dieser positiv ist. Auch hier hilft wieder der erste Satz aus dem Tipp zu Teilaufgabe 3.2!

Abitur 2021 – Aufgabe B2 (WTR)

1.1 Machen Sie sich klar, dass der Funktionsterm von $f_{a;k}$ als Produkt dargestellt werden kann. Überlegen Sie dann, welche weitere Ableitungsregel Sie zum Ableiten des zweiten Faktors $\mathrm{e}^{-k\cdot x}$ benötigen.
Formen Sie nach Anwendung der Ableitungsregeln den entstehenden Term solange um, bis er dem in der Aufgabe gegebenen entspricht.

1.2 Beachten Sie, dass sie die Punkte nur bestätigen müssen. Das bedeutet, Sie können durch Einsetzen der x-Koordinaten in die jeweiligen Funktionen $f_{a;k}, f_{a;k}{}'$ und $f_{a;k}{}''$ die nötigen Informationen zur Überprüfung der Extrempunkte erlangen.
$f_{a;k}$ wird zur Bestimmung der y-Koordinate, $f_{a;k}{}'$ zur Bestimmung möglicher Extremstellen und $f_{a;k}{}''$ zur Vervollständigung der hinreichenden Bedingung für Extremstellen benötigt.

Überlegen Sie, welche Lage-Eigenschaft alle Hochpunkte H haben, falls der Parameter k einen festen Wert hat.

1.3 Ist der Wert für a fixiert, hängen die x- und y-Koordinate über den Parameter k zusammen. Nutzen Sie diesen, um die y-Koordinate in Abhängigkeit der x-Koordinate anzugeben.

Bedenken Sie bei der Skizze der Parabel in Material 1, dass diese durch die Hochpunkte der einzelnen, bereits gegebenen, Funktionsgraphen gehen muss.

1.4 Setzen Sie die x-Koordinate von H mit 10 gleich, um k zu bestimmen. Der Parameter a ergibt sich dann über die Gleichung $f_{a;k}(2) = 828$, da k bereits bekannt ist.

2.1 Setzen Sie die Werte 1 bis 4 in die Funktion $f_{309;0,2}$ ein und bilden Sie die Summe.

Bilden Sie den Quotienten aus Näherungs- und tatsächlichem Wert und interpretieren Sie den Wert hinsichtlich der prozentualen Abweichung.

2.2.1 Sie können den Wert des gegebene Integrals direkt mit der Integraltaste des WTR ermitteln, da dies der Operator „Bestimmen" erlaubt.

2.2.2 Die Integrale liefern die Flächeninhalte unter dem Graphen von $f_{309;0,2}$ in den jeweiligen Intervallen. Vergleichen Sie diese Inhalte mit den Flächeninhalten, die durch die Summe der vier Rechtecke entsteht. Welche Eigenschaft führt dazu, dass die Flächeninhalte in Abbildung B ähnlichere Werte besitzen?

2.3 Es gilt: $F_{309;0,2}'(x) = f_{309;0,2}(x)$. Beim Ableiten von $F_{309;0,2}$ bleiben die Parameter c_i im ganzrationalen Anteil der Funktion erhalten. Durch Vergleich mit dem Faktor $309 \cdot x^2$ des Funktionsterms von $f_{309;0,2}$ können die unbekannten Parameter c_i bestimmt werden. Beachten Sie, dass $309 \cdot x^2 = 309 \cdot x^2 + 0 \cdot x + 0$ gilt.

2.4 Verwenden Sie die Stammfunktionenschar aus der vorigen Teilaufgabe zur Berechnung des bestimmten Integrals. Bilden Sie für den entstehenden Term den Grenzwert für $u \to \infty$. Bedenken Sie die Dominanz von Exponentialtermen bei Grenzwertbildungen.

Lesen Sie für die Deutung des Ergebnisses den einführenden Text zu Aufgabenteil 2.2, in dem die Interpretation der Integralwerte beschrieben wird.

3.1 Für die Berechnung der Ableitungsfunktion V' benötigen Sie die Summen- und die Kettenregel.

Überlegen Sie, welchen Wert ein Kosinus minimal bzw. maximal annehmen kann, und, welche Auswirkungen diese Grenzen auf den Wertebereich von V' haben.

Bedenken Sie bei Ihrer Erläuterung, dass es sich bei der Funktion V um eine Bestandsfunktion handelt, weshalb V' etwas über die Änderung des Bestandes aussagen muss.

3.2 Der Wert eines Sinus übersteigt betragsmäßig nie 1. Mit diesem Wissen können Sie den geforderten Grenzwert bestimmen.

$V(x)$ liefert die Gesamtverkaufszahlen und x die Anzahl der Wochen. Erläutern Sie die Bedeutung des Quotienten der beiden Werte und vergessen Sie in Ihrer Deutung nicht, dass der Grenzwert $x \to \infty$ dieses Quotienten gebildet wird.

Abitur 2021 – Aufgabe C1 (WTR/CAS)

1.1 Nutzen Sie die Tatsache, dass die Punkte B und C bezogen auf die y-Achse symmetrisch zueinander liegen. Beachten Sie bei der Bestimmung des Flächeninhalts, dass eine Längeneinheit 10 m in der Realität entspricht.

1.2 Der Eckpunkt E auf dem Dach korrespondiert mit dem Eckpunkt A auf dem Boden. Somit können Sie die Verschiebung von A nach E nutzen, um die Koordinaten der fehlenden Eckpunkte auf dem Dach ausgehend von denen auf dem Boden zu bestimmen.

Sobald Sie eine Ecke des Bodens richtig in das Koordinatensystem eingetragen haben, können Sie den Rest des Bodens durch Parallelverschiebung des Daches ergänzen. Vergessen Sie nicht die Seitenkanten des Turms.

1.3 Sie können den Vektor jeder beliebigen Seitenkante des Turmes nutzen, um den Winkel, den dieser mit der Vertikalen (Richtung der z-Achse) einschließt, zu berechnen.

Für die Rechnung selbst können Sie dann die Formel für den Winkel zwischen zwei Vektoren verwenden: $\alpha = \arccos\left(\frac{\vec{u} \cdot \vec{v}}{|\vec{u}| \cdot |\vec{v}|}\right)$

2.1 In den Spalten einer Matrix stehen die Bilder der Basisvektoren. Machen Sie sich klar, dass bei einer Spiegelung an der x-z-Ebene zwei Basisvektoren auf sich selbst abgebildet werden. Das Bild des fehlenden Basisvektors können Sie anschaulich der Spiegelsymmetrie entnehmen.

2.2 Nutzen Sie die in Aufgabe 2.1 erstellte Matrix, um das Bild A' des Punktes A durch die Spiegelung zu berechnen.

Die y-Koordinaten bestimmen den Abstand der beiden nächstgelegenen Bodenkanten der Türme. Achten Sie wieder darauf, dass Sie bei der Angabe des Ergebnisses nicht den Maßstab 1 LE$\hat{=}$10 m vergessen.

3 Beginnen Sie mit einem bündig an der Kante AE liegenden Aufzug auf Bodenhöhe. Bestimmen Sie die Koordinaten dessen Eckpunkte. Da der Aufzug senkrecht nach oben fährt, bleiben die x- und y-Koordinaten bis zum Dach hin erhalten. Überprüfen Sie, ob mit diesen Koordinaten auch auf der Höhe des Daches der Aufzug noch vollständig im Bereich des Turmes liegt.

4 Der Mittelpunkt des Bodens des Ostturms liegt in der Mitte zwischen den Punkten A und C und auch die Mittelpunkte der Böden beider Türme liegen spiegelsymmetrisch zueinander. Mit dem Abstand dieser beiden Punkte kennen Sie auch den Abstand dieser Punkte zu P, da das Dreieck gleichseitig ist.

Aus Symmetriegründen muss P auf der x-Achse liegen. Bestimmen Sie mittels der Abstandsformel für zwei Punkte die Punkte auf der x-Achse, die den benötigten Abstand zu den Bodenmittelpunkten haben. Wählen Sie aus diesen beiden Punkten den südlicheren.

5.1 Um 13.30 Uhr hat der Parameter t im Richtungsvektor der Sonnenstrahlen den Wert 0. Mit diesem Vektor als Richtungsvektor und dem Ortsvektor der Spitze des Obelisken als Stützvektor können Sie eine Schattengerade erstellen.

Sie müssen dann den Winkel und Schnittpunkt dieser Schattengerade mit dem Boden, also der x-y-Ebene, berechnen. Für die Berechnung des Schnittpunktes bietet sich die Koordinatenform $z = 0$ des Bodens an. Für die Berechnung eines Winkels zwischen einer Geraden und einer Ebene steht die benötigte Formel in der Formelsammlung.

5.2 Beim Schattenwurf handelt es sich als lineare Abbildung um eine Projektion auf die x-y-Ebene. Die ersten beiden Basisvektoren bleiben hierbei fix. Schneiden Sie eine Gerade durch den dritten Basisvektor in Richtung des Vektors $\vec{v}$ mit der x-y-Ebene. Mit einer analogen Rechnung wie zur Bestimmung des Schattenpunktes in Teilaufgabe 5.1 erhalten Sie das Bild des dritten Basisvektors und damit die fehlende Spalte der Abbildungsmatrix. Beachten Sie, dass ihr Ergebnis weiterhin von t abhängig sein muss.

Abitur 2021 – Aufgabe C2.1 (WTR/CAS)

1.1 Die gegebene Rechnung ist eine Anwendung der Bernoulli-Formel. Überlegen Sie, welches Verteilungsmodell deshalb verwendet wird und, welche Bedingungen dieses hat.

Die Bedeutung für die Wahrscheinlichkeit 0,95 ist dem Text zu entnehmen. $0{,}95^{55}$ kann als ein entsprechender 55-stufiger Zufallsversuch interpretiert werden. Erklären Sie $0{,}05^{5}$ analog, wobei Sie beachten müssen, dass $1 - 0{,}95 = 0{,}05$ gilt. Die Bedeutung eines Binomialkoeffizienten $\binom{60}{55}$ ist allgemein die Anzahl der Möglichkeiten 55 Elemente aus 60 auszuwählen. Interpretieren Sie diese im Sachzusammenhang.

Vergessen Sie nicht, den vollständigen Term zu erläutern und die Ergebniswahrscheinlichkeit per WTR zu ermitteln.

1.2 Legen Sie zuerst eine sinnvolle Zufallsgröße fest. Geben Sie dann die Ereignisse mithilfe dieser Zufallsgröße an. Bei Ereignis E_2 müssen Sie zuvor noch die erwartete Anzahl (also den Erwartungswert der gewählten Zufallsgröße) an gekeimten Körnern berechnen. Die Bestimmung beider Wahrscheinlichkeiten wird auf die Anwendung einer kumulierten Binomialverteilung führen, für die Sie den WTR verwenden können.

1.3.1 Wählen Sie die Nullhypothese so, dass sie der Landwirt gerne verwerfen würde. Bestimmen Sie dann mittels WTR die Grenze zwischen Verwerfungs- und Annahmebereich so, dass die Wahrscheinlichkeit für den Fehler 1. Art 5% nicht überschreitet. Formulieren Sie entsprechend die Entscheidungsregel in der Form „Wenn die Stichprobe … liefert, dann geht man davon aus, dass …“.

Übertragen Sie die allgemeine Definition des Fehlers 2. Art (Nullhypothese wird angenommen, obwohl sie falsch ist) auf den Sachzusammenhang.

1.3.2 Bestimmen Sie die Wahrscheinlichkeit, dass man bei der Stichprobe im Annahmebereich der Nullhypothese landet, obwohl die Keimwahrscheinlichkeit 90% beträgt.

Überlegen Sie, welcher Parameter einer Binomialverteilung noch verändert werden kann, wenn die Erfolgswahrscheinlichkeit p fixiert ist. Beachten Sie, dass durch das Signifikanzniveau bei festem n auch k fix ist.

2.1 Belegen Sie zuerst die zwei verschiedenen Merkmale der Körner mit Buchstaben. In der Aufgabe ist eine bedingte Wahrscheinlichkeit gesucht, da bereits bekannt ist, dass nur gekeimte Körner betrachtet werden. Der Satz von Bayes ermöglicht Ihnen, die gesuchte Wahrscheinlichkeit zu berechnen.

Tipp: Wenn es Ihnen hilft, können Sie zur Veranschaulichung die im Text gegebenen Daten in einem zweistufigen Baumdiagramm darstellen.

2.2 Sind die beiden Merkmale der Körner bspw. mit „A: Sorte A“ und „K: hat gekeimt“ belegt, liefert die totale Wahrscheinlichkeit mittels der Formel $P(\overline{K}) = P(A \cap \overline{K}) + P(\overline{A} \cap \overline{K})$ das gesuchte Ergebnis.

2.3 Machen Sie sich zuerst für alle auftauchenden Einzelwahrscheinlichkeiten klar, was diese bedeuten. So ist bspw. 0,9245 die Wahrscheinlichkeit, dass ein beliebiges Korn gekeimt hat. Überlegen Sie anschließend, welche Anteile aller Körner durch den Zähler und Nenner jeweils gegeben sind. Durch die Quotientenbildung wird betrachtet, welcher Anteil der Zähler am Nenner hat, bzw. wie wahrscheinlich es ist, ein Korn, das in den Bereich des Zählers fällt aus allen Körnern, die in den Bereich des Nenners fallen, auszuwählen.

3 In der Aufgabe sind die Wahrscheinlichkeiten $P(4 \leq Y \leq 6)$ und $P(Y \leq 3) + P(Y \geq 7)$ gesucht. Da alle Parameter einer Normalverteilung gegeben sind, können Sie die gesuchten Werte direkt mit dem WTR bestimmen.

4.1 Bei der Bearbeitung der Aufgabe ist zu beachten, dass in der Tabelle im Material absolute Häufigkeiten gegeben sind. Sie müssen hieraus zuerst die relativen Häufigkeiten berechnen, bevor Sie diese in einem Säulendiagramm mit 11 Säulen abtragen können.

4.2 Machen Sie sich klar, dass der gegebene Funktionsterm einen exponentiellen Zerfall beschreibt. Vergleichen Sie die wichtigsten Eigenschaften eines solchen Zerfalls mit dem Datensatz im Material.

4.3 Überlegen Sie, welche Wert die Wahrscheinlichkeit $P(0 \leq Z \leq u)$ annehmen muss, wenn $u \to \infty$ geht und somit alle möglichen Kornabstände durchläuft.

Berechnen Sie mit den bekannten Größen für a und b den Wert von $\int_0^1 f(z)\,\mathrm{d}z$ mittels der gegebenen Formel. Vergleichen Sie diesen Wert mit dem realen Wert, der aus dem Material folgt.

4.4 Das Integral $\int_c^d f(z)\,\mathrm{d}z$ liefert allgemein die Wahrscheinlichkeit zwei benachbarte Körner mit einem Abstand zwischen c und d (in cm) zu finden. Übertragen Sie diese Bedeutung auf den Fall, der durch die konkreten Integralgrenzen gegeben ist.

Bestimmen Sie mit der Tabelle im Material die Häufigkeit für das Intervall, dass durch die Integralgrenzen vorgegeben ist, und vergleichen Sie die beiden Werte.

Abitur 2021 – Aufgabe C2.2 (WTR/CAS)

1.1 Entnehmen Sie dem Material direkt die absoluten Anzahlen an Frauen und Männern. Die Anzahl für das Ereignis $H \cap W$ (weibliche Personen mit Hochschul-/Fachhochschulreife) berechnen Sie bspw. durch $35{,}0\,\% \cdot 194\,205$. Auf diesem Weg können Sie auch die übrigen inneren Felder der Vier-Felder-Tafel füllen. Sie sollten auch die Tatsache nutzen, dass die Summen in den Zeilen und Spalten der Vier-Felder-Tafel stimmen müssen.

Bedenken Sie bei der Bearbeitung, dass Anzahlen an Personen eine ganzzahlige Rundung erfordern.

1.2 Für die Beantwortung der Frage wird nur die erste Spalte in der Vier-Felder-Tafel aus Teilaufgabe 1.1 benötigt, da nur Personen mit Hochschul-/Fachhochschulreife betrachtet werden. Berechnen Sie, welcher Anteil aller dieser Personen männlich ist.

1.3 Beachten Sie, dass sowohl in der Anzahl der weiblichen Personen als auch in der Anzahl der Personen mit Hochschul-/Fachhochschulreife die weiblichen Personen mit Hochschul-/Fachhochschulreife enthalten sind. Bilden Sie die Summe dieser beiden Anteile haben Sie deshalb den Schnitt der beiden Merkmale doppelt gezählt. Überlegen Sie, wie Sie dieses „zu viel" beheben können.

1.4 $P_{\overline{H}}(W)$ ist eine bedingte und $P(W)$ eine totale Wahrscheinlichkeit. Beide können Sie durch geeignete Quotientenbildungen mit Werten aus der Vier-Felder-Tafel berechnen.

Überlegen Sie, welcher stochastische Begriff durch die Gleichheit der beiden Werte definiert werden kann.

1.5 Bestimmen Sie die Anzahl der Möglichkeiten, wie 5 aus 50 Personen, 4 aus 30 Frauen und 1 aus 20 Männern ausgewählt werden können. Beachten Sie, dass dies jeweils als „Ziehen in einem Zug“ interpretiert werden kann. Verwenden Sie eine klassische Wahrscheinlichkeitsdefinition, um aus diesen Anzahlen die gesuchte Wahrscheinlichkeit zu berechnen.

1.6 Interpretieren Sie den Multiple-Choice-Test als Bernoullikette, wodurch Sie die gesuchte Wahrscheinlichkeit mithilfe der Bernoulliformel berechnen können.

1.7 Machen Sie sich klar, dass die gegebene Anzahl durch einen Binomialkoeffizienten bestimmt werden. Führen Sie diesen Binomialkoeffizienten auf seine Definition zurück, setzen Sie ihn mit dem gegebenen Wert gleich und lösen Sie ohne WTR die entstehende Gleichung.

Beachten Sie, dass aufgrund des Sachzusammenhangs nicht alle rechnerischen Lösungen sinnvoll sind.

2.1 Geben Sie für die jeweiligen Ereignisse sinnvolle binomialverteilte Zufallsgrößen an und bestimmen Sie mittels WTR die gesuchten Wahrscheinlichkeiten.

Beachten Sie, dass für Ereignis C im Gegensatz zu den Ereignissen A und B die Einzelwahrscheinlichkeit p nicht direkt dem Ringdiagramm im Material zu entnehmen ist, sondern erst durch Differenzbildung ermittelt werden muss.

2.2 Beachten Sie für die Beschreibung des Experiments, dass im Material gegebene Wahrscheinlichkeiten zur zehnten Potenz genommen werden.

Nähern Sie sich dem gesuchten Ereignis schrittweise, indem Sie nacheinander zuerst die Potenzen und dann die Summe durch Zwischenereignisse beschreiben. Abschließend verweist die Differenz auf das Gegenereignis des bis hierhin erreichten Zwischenereignisses.

2.3 Es handelt sich bei der Aufgabe um eine typische „3-mal mindestens“-Aufgabe. Der Ansatz für eine solche lautet $1-(1-p)^n \geq 0{,}8$. Diese Ungleichung müssen Sie nach n auflösen, wobei Sie beachten müssen, dass eine Multiplikation mit einer negativen Zahl das Ungleichheitszeichen umdreht.

Bedenken Sie bei Ihrer Antwort, dass eine gesuchte Anzahl an Männern nur ganzzahlig sein kann.

3.1 Wählen Sie als Nullhypothese $H_0: p \leq 0{,}4$ und bestimmen Sie k so, dass $P(X \geq k) \leq 0{,}1$ gilt. Beachten Sie, dass der WTR nur Werte für Intervalle $[0;n]$ liefern kann, weshalb Sie den Ansatz entsprechend umformen müssen.

Vergessen Sie nicht, dass bestimmte k zu nutzen, um eine Entscheidungsregel im Sachzusammenhang zu formulieren.

3.2 Übertragen Sie die allgemeine Definition des Fehlers 2. Art „H_0 wird fälschlicherweise angenommen“ auf den Sachzusammenhang.

Das dreifache Signifikanzniveau beträgt 0,3. Sie müssen somit p so bestimmen, dass $F_{150;p}(68) \leq 0{,}3$ gilt. Zur Lösung dieses Problems bleibt Ihnen nur der Weg, solange die Werte für $F_{150;p}(68) \leq 0{,}3$ mittels WTR einzugrenzen, bis die geforderte Fehlerwahrscheinlichkeit erreicht ist.

Lösungen

1 Abitur 2018

Abitur 2018 – Aufgabe A1 (WTR/GTR)

frv.tv/re

1.1 Da die Geburtenrate für die drei Modelle ohne Verwendung der Graphen im Material bestimmt werden soll, muss der Zeitpunkt $t = 0$ der Auswilderung in die Funktionsgleichungen der Modelle eingesetzt und ausgewertet werden.

Modell A: $f_a(0) = \dfrac{a}{1+4\cdot \mathrm{e}^{-0{,}5\cdot 0}} = \dfrac{a}{1+4\cdot 1} = \dfrac{a}{5}$

Modell B: $f_b(0) = \dfrac{10}{1+b\cdot \mathrm{e}^{-0{,}5\cdot 0}} = \dfrac{10}{1+b\cdot 1} = \dfrac{10}{1+b}$

Modell C: $f_c(0) = 10\cdot 0\cdot \mathrm{e}^{-c\cdot 0} + 10 = 0 + 10 = 10$

Der Begriff „langfristige Entwicklung der Geburtenrate“ in der Aufgabenstellung verweist darauf, dass der Grenzwert $t \to \infty$ zu betrachten ist; jeweils wieder für alle drei Modelle:

Modell A:

$$\begin{aligned}\lim_{t\to\infty} f_a(t) &= \lim_{t\to\infty} \frac{a}{1+4\cdot \mathrm{e}^{-0{,}5\cdot t}}\\ &= \frac{a}{1+4\cdot \lim\limits_{t\to\infty} \mathrm{e}^{-0{,}5\cdot t}} = \frac{a}{1+4\cdot 0}\\ &= \frac{a}{1} = a\end{aligned}$$

Nur der Term $\mathrm{e}^{-0{,}5t}$ hängt von der Variablen t ab, sodass für die Grenzwertbildung nur dieser Term betrachtet werden muss. Dessen Grenzwert geht, wie der Rechnung zu entnehmen ist, gegen 0. Die übrigen Werte im Bruch bleiben von der Grenzwertbildung unberührt.

Modell B:

$$\begin{aligned}\lim_{t\to\infty} f_b(t) &= \lim_{t\to\infty} \frac{10}{1+b\cdot \mathrm{e}^{-0{,}5\cdot t}}\\ &= \frac{10}{1+b\cdot \lim\limits_{t\to\infty} \mathrm{e}^{-0{,}5\cdot t}} = \frac{10}{1+b\cdot 0}\\ &= \frac{10}{1} = 10\end{aligned}$$

Die Begründung für die Gleichungskette entspricht der von Modell A.

Modell C:

$$\begin{aligned}\lim_{t\to\infty} f_c(t) &= \lim_{t\to\infty}\left(10\cdot t\cdot \mathrm{e}^{-c\cdot t}+10\right)\\ &= 10\cdot\lim_{t\to\infty}\left(t\cdot \mathrm{e}^{-c\cdot t}\right)+10\\ &= 10\cdot 0+10=10\end{aligned}$$

Der Term $t\cdot \mathrm{e}^{-c\cdot t}$ konvergiert für $t\to\infty$ gegen 0, da der Exponentialterm gegen 0 geht und dieser in einem Produkt mit einem ganzrationalen Term grundsätzlich dominiert.

Die Zuordnung zu den Graphen soll in der Aufgabe nur angegeben werden. Die im Folgenden dargestellten Begründungen sind somit für die vollen Bewertungseinheiten nicht notwendig.

Abbildung 1 ist zu entnehmen, dass alle Funktionen der Schar zum Zeitpunkt der Auswilderung den Wert 10 Tiere/Jahr besitzen. Dies trifft nur auf das Modell C zu.

Abbildung 2 zeigt die einzige Funktionenschar, bei der sich nicht alle Funktionen in der langfristigen Entwicklung dem Wert 10 Tiere/Jahr annähern. Nach der obigen Bestimmung der Grenzwerte trifft dies nur auf das Modell A zu.

Nach Ausschlussverfahren muss Abbildung 3 zu Modell B gehören.

1.2 Der Einfluss der Parameter in den Modellen muss nur beschrieben werden. Die Begründungen in der folgenden Bearbeitung dienen lediglich wieder dem Verständnis.

Modell A:

Beschreibung: Je größer a, desto größer die Geburtenrate zu Beginn und desto größer auch die langfristige Entwicklung der Geburtenrate.

Begründung: Betrachtet man die Lösungen in Aufgabe 1.1, stellt man fest, dass in beiden zu betrachtenden Fällen a ein Faktor im Zähler der Lösung ist und somit größere Werte für a zu größeren Werten für die Ergebnisse führen.

Modell B:

Beschreibung: Je größer b, umso kleiner die Geburtenrate zu Beginn. Die langfristige Entwicklung hängt nicht vom Parameter b ab.

Begründung: Für die Geburtenrate zum Zeitpunkt der Auswilderung gilt der Term $\frac{10}{1+b}$. Größere Werte für b vergrößern den Nenner und verkleinern somit den Bruch. Die langfristige Geburtenrate beträgt konstant 10 Tiere pro Jahr und ist entsprechend nicht abhängig von b.

Modell C:

Beschreibung: Sowohl die anfängliche als auch die langfristige Geburtenrate sind unabhängig von c.

Begründung: Den Ergebnissen aus Aufgabenteil 1.1 ist zu entnehmen, dass in beiden Fällen der Parameter c in den Lösungen nicht mehr vorhanden ist.

2.1 Zur Bestimmung der Wendepunkte wird die zweite Ableitung benötigt. Die erste Ableitung

$$f_c{}'(t) = \underbrace{\mathrm{e}^{-c\cdot t}}_{u} \cdot \underbrace{(10 - 10\cdot c\cdot t)}_{v}$$

ist in der Aufgabe gegeben. Mittels Produkt- und Kettenregel lässt sich aus dieser die zweite Ableitung bestimmen. Die Kettenregel wird für die Ableitung des Terms u benötigt, da der Exponentialterm den inneren linearen Term $-c\cdot t$ besitzt und t die Differentiationsvariable ist.

$$\begin{aligned} f_c{}''(t) &= \underbrace{(-c)\cdot \mathrm{e}^{-c\cdot t}}_{u'} \cdot \underbrace{(10 - 10\cdot c\cdot t)}_{v} + \underbrace{\mathrm{e}^{-c\cdot t}}_{u} \cdot \underbrace{(-10c)}_{v'} \\ &= \mathrm{e}^{-c\cdot t}\cdot(-10\cdot c + 10\cdot c^2\cdot t) + \mathrm{e}^{-c\cdot t}\cdot(-10\cdot c) \\ &= \mathrm{e}^{-c\cdot t}\cdot\left(-10\cdot c + 10\cdot c^2\cdot t - 10\cdot c\right) \\ &= \mathrm{e}^{-c\cdot t}\cdot\left(-20\cdot c + 10\cdot c^2\cdot t\right) \end{aligned}$$

In der Aufgabe wird nur die hinreichende Bedingung zur Bestimmung des Wendepunktes gefordert, weshalb es genügt, die Nullstellen von f_c'' zu berechnen.

$$\begin{aligned} f_c{}''(t) &= 0 \\ \mathrm{e}^{-c\cdot t}\cdot\left(-20\cdot c + 10\cdot c^2\cdot t\right) &= 0; \qquad \mathrm{e}^{-c\cdot t} \neq 0 \\ -20\cdot c + 10\cdot c^2\cdot t &= 0 \\ 10\cdot c^2\cdot t &= 20\cdot c \\ t &= \frac{20\cdot c}{10\cdot c^2} = \frac{2}{c} \end{aligned}$$

Da in der Aufgabe die Wendepunkte und nicht nur die Wendestellen gefragt sind, muss noch die zugehörige y-Koordinate (also der Funktionswert an der Stelle $\frac{2}{c}$) bestimmt werden.

$$f_c\left(\frac{2}{c}\right) = 10\cdot\frac{2}{c}\cdot\mathrm{e}^{-c\cdot\frac{2}{c}} + 10 = \frac{20}{c}\cdot\mathrm{e}^{-2} + 10 = \frac{20}{c\cdot\mathrm{e}^2} + 10 \Longrightarrow W\left(\frac{2}{c}\,\middle|\,\frac{20}{c\cdot\mathrm{e}^2} + 10\right)$$

Beschreibung der Bedeutung:

Allgemein beschreibt eine Wendestelle den Zeitpunkt (falls die Funktion von der Zeit abhängig ist), an dem sich der Funktionswert am stärksten verändert.

Im Sachzusammenhang ist also der Zeitpunkt $\frac{2}{c}$ derjenige, an dem die Geburtenrate am stärksten abnimmt, da die Graphen der Funktionsschar am Wendepunkt fallen (vgl. Abbildung 1 im Material).

2.2 Um die Ortskurve der Wendepunkte darstellen zu können, muss man die y-Koordinate derselben in Abhängigkeit von t angeben. Dies lässt sich auf dem folgenden Weg erreichen:

frv.tv/rq

Die t-Koordinate der Ortskurve wird nach dem Parameter c aufgelöst und das Ergebnis an der entsprechenden Stelle der y-Koordinate eingesetzt.

Auflösen nach c: $t = \frac{2}{c} \Longrightarrow c = \frac{2}{t}$

Einsetzen in y: $y = \frac{20}{\frac{2}{t} \cdot \mathrm{e}^2} + 10 = \frac{10}{\mathrm{e}^2} \cdot t + 10$

y ist in Abhängigkeit von t eine lineare Funktion mit der Steigung $m = \frac{10}{\mathrm{e}^2}$ und dem y-Achsenabschnitt 10. Alle Wendepunkte der Funktionenschar (die Ortskurve der Wendepunkte) liegen somit auf dem Graphen einer linearen Funktion, d.h. einer Geraden.

3.1 Zur Integration bietet sich die **Partielle Integration** als Methode an, da der erste Summand der Funktionsgleichung von f_1 von der Form $p(t) \cdot \mathrm{e}^{-t}$ ist, wobei p eine ganzrationale Funktion ist. Durch Anwendung der partiellen Integration erhält man nach dem ersten Schritt als Teilaufgabe ein neues Integral derselben Form, bei der der ganzrationale Term um einen Grad geringer ist. Sobald dieser Grad 0 ist, kann das Integral endgültig bestimmt werden.

$$f_1(t) = \underbrace{10 \cdot t}_{u} \cdot \underbrace{\mathrm{e}^{-t}}_{v'} + 10$$

$$\begin{aligned} F_1(t) &= u \cdot v - \int u' \cdot v \,\mathrm{d}t + 10t \\ &= 10 \cdot t \cdot \left(-\mathrm{e}^{-t}\right) - \int 10 \cdot \left(-\mathrm{e}^{-t}\right) \mathrm{d}t + 10 \cdot t \\ &= -10 \cdot t \cdot \mathrm{e}^{-t} \cdot + \int 10 \cdot \mathrm{e}^{-t} \,\mathrm{d}t + 10 \cdot t \\ &= -10 \cdot t \cdot \mathrm{e}^{-t} - 10 \cdot \mathrm{e}^{-t} + 10 \cdot t + C \end{aligned}$$

Seit dem Abiturjahrgang 2019 ist die „Partielle Integration“ nicht mehr Bestandteil des Kerncurriculums, weshalb inzwischen eine solche Stammfunktion mittels Formansatz bestimmt werden müsste. Aus diesem Grund soll hier noch auf diesem Weg eine Stammfunktion für den Summanden $10 \cdot t \cdot \mathrm{e}^{-t}$, der im Folgenden $h(t)$ genannt wird, ermittelt werden.

Die Ableitung einer Funktion der Form $(a \cdot t + b) \cdot \mathrm{e}^{-t}$ besitzt ebenfalls diese allgemeine Form. Somit gilt diese Form auch für eine Stammfunktion $H(t)$ der Funktion $h(t)$. Leitet man $H(t)$ ab und vergleicht das Ergebnis mit $h(t)$, lassen sich durch Koeffizientenvergleich die unbekannten Parameter a und b bestimmen.

$$\begin{aligned}
H'(t) &= a \cdot \mathrm{e}^{-t} + (a \cdot t + b) \cdot \mathrm{e}^{-t} \cdot (-1) \\
&= a \cdot \mathrm{e}^{-t} + (-a \cdot t - b) \cdot \mathrm{e}^{-t} \\
&= (-a \cdot t + a - b) \cdot \mathrm{e}^{-t}
\end{aligned}$$

Der abschließende Term kann nur dann gleich $h(t)$ sein, wenn beide Parameter a und b den Wert -10 besitzen, wodurch dieselbe Stammfunktion entsteht wie durch Anwendung der Partiellen Integration.

Zwei Anmerkungen:

- Bei der Bearbeitung der Aufgabe ist nur die Angabe der Methode, nicht deren Begründung gefragt.
- Da nach einer Stammfunktion gefragt ist, ist die Addition der Integrationskonstanten C nicht zwingend notwendig.

3.2 Da $f_1(t)$ die Geburten**rate**, also die Geburtenanzahl pro Zeiteinheit, beschreibt, liefert das Integral $\int\limits_0^{10} f_1(t)\,\mathrm{d}t$, also die Summierung der Funktion über den betrachteten Zeitraum, die Anzahl A der Geburten in den ersten zehn Jahren nach der Auswilderung.

$$\begin{aligned}
A &= \int\limits_0^{10} \left(10 \cdot t \cdot \mathrm{e}^{-t} + 10\right) \mathrm{d}t \\
&= \left[-10 \cdot t \cdot \mathrm{e}^{-t} - 10 \cdot \mathrm{e}^{-t} + 10 \cdot t\right]_0^{10} \\
&= \left[\mathrm{e}^{-t} \cdot (-10 \cdot t - 10) + 10 \cdot t\right]_0^{10} \\
&= \left(\mathrm{e}^{-10} \cdot (-10 \cdot 10 - 10) + 10 \cdot 10\right) - \left(\mathrm{e}^{-0} \cdot (-10 \cdot 0 - 10) + 10 \cdot 0\right) \\
&= -110 \cdot \mathrm{e}^{-10} + 100 - 1 \cdot (-10) \\
&\approx 109{,}995
\end{aligned}$$

Es kamen somit in den ersten zehn Jahren nach der Auswilderung 110 (das wahrscheinlichste ganzzahlige Ergebnis) Tiere zur Welt.

3.3 Die Erläuterung der Zeilen, wie in der Aufgabe gefordert, ohne jegliche Betrachtung des Sachzusammenhangs.

(1) Die Differenzfunktion von f_1 und s wird erstellt.

(2) Die Ableitung der Differenzfunktion wird angegeben.

(3) Die Ableitung der Differenzfunktion wird 0 gesetzt. $t_1 \approx 1{,}4$ ist eine Lösung der entstehenden Gleichung und somit eine mögliche Extremstelle von d.

(4) Der Wert von t_1, in die zweite Ableitung der Differenzfunktion eingesetzt, liefert einen negativen Wert. An der Stelle t_1 befindet sich somit ein lokales Maximum von d.

Deutung im Sachzusammenhang:

Zeile (1): Die Funktion d ist die Differenz der Geburten- und Sterberate und beschreibt, wie stark sich die Population zu einem gegebenen Zeitpunkt ändert. Sie ist die Änderungsrate der Population.

Wert von t_1: Ca. 1,4 Jahren nach der Auswilderung war die Änderungsrate der Population am größten. Zu diesem Zeitpunkt fand also das größte Wachstum der Population statt.

3.4 „Keine Veränderung der Population" bedeutet, dass das Wachstum bzw. die Änderungsrate der Population zu den gesuchten Zeitpunkten 0 beträgt. Somit muss die Gleichung $d(t) = 0$ gelöst werden.

$$\begin{aligned} d(t) &= 0 \\ 10 \cdot t \cdot \mathrm{e}^{-t} + 10 - \left(10 \cdot t \cdot \mathrm{e}^{-2t} + 0{,}1 \cdot t + 10\right) &= 0 \\ 10 \cdot t \cdot \mathrm{e}^{-t} - 10 \cdot t \cdot \mathrm{e}^{-2t} - 0{,}1 \cdot t &= 0 \\ -t \cdot \left(-10 \cdot \mathrm{e}^{-t} + 10 \cdot \mathrm{e}^{-2t} + 0{,}1\right) &= 0 \\ -t \cdot \left(10 \cdot \mathrm{e}^{-2t} - 10 \cdot \mathrm{e}^{-t} + 0{,}1\right) &= 0; \qquad t_1 = 0 \\ 10 \cdot \mathrm{e}^{-2t} - 10 \cdot \mathrm{e}^{-t} + 0{,}1 &= 0 \\ 10 \cdot \left(\mathrm{e}^{-t}\right)^2 - 10 \cdot \mathrm{e}^{-t} + 0{,}1 &= 0; \qquad z = \mathrm{e}^{-t} \\ 10 \cdot z^2 - 10 \cdot z + 0{,}1 &= 0 \end{aligned}$$

In der vorletzten Zeile erkennt man, dass auf der linken Seite der Gleichung ein quadratischer Term in e^{-t} entsteht. Die vorgegebene Subustitution in der Aufgabenstellung führt deshalb an dieser Stelle zu einer quadratischen Gleichung und in der Folge zur Lösbarkeit der Gleichung.

$$\begin{aligned} 10 \cdot z^2 - 10 \cdot z + 0{,}1 &= 0 \\ z^2 - z + 0{,}01 &= 0 \\ z_{1/2} &= \frac{1}{2} \pm \sqrt{\frac{1}{4} - \frac{1}{100}} = \frac{1}{2} \pm \frac{1}{10}\sqrt{24} \end{aligned}$$

Da der Operator der Aufgabe „Berechnen“ lautet, muss die quadratische Gleichung ohne die erweiterten Funktionen des WTR gelöst werden.

Die beiden Lösungen für z müssen noch in die ursprüngliche Variable t resubstituiert werden, wofür die zweite der folgenden Gleichungen notwendig ist.

$$z = \mathrm{e}^{-t} \implies t = -\ln z$$

Die zweite und dritte Lösung für t sind:

$$t_2 = -\ln\left(\frac{1}{2} + \frac{1}{10}\sqrt{24}\right) \approx -\ln 0{,}99 \approx 0{,}01$$
$$t_3 = -\ln\left(\frac{1}{2} - \frac{1}{10}\sqrt{24}\right) \approx -\ln 0{,}01 \approx 4{,}6$$

Wie in der Aufgabe geschrieben, gibt es somit drei Zeitpunkte, an denen die Änderungsrate der Population 0 ist und sich die Populationsgröße nicht verändert hat. Dies ist direkt zum Zeitpunkt der Auswilderung der Fall sowie nach ca. 0,01 Jahren (das sind dreieinhalb Tage). Der letzte Zeitpunkt ist 4,6 Jahre nach der Auswilderung; das sind ungefähr vier Jahre und sieben Monate.

Abitur 2018 – Aufgabe A2 (WTR)

1.1 In der allgemeinen Funktion $f(t) = a \cdot \mathrm{e}^{k \cdot t}$ sind zwei unbekannte Parameter enthalten. Aus diesem Grund müssen zwei Wertepaare aus der Wertetabelle verwendet werden, um die konkreten Werte für a und k und somit die Funktionsgleichung für f zu bestimmen.

Da es sich um eine einfache Exponentialfunktion handelt, ist der rechnerisch günstigste Weg, zwei Funktionsauswertungen $f(10)$ und $f(1)$ zu dividieren.

$$\begin{aligned} \frac{f(10)}{f(1)} = \frac{a \cdot \mathrm{e}^{10 \cdot k}}{a \cdot \mathrm{e}^{k}} &= \frac{7{,}3}{3{,}2} \\ \mathrm{e}^{9 \cdot k} &= \frac{7{,}3}{3{,}2} \\ 9 \cdot k &= \ln\left(\frac{7{,}3}{3{,}2}\right) \\ k &= \frac{1}{9} \cdot \ln\left(\frac{7{,}3}{3{,}2}\right) \approx 0{,}09 \end{aligned}$$

Der berechnete Wert für k kann in eine der beiden verwendeten Gleichungen eingesetzt werden. Es bietet sich die Verwendung des Wertes $t = 1$ an, da die entstehende Gleichung geringfügig einfacher ist.

$$\begin{aligned} f(1) = a \cdot \mathrm{e}^{0{,}09 \cdot 1} &= 3{,}2 \\ a \cdot \mathrm{e}^{0{,}09} &= 3{,}2 \\ a &= \frac{3{,}2}{\mathrm{e}^{0{,}09}} \approx 2{,}92 \end{aligned}$$

Nach Einsetzen der berechneten Werte für die Parameter ergibt sich die Funktionsgleichung:

$$f(t) = 2{,}92 \cdot \mathrm{e}^{0{,}09t}$$

Es soll geprüft werden, ob die Werte, die durch Funktionsauswertung entstehen, mehr als 3 % vom Tabellenwert abweichen, weshalb zuerst die jeweilige Differenz zum Tabellenwert berechnet werden muss. Ist diese Differenz weniger als 3 % des Tabellenwerts, ist die geforderte Bedingung erfüllt.

Berechnung der Abweichung für $t = 2$:

$$f(2) = 2{,}92 \cdot \mathrm{e}^{0{,}09 \cdot 2} \approx 3{,}496 \Longrightarrow \frac{|3{,}5 - 3{,}496|}{3{,}5} = \frac{1}{875} \approx 0{,}001 < 3\,\%$$

Berechnung der Abweichung für $t = 4$:

$$f(4) = 2{,}92 \cdot e^{0{,}09 \cdot 4} \approx 4{,}185 \Longrightarrow \frac{|4{,}1 - 4{,}185|}{4{,}1} = \frac{17}{820} \approx 0{,}021 < 3\,\%$$

Da beide Abweichungen geringer als 3 % ausfallen, ist die Modellierung als gut zu bewerten.

1.2.1 Zur Begründung der Sättigungsgrenze müssen die einzelnen Teilterme des Funktionsterms der Funktion

$$g(t) = \frac{19{,}4}{1 + 5{,}72 \cdot e^{-0{,}12 \cdot t}}$$

betrachtet und ihr Verhalten für $t \to \infty$ bestimmt werden.

Der einzige Teilterm, in dem die Variable t vorhanden ist, ist der Term $e^{-0{,}12t}$. In diesem Term geht der Exponent $-0{,}12 \cdot t$ für $t \to \infty$ gegen minus unendlich, die gesamte Potenz somit gegen 0 (formal: $\lim\limits_{t \to \infty} e^{-0{,}12t} = 0$). Die anderen Teilterme des Bruches enthalten die Variable t nicht und werden durch die Grenzwertbildung nicht verändert.

Somit geht der Nenner des betrachteten Bruchs gegen $1 + 0 = 1$ und der vollständige Bruch gegen den Wert des Zählers, also 19,4. Dieser Wert sollte als Sättigungsgrenze nachgewiesen werden.

Formal: $\lim\limits_{t \to \infty} \dfrac{19{,}4}{1 + 5{,}72 \cdot e^{-0{,}12 \cdot t}} = \dfrac{19{,}4}{1 + 5{,}72 \cdot \lim\limits_{t \to \infty} e^{-0{,}12 \cdot t}} = \dfrac{19{,}4}{1 + 0} = 19{,}4$

Im Sachzusammenhang muss die Bedeutung der Larvengröße 19,4 mm gedeutet werden. Dies ist die Größe, der sich eine Larve langfristig annähert.

Die Tatsache, dass sich bei der Modellierung durch Funktion g die Größe einem Wert (hier: 19,4 mm) annähert, ist auch der Grund, weshalb die Funktion g eine sinnvollere Modellierung für den Sachverhalt darstellt als die Modellierung durch die Funktion f. Im Falle einer Modellierung durch die Funktion f, ein einfaches exponentielles Wachstum, würde die Größe einer Larve unbegrenzt weiterwachsen; ein Faktum, das der Realität sicher nicht entspricht.

1.2.2 In der Aufgabe muss ein Term für die zweite Ableitung nachgewiesen werden. Man muss die Ableitung der ersten Ableitung bilden. Die erste Ableitung ist als Eigenschaft (I) in der Aufgabe gegeben und diese Eigenschaft soll laut Aufgabenstellung auch verwendet werden. Sie lautet:

$$g'(t) = \frac{0{,}12}{19{,}4} \cdot g(t) \cdot (19{,}4 - g(t))$$

Der Term für g' ist ein Produkt aus zwei Termen, die jeweils von t abhängig sind, weshalb für das Ableiten die Produktregel verwendet werden muss. Sie wurde in der ersten Zeile der folgenden Gleichungskette umgesetzt. Danach wird der entstehende Term weiter vereinfacht, bis der in der Aufgabe vorgegebene Term erreicht ist.

$$\begin{aligned} g''(t) &= \frac{0{,}12}{19{,}4} \cdot g'(t) \cdot (19{,}4 - g(t)) + \frac{0{,}12}{19{,}4} \cdot g(t) \cdot (-g'(t)) \\ &= \frac{0{,}12}{19{,}4} \cdot g'(t) \cdot (19{,}4 - g(t)) - \frac{0{,}12}{19{,}4} \cdot g'(t) \cdot g(t) \\ &= \frac{0{,}12}{19{,}4} \cdot g'(t) \cdot (19{,}4 - g(t) - g(t)) \\ &= \frac{0{,}12}{19{,}4} \cdot g'(t) \cdot (19{,}4 - 2 \cdot g(t)) \end{aligned}$$

1.2.3 Der Zeitpunkt, zu dem die Larve am stärksten wächst, entspricht dem Zeitpunkt, an dem die Wachstumsgeschwindigkeit, beschrieben durch g', ein Maximum annimmt. Um die Maxima der ersten Ableitung zu bestimmen, müssen als notwendige Bedingung (nur diese ist in der Aufgabe gefordert) die Nullstellen der zweiten Ableitung berechnet werden, also die Lösungen der Gleichung $g''(t) = 0$.

$$\begin{aligned} g''(t) &= 0 \\ \frac{0{,}12}{19{,}4} \cdot g'(t) \cdot (19{,}4 - 2 \cdot g(t)) &= 0 \\ 19{,}4 - 2 \cdot g(t) &= 0 \\ -2 \cdot g(t) &= -19{,}4 \\ g(t) &= \frac{1}{2} \cdot 19{,}4 \end{aligned}$$

Die Gleichung darf von Zeile 2 nach Zeile 3 durch den Wert $g'(t)$ dividiert werden, da dieser nach der zu verwendenden Eigenschaft (II) aus der Aufgabenstellung für alle Werte von t größer 0 ist.

Die Sättigungsgrenze S besitzt nach Aufgabe 1.2.1 den Wert 19,4 und die obige Gleichungskette zeigt, dass zum Zeitpunkt des stärksten Wachstum die Größe der Larve genau die Hälfte des Sättigungswerts erreicht hat.

Da aus dem bisherigen Teil dieser Aufgabe die Größe der Larve am Zeitpunkt des stärksten Wachstums bekannt ist, kann die Funktion g zur Berechnung dieses Zeitpunkts verwendet werden. Die Funktion g muss den Wert $\frac{1}{2} \cdot 19{,}4 = 9{,}7$ annehmen; die Lösung der Gleichung $g(t) = 9{,}7$ ist gesucht.

$$\begin{aligned}
g(t) &= 9{,}7\\
\frac{19{,}4}{1+5{,}72\cdot \mathrm{e}^{-0{,}12\cdot t}} &= 9{,}7\\
1+5{,}72\cdot \mathrm{e}^{-0{,}12\cdot t} &= \frac{19{,}4}{9{,}7}\\
1+5{,}72\cdot \mathrm{e}^{-0{,}12\cdot t} &= 2\\
5{,}72\cdot \mathrm{e}^{-0{,}12\cdot t} &= 1\\
\mathrm{e}^{-0{,}12\cdot t} &= \frac{1}{5{,}72}\\
-0{,}12\cdot t &= \ln\left(\frac{1}{5{,}72}\right)\\
t &= \frac{\ln\left(\frac{1}{5{,}72}\right)}{-0{,}12} \approx 14{,}53
\end{aligned}$$

Nach ungefähr $14\frac{1}{2}$ Tagen hat die Größe der Larve die Hälfte ihrer Sättigungsgrenze erreicht.

Anmerkung: Bei dem Wachstum der Larvengröße handelt es sich um ein logistisches Wachstum. Im Falle eines solchen Wachstums wird immer zum Zeitpunkt des stärksten Wachstums, der auch der Wendestelle der zugehörigen Funktion entspricht, die Hälfte des Sättigungswerts erreicht.

2.1 Ausgehend von dem Graphen der Funktion $s(t) = \sin(t)$ lässt sich in folgenden vier Schritten der Graph der Funktion k erzeugen.

1) Eine Streckung des Graphen mit dem Faktor 249,975 in Richtung der y-Achse führt zu einer Multiplikation des Funktionsterms mit diesem Faktor.
$s_1(t) = 249{,}975\cdot s(t) = 249{,}975\cdot\sin(t)$

2) Eine Verschiebung des Graphen um den Wert 250,025 in Richtung der y-Achse führt zu einer Addition des Funktionsterms mit diesem Summanden.
$s_2(t) = s_1(t) + 250{,}025 = 249{,}975\cdot\sin(t) + 250{,}025$

3) Eine Streckung des Graphen mit dem Faktor $\frac{9}{2\pi}$ in Richtung der x-Achse führt im Funktionsterm zu einer Multiplikation der Variablen mit dem Kehrwert dieses Faktors.
$s_3(t) = s_2\left(\frac{2\pi}{9}\right) = 249{,}975\cdot\sin\left(\frac{2\pi}{9}\cdot t\right) + 250{,}025$

4) Eine Verschiebung des Graphen um den Wert $-0{,}25$ in Richtung der x-Achse führt zu einer Addition der Variablen mit dem Negativen dieses Summanden.
$s_4(t) = s_3(t+0{,}25) = 249{,}975\cdot\sin\left(\frac{2\pi}{9}\cdot(t+0{,}25)\right) + 250{,}025$

Die Funktion s_4 entspricht der vorgegebenen Funktion k.

Nochmals die vier Operationen in Kurzform:

$$k(t) = \underbrace{249{,}975}_{A} \cdot \sin\left(\underbrace{\frac{2}{9}\pi}_{B} \cdot (t + \underbrace{0{,}25}_{C})\right) + \underbrace{250{,}025}_{D}$$

A: Streckung in y-Richtung mit dem Faktor 249,975

B: Streckung in t-Richtung mit dem Faktor $\frac{9}{2\pi}$

frv.tv/rs

C: Verschiebung in t-Richtung um den Wert $-0{,}25$

D: Verschiebung in y-Richtung um den Wert 250,025

Anmerkung: Da geometrische Operationen nicht kommutativ sind, muss darauf geachtet werden, dass in den jeweiligen Richtungen die Streckungen vor den Verschiebungen stattfinden.

Die Streckung in x-Richtung ist für die Veränderung der Periodenlänge einer trigonometrischen Funktion verantwortlich. Die allgemeine Sinusfunktion s besitzt eine Periodenlänge von 2π. Diese wird durch den 3. Schritt mit dem Faktor $\frac{9}{2\pi}$ gestreckt.

Periodenlänge der Funktion k: $T = 2\pi \cdot \frac{9}{2\pi} = 9$

2.2 Mittels des Ansatzes $k(t) = 100$ werden die Zeitpunkte bestimmt, an denen die maximale Larvendichte genau den Wert 100 besitzt. Zu diesen Zeitpunkten befindet sich der Befall genau an der Grenze von Sichtbarkeit und Nichtsichtbarkeit.

Dieser Zusammenhang bzw. diese Zeitpunkte lassen sich gut an dem Graphen von k veranschaulichen. Dort, wo eine Gerade mit der Gleichung $y = 100$ den Graphen schneidet, finden sich die gesuchten Zeitpunkte wieder.
Da der Beobachtungsbeginn das Jahr 1989 war, entspricht das Jahr 2018 dem Wert $t = 29$. Gesucht ist somit ein ganzzahliges $t \geq 29$, für den die Funktion k erstmals wieder einen Wert kleiner 100 liefert. Es handelt sich um den ersten ganzzahligen t-Wert rechts des im Graphen markierten Schnittpunktes S.

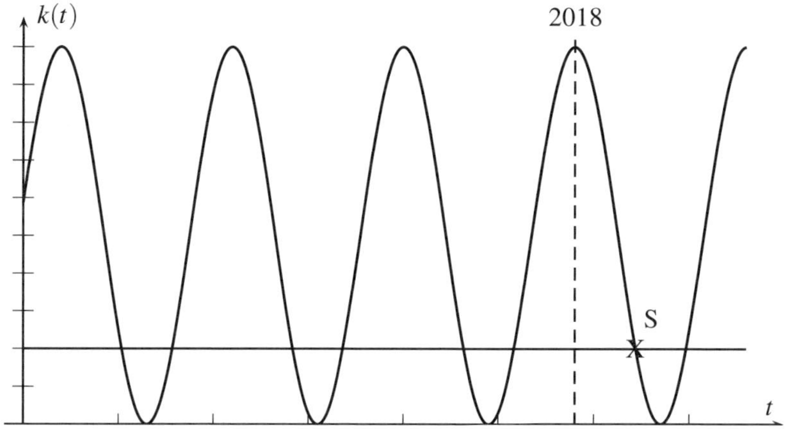

Dem Graphen lässt sich ebenfalls entnehmen, dass die Lösungen

$$t_2 \approx 5{,}172 + 9 \cdot n; \qquad n \in \mathbb{N}$$

denjenigen Zeitpunkten entsprechen, an denen der Befall von der Sichtbarkeit zur Nichtsichtbarkeit übergeht. Damit ist der Zeitpunkt, der zum Punkt S gehört, eine der Lösungen von t_2.

Drei Periodenlängen müssen durchlaufen werden, um vom Punkt $(5{,}172|100)$ zum gesuchten Punkt S zu gelangen. Die t-Koordinate von S ergibt sich somit zu $5{,}172 + 3 \cdot 9 = 32{,}172$.

Auch ein rein rechnerischer Weg führt zu diesem Zeitpunkt.

$t_2 = 5{,}172 + 9 \cdot n \geq 29 \implies 9n \geq 23{,}828 \implies n = 3$

Einsetzen von $n = 3$ liefert:

$5{,}172 + 9 \cdot 3 = 5{,}172 + 27 = 32{,}172$

Da wir die kleinste ganzzahlige Lösung suchen, die größer als 32,172 ist, folgt das Ergebnis $t = 33$. Dieser t-Wert korrespondiert mit dem Jahr 2022, welches in der Aufgabe nachzuweisen war.

2.3 In der Strategie (I) werden die Larvendichten der einzelnen Jahre über den betrachteten Zeitraum aufsummiert und anschließend durch die Länge des Zeitraums dividiert. Es wird das arithmetische Mittel über die einzelnen Funktionswerte der betrachteten 20 Jahre berechnet. Die Larvendichten der einzelnen Jahre werden bei diesem Vorgehen über ein Jahr hinweg als konstant angesehen, weshalb die Summe grafisch als Produktsumme (Summe der Fläche von Rechtecken) betrachtet werden kann.

In der Strategie (II) wird der Flächeninhalt unter dem Graphen von k im Intervall $[28{,}5; 48{,}5]$ berechnet. Auch hier muss zur Skalierung auf ein Jahr der entstehende Wert durch 20 dividiert werden, da die durchschnittliche maximale Larvendichte **pro Jahr** gesucht ist. In diesem Fall wird die Larvendichte als kontinuierliche Funktion betrachet, weshalb ein Integral zur Flächenbestimmung unter dem Graphen verwendet wird.

Aufgrund des Operators „Bestimmen“ darf der Wert des in Strategie (II) gegebenen Integrals mittels Taschenrechner bestimmt werden.

frv.tv/ce

$$d_{II} = \frac{1}{20} \int_{28,5}^{48,5} k(t)\,\mathrm{d}t \approx \frac{1}{20} \cdot 5433{,}06 = 271{,}653$$

Die Strategie (I), das arithmetische Mittel, liefert einen geringfügig größeren Wert als Strategie (II). Die Differenz ist so gering, dass man davon sprechen kann, dass die beiden Strategien nahezu gleichwertig sind.

Abitur 2018 – Aufgabe B1 (WTR/GTR/CAS)

frv.tv/rg

1.1 Ein Trapez ist ein Viereck, in dem zwei Seiten parallel verlaufen. Hat das Trapez außerdem eine Symmetrieachse, dann handelt es sich um ein gleichschenkliges Trapez. Damit die Tribüne die Form eines gleichschenkligen Trapezes hat, muss daher gelten:

$$1.\quad \overline{GH} \parallel \overline{IJ}$$
$$2.\quad |\overline{HI}| = |\overline{GJ}|$$

Die beiden Strecken $\overline{GH}$ und $\overline{IJ}$ verlaufen gerade dann parallel, wenn die beiden Vektoren $\overrightarrow{GH}$ und $\overrightarrow{IJ}$ kollinear sind, wenn sich also einer der beiden Vektoren als Vielfaches des anderen ausdrücken lässt:

$$\overrightarrow{GH} = \overrightarrow{OH} - \overrightarrow{OG} = \begin{pmatrix} -4 \\ 16 \\ 0 \end{pmatrix} - \begin{pmatrix} -4 \\ 0 \\ 0 \end{pmatrix} = \begin{pmatrix} 0 \\ 16 \\ 0 \end{pmatrix}$$

$$\overrightarrow{IJ} = \overrightarrow{OJ} - \overrightarrow{OI} = \begin{pmatrix} -10 \\ -4 \\ 4 \end{pmatrix} - \begin{pmatrix} -10 \\ 20 \\ 4 \end{pmatrix} = \begin{pmatrix} 0 \\ -24 \\ 0 \end{pmatrix}$$

Also ist $\overrightarrow{IJ} = -1{,}5 \cdot \overrightarrow{GH}$, die beiden Strecken verlaufen wie gefordert parallel. Selbstverständlich können hier auch die Vektoren $\overrightarrow{JI}$ und/oder $\overrightarrow{HG}$ verwendet werden.

Um zu zeigen, dass die beiden Strecken $\overline{HI}$ und $\overline{GJ}$ gleich lang sind, weisen wir nach, dass die beiden Verbindungsvektoren den gleichen Betrag haben:

$$\overrightarrow{HI} = \overrightarrow{OI} - \overrightarrow{OH} = \begin{pmatrix} -10 \\ 20 \\ 4 \end{pmatrix} - \begin{pmatrix} -4 \\ 16 \\ 0 \end{pmatrix} = \begin{pmatrix} -6 \\ 4 \\ 4 \end{pmatrix}; \quad |\overrightarrow{HI}| = 2\sqrt{17}$$

$$\overrightarrow{GJ} = \overrightarrow{OJ} - \overrightarrow{OG} = \begin{pmatrix} -10 \\ -4 \\ 4 \end{pmatrix} - \begin{pmatrix} -4 \\ 0 \\ 0 \end{pmatrix} = \begin{pmatrix} -6 \\ -4 \\ 4 \end{pmatrix}; \quad |\overrightarrow{GJ}| = 2\sqrt{17}$$

Dabei wird der Betrag eines Vektors $\vec{a} = \begin{pmatrix} a_1 \\ a_2 \\ a_3 \end{pmatrix}$ durch $|\vec{a}| = \sqrt{a_1^2 + a_2^2 + a_3^2}$ berechnet.

Die Strecken sind wie gefordert gleich lang, bei der Tribüne handelt es sich tatsächlich um ein gleichschenkliges Trapez.

1.2 Die Tribüne liegt in der angegebenen Ebene L (Normalenvektor $\overrightarrow{n_T} = \begin{pmatrix} 2 \\ 0 \\ 3 \end{pmatrix}$), das Spielfeld liegt in der x_1-x_2-Ebene (Normalenvektor $\overrightarrow{n_S} = \begin{pmatrix} 0 \\ 0 \\ 1 \end{pmatrix}$). Hier kann mit Hilfe des Skalarprodukts der Winkel zwischen den beiden Ebenen berechnet werden:

$$\cos(\alpha) = \frac{|\overrightarrow{n_T} \cdot \overrightarrow{n_S}|}{|\overrightarrow{n_T}| \cdot |\overrightarrow{n_S}|} = \frac{3}{\sqrt{13} \cdot 1} \qquad \Rightarrow \alpha = \arccos\left(\frac{3}{\sqrt{13}}\right) \approx 33{,}69^\circ$$

Da die beiden Normalenvektoren jeweils senkrecht auf der Ebene stehen, ist der Winkel zwischen den beiden Normalenvektoren der gleiche wie der Winkel zwischen den Ebenen. Da als Schnittwinkel immer der kleinere von zwei Winkeln angegeben wird (kreuzen sich zwei Geraden, gibt es immer zwei verschiedene Schnittwinkel), steht der Ausdruck $\overrightarrow{n_T} \cdot \overrightarrow{n_S}$ im Zähler in Betragsstrichen.

1.3 Um die Zahl der nötigen Personen zu berechnen, die die Tribüne in dem Computerspiel voll besetzt erscheinen lässt, berechnen wir zunächst den Flächeninhalt der Tribüne. Wir wissen, dass es sich bei der Tribüne um ein gleichschenkliges Trapez handelt. Für die Flächeninhalt eines Trapezes erhalten wir aus der Formelsammlung

$$A_{\text{Trapez}} = \frac{1}{2} \cdot (a + c) \cdot h,$$

wobei a und c die beiden parallelen Kanten sind. h ist die Höhe im Trapez. Da das Trapez gleichschenklig ist, liegen die Mittelpunkte der Strecken $\overline{\text{GH}}$ ($\Rightarrow \text{M}_1$) und $\overline{\text{IJ}}$ ($\Rightarrow \text{M}_2$) auf der Symmetrieachse des Trapezes, $\overline{\text{M}_1\text{M}_2}$ ist also die Höhe des Trapezes. Für den Mittelpunkt M_1 der Strecke $\overline{\text{GH}}$ ist

$$\overrightarrow{\text{OM}_1} = \overrightarrow{\text{OG}} + \frac{1}{2} \cdot \overrightarrow{\text{GH}} = \begin{pmatrix} -4 \\ 0 \\ 0 \end{pmatrix} + \frac{1}{2} \cdot \begin{pmatrix} 0 \\ 16 \\ 0 \end{pmatrix} = \begin{pmatrix} -4 \\ 8 \\ 0 \end{pmatrix} \qquad \Rightarrow \text{M}_1\,(-4|8|0)$$

Für den Mittelpunkt M_2 der Strecke $\overline{\text{IJ}}$ ergibt sich analog $\text{M}_2\,(-10|8|4)$). Für die Flächeninhalt gilt damit:

$$\begin{aligned} A_{\text{Trapez}} &= \frac{1}{2} \cdot (a + c) \cdot h = \frac{1}{2} \left(|\overrightarrow{\text{IJ}}| + |\overrightarrow{\text{GH}}|\right) \cdot |\overrightarrow{\text{M}_1\text{M}_2}| \\ &= \frac{1}{2} \cdot (24 + 16) \cdot 2\sqrt{13} \approx 144 \end{aligned}$$

Da eine Längeneinheit einem Meter entspricht, hat die Tribüne den Flächeninhalt $144\,\text{m}^2$. Bei $0{,}5\,\text{m}^2$ benötigtem Flächeninhalt pro Person müssen also 288 Personen dargestellt werden, um die Tribüne voll erscheinen zu lassen.

1.4 Eine Formel für die Berechnung des Abstands zwischen einem Punkt R und einer Ebene im Raum kann einer Formelsammlung entnommen werden:

$$d = |(\vec{v_R} - \vec{v_0}) \cdot \vec{n_0}|$$

Dabei ist $\vec{v_R}$ der Ortsvektors des Punktes, $\vec{v_0}$ der Ortsvektor eines Punktes auf der Ebene und $\vec{n_0} = \frac{\vec{n}}{|\vec{n}|}$ der Normaleneinheitsvektor der Ebene.

Für den Normalenvektor der Ebene L ist $|\vec{n}| = \sqrt{13}$, ein Punkt auf der Ebene ist beispielsweise der Punkt $G(-4|0|0)$. Damit ergibt sich für den Abstand des Punktes F von der Ebene L wegen

$$d = \left|\left(\overrightarrow{OF} - \overrightarrow{OG}\right) \cdot \frac{1}{\sqrt{13}} \cdot \vec{n_L}\right| = \left|\left[\begin{pmatrix}-1\\8\\2{,}4\end{pmatrix} - \begin{pmatrix}-4\\0\\0\end{pmatrix}\right] \cdot \frac{1}{\sqrt{13}} \cdot \begin{pmatrix}2\\0\\3\end{pmatrix}\right| = \left|\frac{13{,}2}{\sqrt{13}}\right| \approx 3{,}7$$

ein Wert von etwa 3,7 m.

Der Abstand eines Punktes von einer Ebene kann auch mit dem Lotfußpunktverfahren berechnet werden. Dabei wird eine Hilfsgerade aufgestellt, die den Punkt enthält und senkrecht auf der Ebene steht. Für den hier gesuchten Fall ist das

$$g: \; \vec{x} = \overrightarrow{OF} + r \cdot \vec{n_L} = \begin{pmatrix}-1\\8\\2{,}4\end{pmatrix} + r \cdot \begin{pmatrix}2\\0\\3\end{pmatrix}; \qquad r \in \mathbb{R}.$$

Der Durchstoßpunkt S dieser Hilfsgeraden mit der Ebene (der Schnittpunkt von L und g) ist der Lotfußpunkt, also die senkrechte Projektion von F auf L:

g in L, um r für Schnittpunkt zu bestimmen:

$$2 \cdot (-1 + 2r) + 3 \cdot (2{,}4 + 3r) = -8 \qquad \Rightarrow r = -\frac{66}{65}$$

r in g, um Koordinaten des Schnittpunkts zu berechnen:

$$\overrightarrow{OS} = \begin{pmatrix}-1\\8\\2{,}4\end{pmatrix} - \frac{66}{65} \cdot \begin{pmatrix}2\\0\\3\end{pmatrix} = \begin{pmatrix}-197/65\\8\\-42/65\end{pmatrix}$$

Betrag des Vektors zwischen Punkt F und Lotfußpunkt S entspricht Abstand $d = \left|\overrightarrow{SF}\right|$:

$$d = \left|\overrightarrow{SF}\right| = \left|\overrightarrow{OF} - \overrightarrow{OS}\right| = \left|\begin{pmatrix} 132/65 \\ 0 \\ 198/65 \end{pmatrix}\right| \approx 3{,}7$$

1.5 Der Abstand von F zu L ist der kleinste Abstand, den ein beliebiger Punkt auf der Ebene L vom Punkt F haben kann. Gleichzeitig gibt es diesen Abstand nur ein einziges Mal, wir erhalten ihn wie angesprochen aus der senkrechten Projektion von F auf L. Es gibt also nur dann einen Punkt auf der Tribüne, der den gleichen Abstand von F hat wie L, falls der Lotfußpunkt von F auf L auf der Tribüne liegt. Dass genau das nicht der Fall ist, lässt sich schon an der negativen z-Koordinate von S erkennen ($\Rightarrow$ S liegt unterhalb des Spielfeldes), wir veranschaulichen diesen Sachverhalt in einer Zeichnung mit Blick in y-Richtung:

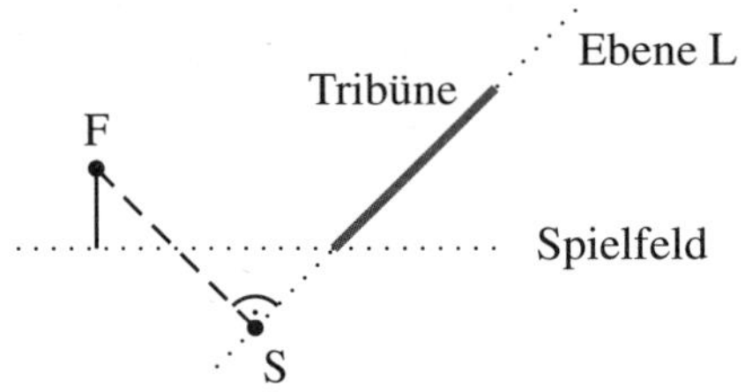

Alle Punkte auf der Tribüne haben also von F einen größeren Abstand als 3,7 m.

2 Da die Bewegung des Balls als geradlinig angenähert werden darf, kann seine Flugbahn durch die Gerade

$$b:\ \vec{x} = \begin{pmatrix} 2 \\ 7{,}5 \\ 3 \end{pmatrix} + s \cdot \begin{pmatrix} 0 \\ 4 \\ -3 \end{pmatrix}; \qquad s \in \mathbb{R}$$

beschrieben werden. Das Netz liegt in einer Ebene parallel zur x-z-Ebene im Abstand 8 m von dieser Ebene:

$$N:\ y = 8$$

Zunächst berechnen wir den Punkt P, an dem der Ball durch die Netzebene fliegt:

b in N:

$$7{,}5 + s \cdot 4 = 8 \Rightarrow s = \frac{1}{8}$$

s in b:

$$\overrightarrow{OP} = \begin{pmatrix} 2 \\ 7{,}5 \\ 3 \end{pmatrix} + \frac{1}{8} \cdot \begin{pmatrix} 0 \\ 4 \\ -3 \end{pmatrix} = \begin{pmatrix} 2 \\ 8 \\ 2{,}625 \end{pmatrix} \quad \Rightarrow \text{P}\,(2|8|2{,}625)$$

Der Ball durchfliegt die Netzebene also auf einer Höhe von 2,625 m über dem Spielfeld. Da das Netz lediglich eine Höhe von 2,4 m hat, berührt der Ball das Netz nicht.

3.1 Die Flugbahn des Balls wird durch die Punkte

$$X_t\left(3|12t-1|-5t^2+4t+2{,}8\right)$$

beschrieben. Für jeden Wert von t ergibt sich dabei ein neuer Punkt auf dieser Flugbahn. Die x-Koordinate aller Punkte X_t beträgt $x = 3$, sie ist also unabhängig von t und daher zu jedem Zeitpunkt gleich. Der Ball bewegt sich in einer Ebene parallel zur y-z-Ebene mit der Gleichung $x = 3$.

3.2 Der Ball trifft auf die Spielfeldebene auf, wenn $z = 0$ wird:

$$-5t^2+4t+2{,}8 = 0 \quad \Rightarrow t = \frac{2 \pm 3\sqrt{2}}{5}$$

Die quadratische Gleichung kann mit Hilfe der pq-Formel gelöst werden, Sie dürfen hier aber auch die Gleichungsfunktion Ihres Taschenrechners verwenden, um zu einer Lösung zu kommen. frv.tv/ca

Da die Variable t für die fortlaufende Zeit steht, ist im Sachkontext lediglich die positive Lösung $t = \frac{2+3\sqrt{2}}{5} \approx 1{,}25$ relevant. Für den Auftreffpunkt des Balls in der Spielfeldebene ergeben sich damit die Koordinaten A$(3|14|0)$.

Für alle Punkte auf dem Spielfeld liegt die x-Koordinate zwischen 0 und 8 ($0 \leq x \leq 8$), die y-Koordinate liegt zwischen 0 und 16 ($0 \leq y \leq 16$). Der Punkt A$(3|14|0)$ liegt damit im Spielfeld, der Ball trifft auf dem Boden des Spielfeldes auf, falls er von keinem weiteren Spieler berührt wird und der in 3.1 angegebenen Bahn folgt.

4 Durch die Hintereinanderausführung zweier Abbildungsmatrizen kann der geforderte Perspektivwechsel realisiert werden. Für die Drehung um 90° gegen den Uhrzeigersinn, also im mathematisch positiven Sinn, um die x_3-Achse ist frv.tv/rv

$$D = \begin{pmatrix} \cos(90^\circ) & -\sin(90^\circ) & 0 \\ \sin(90^\circ) & \cos(90^\circ) & 0 \\ 0 & 0 & 1 \end{pmatrix} = \begin{pmatrix} 0 & -1 & 0 \\ 1 & 0 & 0 \\ 0 & 0 & 1 \end{pmatrix}$$

die zugehörige Abbildungsmatrix.

Die allgemeine Form einer Drehmatrix kann einer geeigneten Formelsammlung entnommen werden. Die Verkleinerung um 30 % entspricht einer Verkleinerung auf 70 % und entsprechend einer Multiplikation der x_3-Koordinate jedes Punktes mit dem Wert 0,7:

$$V = \begin{pmatrix} 1 & 0 & 0 \\ 0 & 1 & 0 \\ 0 & 0 & 0{,}7 \end{pmatrix}.$$

Die Multiplikation der beiden Matrizen D und V ist kommutativ, Drehung und Skalierung sind voneinaner unabhängig. Es ergibt sich also das gleiche Ergebnis, wenn Sie erst drehen und dann verkleinern, das Sie auch erhalten, falls Sie erst verkleinern und anschließend drehen. Für die geforderte Abbildung ergibt sich daher

$$A = D \cdot V = V \cdot D = \begin{pmatrix} 0 & -1 & 0 \\ 1 & 0 & 0 \\ 0 & 0 & 0{,}7 \end{pmatrix}.$$

Abitur 2018 – Aufgabe B2 (WTR)

1.1 In einem Rechteck sind jeweils zwei Seiten gleich lang, außerdem hat das Rechteck vier rechte Winkel. Wir bestimmen zunächst die Vektoren, die die Punkte A, B, C und D verbinden:

$$\overrightarrow{AB} = \overrightarrow{OB} - \overrightarrow{OA} = \begin{pmatrix} 7 \\ 2 \\ -1 \end{pmatrix} - \begin{pmatrix} 6 \\ 0 \\ -1 \end{pmatrix} = \begin{pmatrix} 1 \\ 2 \\ 0 \end{pmatrix}$$

$$\overrightarrow{BC} = \overrightarrow{OB} - \overrightarrow{OC} = \begin{pmatrix} 1 \\ 5 \\ 0{,}25 \end{pmatrix} - \begin{pmatrix} 7 \\ 2 \\ -1 \end{pmatrix} = \begin{pmatrix} -6 \\ 3 \\ 1{,}25 \end{pmatrix}$$

$$\overrightarrow{CD} = \overrightarrow{OD} - \overrightarrow{OC} = \begin{pmatrix} 0 \\ 3 \\ 0{,}25 \end{pmatrix} - \begin{pmatrix} 1 \\ 5 \\ 0{,}25 \end{pmatrix} = \begin{pmatrix} -1 \\ -2 \\ 0 \end{pmatrix} = -\overrightarrow{AB}$$

$$\overrightarrow{DA} = \overrightarrow{OA} - \overrightarrow{OD} = \begin{pmatrix} 6 \\ 0 \\ -1 \end{pmatrix} - \begin{pmatrix} 0 \\ 3 \\ 0{,}25 \end{pmatrix} = \begin{pmatrix} 6 \\ -3 \\ -1{,}25 \end{pmatrix} = -\overrightarrow{BC}$$

Wegen $\overrightarrow{CD} = -\overrightarrow{AB}$ und $\overrightarrow{DA} = -\overrightarrow{BC}$ verlaufen die gegenüberliegenden Seiten $\overline{AB}$ und $\overline{CD}$ bzw. $\overline{AD}$ und $\overline{BC}$ jeweils parallel. Es reicht daher aus, einen einzelnen Winkel zu untersuchen. Da wegen $\vec{a} \cdot \vec{b} = |\vec{a}| \cdot \left|\vec{b}\right| \cdot \cos(\alpha)$ der Wert des Skalarprodukts zweier Vektoren $\vec{a}$ und $\vec{b}$ ein Maß für den Winkel α zwischen den beiden Vektoren ist, berechnen wir das Skalarprodukt von $\overrightarrow{AB}$ und $\overrightarrow{BC}$:

$$\overrightarrow{AB} \cdot \overrightarrow{BC} = 1 \cdot (-6) + 2 \cdot 3 + 0 \cdot 1{,}25 = -6 + 6 = 0$$

Wegen $\cos(90°) = 0$ liegt bei B ein rechter Winkel vor. Das Viereck ABCD ist also ein Rechteck.
Selbstverständlich kann auch einer der anderen Innenwinkel betrachtet werden.

1.2 Eine Ebene wird durch drei Punkte, die nicht auf einer Geraden liegen, bestimmt. Von den vier Eckpunkten der Rampe werden also drei Punkte (z. B. A, B und D) verwendet, um eine Parameterform der Rampenebene anzugeben:

$$\text{E}: \vec{x} = \overrightarrow{\text{OA}} + r \cdot \overrightarrow{\text{AB}} + s \cdot \overrightarrow{\text{AD}}; \qquad r,s \in \mathbb{R}$$

$$\text{E}: \vec{x} = \begin{pmatrix} 6 \\ 0 \\ -1 \end{pmatrix} + r \cdot \begin{pmatrix} 1 \\ 2 \\ 0 \end{pmatrix} + s \cdot \begin{pmatrix} -6 \\ 3 \\ 1{,}25 \end{pmatrix}; \qquad r,s \in \mathbb{R}$$

Für die Umrechnung in Koordinatenform berechnen wir zunächst einen Normalenvektor der Ebene E mit Hilfe des Vektorprodukts:

$$\vec{n} = \begin{pmatrix} 1 \\ 2 \\ 0 \end{pmatrix} \times \begin{pmatrix} -6 \\ 3 \\ 1{,}25 \end{pmatrix} = \begin{pmatrix} 2 \cdot 1{,}25 - 0 \cdot 3 \\ 0 \cdot (-6) - 1 \cdot 1{,}25 \\ 1 \cdot 3 - 2 \cdot (-6) \end{pmatrix} = \begin{pmatrix} 2{,}5 \\ -1{,}25 \\ 15 \end{pmatrix}$$

Für die Koordinatenform ergibt sich dann:

$$\text{E}: \vec{x} \cdot \begin{pmatrix} 2{,}5 \\ -1{,}25 \\ 15 \end{pmatrix} = \begin{pmatrix} 6 \\ 0 \\ -1 \end{pmatrix} \cdot \begin{pmatrix} 2{,}5 \\ -1{,}25 \\ 15 \end{pmatrix}$$

$$\text{E}: 2{,}5x - 1{,}25y + 15z = 0$$

frv.tv/rw

1.3 Der Winkel zwischen zwei Ebenen kann mit Hilfe des Skalarproduktes zwischen den Normalenvektoren dieser Ebenen berechnet werden. Einen Normalenvektor der Ebene, die die Rampe enthält, haben wir in Teilaufgabe 1.2 berechnet, ein Normalenvektor der x-y-Ebene ist der Vektor $\begin{pmatrix} 0 \\ 0 \\ 1 \end{pmatrix}$:

$$\cos(\alpha) = \frac{\left| \begin{pmatrix} 2{,}5 \\ -1{,}25 \\ 15 \end{pmatrix} \cdot \begin{pmatrix} 0 \\ 0 \\ 1 \end{pmatrix} \right|}{\left| \begin{pmatrix} 2{,}5 \\ -1{,}25 \\ 15 \end{pmatrix} \right| \cdot \left| \begin{pmatrix} 0 \\ 0 \\ 1 \end{pmatrix} \right|} = \frac{15}{\sqrt{(2{,}5)^2 + (-1{,}25)^2 + 15^2} \cdot 1}$$

$$\Rightarrow \alpha = \arccos\left(\frac{15}{\sqrt{(2{,}5)^2 + (-1{,}25)^2 + 15^2} \cdot 1} \right) \approx 10{,}56^\circ$$

Dabei wird im Zähler der Betrag des Skalarprodukts verwendet, da so immer der kleinere der beiden möglichen Schnittwinkel zwischen zwei Geraden/Ebenen angegeben wird.

Die Rampe ist also gegenüber der x-y-Ebene um etwa 11° geneigt.

2.1 Wir berechnen zunächst den Vektor, entlang dem sich das Licht in Richtung der Mastspitze ausbreitet:

$$\overrightarrow{LS} = \begin{pmatrix} 5 \\ -4{,}5 \\ 2{,}5 \end{pmatrix} - \begin{pmatrix} 6 \\ -7{,}5 \\ 3{,}5 \end{pmatrix} = \begin{pmatrix} -1 \\ 3 \\ -1 \end{pmatrix}$$

Das Licht breitet sich also von der Mastspitze entlang der Geraden

$$g:\ \vec{x} = \begin{pmatrix} 5 \\ -4{,}5 \\ 2{,}5 \end{pmatrix} + t \cdot \begin{pmatrix} -1 \\ 3 \\ -1 \end{pmatrix}; \qquad t \in \mathbb{R}$$

aus. Den Schattenpunkt der Mastspitze finden wir über den Schnittpunkt der Ebene E mit der Geraden g. Da wir anschließend entscheiden müssen, ob dieser Punkt innerhalb des Rechtecks ABCD liegt, bietet sich hier ein Gleichsetzen der Geradengleichung mit der Parameterform der Ebene an:

$$\begin{pmatrix} 6 \\ 0 \\ -1 \end{pmatrix} + r \cdot \begin{pmatrix} 1 \\ 2 \\ 0 \end{pmatrix} + s \cdot \begin{pmatrix} -6 \\ 3 \\ 1{,}25 \end{pmatrix} = \begin{pmatrix} 5 \\ -4{,}5 \\ 2{,}5 \end{pmatrix} + t \cdot \begin{pmatrix} -1 \\ 3 \\ -1 \end{pmatrix}$$

Es entsteht ein lineares Gleichungssystem mit drei Gleichungen und drei Unbekannten:

$$\left| \begin{array}{lllll} 1r & -6s & +t & = & -1 \\ 2r & +3s & -3t & = & -4{,}5 \\ & 1{,}25s & +t & = & 3{,}5 \end{array} \right|$$

Da der Operator hier „ermitteln“ heißt, dürfen die erweiterten Funktionen des Taschenrechners verwendet werden, die Lösung des Gleichungssystems kann also mit Hilfe des Taschenrechners bestimmt werden zu:

frv.tv/cd

$$r = \frac{21}{34}; \qquad s = \frac{12}{17}; \qquad t = \frac{89}{34}$$

Da die Werte für r und s beide zwischen 0 und 1 liegen, liegt der Schattenpunkt der Mastspitze innerhalb des Rechtecks ABCD und damit auf der Rampe.

Als Aufhängepunkt für die Gerade g können Sie auch die Lichtquelle in L verwenden.

2.2 Der Stützvektor der Geradenschar g_a entspricht dem Ortsvektor der Lichtquelle L. Der Richtungsvektor setzt sich aus zwei Vektoren zusammen: Der erste Vektor ist der Ortsvektor eines beliebigen Punktes auf dem Mast, während die x- und y-Koordinate jeweils konstant sind, variiert die z-Koordinate zwischen -1 und 2,5, also genau der Höhe des Mastes. Der zweite Vektor ist wieder der Ortsvektor der Lichtquelle, die Differenz entspricht also einem Vektor, der von der Lichtquelle L auf einen beliebigen Punkt auf dem Mast zeigt. Die Geradenschar beschreibt entsprechend alle Lichtstrahlen, die von der Lichtquelle L ausgehen und auf den Mast treffen. Die folgende schematische Zeichnung zeigt die beschriebene Geradenschar:

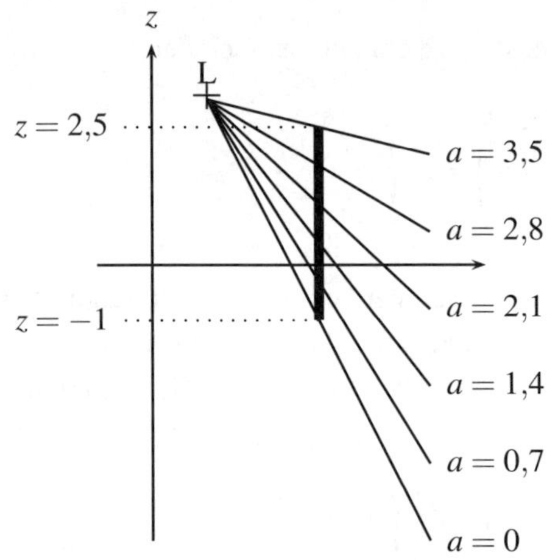

3.1 Gesucht ist eine Matrix P, die einen beliebigen Punkt $Q(a|b|c)$ entlang der Richtung $\vec{v}$ in die Ebene E projiziert. Der Bildpunkt Q^* entspricht dem Schnittpunkt der Geraden

$$h:\ \vec{x} = \begin{pmatrix} a \\ b \\ c \end{pmatrix} + u \cdot \begin{pmatrix} -1 \\ 2 \\ -0{,}5 \end{pmatrix}$$

mit der Ebene E: $2{,}5x - 1{,}25y + 15z = 0$. Zur Berechnung des Schnittpunkts setzen wir h komponentenweise in die Gleichung von E ein und bestimmen den Wert von u in Abhängigkeit von a, b und c:

$$0 = 2{,}5 \cdot (a - 1u) - 1{,}25 \cdot (b + 2u) + 15 \cdot (c - 0{,}5u)$$
$$0 = 2{,}5a - 2{,}5u - 1{,}25b - 2{,}5u + 15c - 7{,}5u$$

$$12{,}5u = 2{,}5a - 1{,}25b + 15c$$
$$u = 0{,}2a - 0{,}1b + 1{,}2c$$

$$\overrightarrow{OQ^*} = \begin{pmatrix} a \\ b \\ c \end{pmatrix} + (0{,}2a - 0{,}1b + 1{,}2c) \cdot \begin{pmatrix} -1 \\ 2 \\ -0{,}5 \end{pmatrix}$$
$$= \begin{pmatrix} a \\ b \\ c \end{pmatrix} + \begin{pmatrix} -0{,}2a + 0{,}1b - 1{,}2c \\ 0{,}4a - 0{,}2b + 2{,}4c \\ -0{,}1a + 0{,}05b - 0{,}6c \end{pmatrix} = \begin{pmatrix} 0{,}8a + 0{,}1b - 1{,}2c \\ 0{,}4a + 0{,}8b + 2{,}4c \\ -0{,}1a + 0{,}05b + 0{,}4c \end{pmatrix}$$

Um die Projektionsmatrix zu bestimmen, schreiben wir die Koordinaten des Ortsvektors von Q^* als Produkt einer Matrix mit dem Vektor $\overrightarrow{OQ}$, dem Ortsvektor des beliebigen Punktes Q:

$$\overrightarrow{OQ^*} = \begin{pmatrix} 0{,}8a + 0{,}1b - 1{,}2c \\ 0{,}4a + 0{,}8b + 2{,}4c \\ -0{,}1a + 0{,}05b + 0{,}4c \end{pmatrix} = \begin{pmatrix} 0{,}8 & +0{,}1 & -1{,}2 \\ 0{,}4 & 0{,}8 & 2{,}4 \\ -0{,}1 & 0{,}05 & 0{,}4 \end{pmatrix} \cdot \begin{pmatrix} a \\ b \\ c \end{pmatrix}$$

Für die Projektionsmatrix P ergibt sich

$$P = \begin{pmatrix} 0{,}8 & 0{,}1 & -1{,}2 \\ 0{,}4 & 0{,}8 & 2{,}4 \\ -0{,}1 & 0{,}05 & 0{,}4 \end{pmatrix}.$$

3.2 $P^2 = P \cdot P$ steht für die zweifache Anwendung von P. Die Bildpunkte Q^* der ersten Projektion werden erneut mit P abgebildet. Da sich die Punkte Q^* bereits in der Bildebene E befinden, hat eine zweite Abbildung keinen Einfluss mehr auf die Koordinaten von Q^*, sie werden auf sich selbst abgebildet. Die Bildpunkte der einfachen Anwendung von P stimmen also mit denen der zweifachen Anwendung von P überein. Alle Punkte in der Ebene E werden daher auch als Fixpunktmenge der Abbildung P bezeichnet, also die Menge aller Punkte, die durch die Abbildung P auf sich selbst abgebildet werden.

Abitur 2018 – Aufgabe C (WTR/GTR/CAS)

1.1 Zur Lösung der Aufgabe werden die beiden folgenden Ereignisse benötigt.

A : Spieler trifft das Feld „19“

B : Spieler trifft das Feld „20“

Sowohl für einen Laien (Spieler L) als auch für einen Könner (Spieler K) soll die Wahrscheinlichkeit $P(A \cup B)$ bestimmt werden. Da es sich bei A und B um unvereinbare Ereignisse handelt, gilt die Formel

$$P(A \cup B) = P(A) + P(B)$$

Betrachtung des Spielers L:

Da der Spieler jedes Feld mit der gleichen Wahrscheinlichkeit trifft, handelt es sich um einen LaPlace-Versuch. Ein beliebiges Feld aus 20 zu treffen, besitzt die Wahrscheinlichkeit $\frac{1}{20}$. Somit gilt:

$$P(A \cup B) = P(A) + P(B) = \frac{1}{20} + \frac{1}{20} = \frac{1}{10} = 10\,\%$$

Betrachtung des Spielers K:

Die Wahrscheinlichkeiten, mit denen der Spieler K die Felder „19“ bzw. „20“ trifft, müssen der Tabelle in der Aufgabenstellung entnommen werden.

$$P(A \cup B) = P(A) + P(B) = \frac{20}{160} + \frac{31}{160} = \frac{51}{160} \approx 31{,}9\,\%$$

Anmerkung: Aufgrund des Operators „Angeben“ genügt die unbegründete Angabe der beiden Ergebnisse.

1.2 Betrachtet man einen beliebigen Summanden, stellt man fest, dass es sich dabei jeweils um die Bernoulliformel handelt. Die Wahrscheinlichkeit für einen Erfolg in einem einzelnen Bernoulliversuch beträgt $\frac{31}{160}$, also die Wahrscheinlichkeit, dass ein Könner die „20“ trifft, wenn er auf die „20“ zielt.

k beschreibt in jedem Summanden die Anzahl der Treffer des Spielers. Dem letzten Faktor kann man entnehmen, dass der Spieler bei $22-k$ Versuchen keinen Treffer landet ($\frac{129}{160}$ ist die Gegenwahrscheinlichkeit von $\frac{31}{160}$). Insgesamt hat der Spieler also 22-mal auf die Scheibe geworfen.

Der Binomialkoeffizient $\binom{22}{k}$ bestimmt die Anzahl der Möglichkeiten, wie sich k Treffer über 22 Versuche bzw. Würfe des Spielers verteilen können.

Ein einzelner Summand bestimmt deshalb die Wahrscheinlichkeit dafür, bei 22 Würfen eines Könners genau k Treffer zu landen. Da in der Summe k über die Werte 0 bis 2 läuft, ist die Bedeutung des Terms im Sachzusammenhang:

> Mit welcher Wahrscheinlichkeit trifft ein Spieler K bei 22 Würfen höchstens 2-mal das Feld „20", wenn er auf dieses Feld zielt?

Zur Angabe des Ergebnisses kann der Term in den Taschenrechner eingegeben werden.

frv.tv/ck

$$\sum_{k=0}^{2} \binom{22}{k} \cdot \left(\frac{31}{160}\right)^k \cdot \left(\frac{129}{160}\right)^{22-k} \approx 17{,}2\,\%$$

2.1 Auch in dieser Aufgabe ist die zu Grunde liegende Zufallsgröße X binomialverteilt:

X : Anzahl der Treffer von Spieler L in das Feld „20"

Da es sich nun um den Spieler L handelt, muss beachtet werden, dass für diese Aufgabe die Trefferwahrscheinlichkeit $p = \frac{1}{20} = 0{,}05$ gilt. Betrachtet wird die Wahrscheinlichkeit, dass diese Zufallsgröße mindestens den Wert 1 annimmt. In einem solchen Fall ist es für die Berechnung zweckmäßig, die Gegenwahrscheinlichkeit zu betrachten. Da die betrachtete Wahrscheinlichkeit mindestens 99 % betragen soll, ergibt sich der Ansatz

$$P(X \geq 1) = 1 - P(X = 0) = 1 - (1 - 0{,}05)^n = 1 - 0{,}95^n \geq 0{,}99 = 99\,\%$$

Diese Gleichung wird nach n aufgelöst.

$$\begin{aligned}
1 - 0{,}95^n &\geq 0{,}99 \\
-0{,}95^n &\geq -0{,}01 \\
0{,}95^n &\leq 0{,}01 \\
\log(0{,}95^n) &\leq \log 0{,}01 \\
n \cdot \log 0{,}95 &\leq \log 0{,}01 \\
n &\geq \frac{\log 0{,}01}{\log 0{,}95} \approx 89{,}78
\end{aligned}$$

Die kleinste natürliche Zahl, die größergleich 89,78 ist, ist 90. Somit muss der Spieler L mindestens 90-mal werfen, um die geforderte Wahrscheinlichkeit für mindestens 1 Treffer zu erreichen.

2.2 Der Ansatz in Zeile (I) fordert, dass eine gewisse Wahrscheinlichkeit mindestens 99 % betragen soll. Die Wahrscheinlichkeit p_{M} ist die Wahrscheinlichkeit, dass der Spieler M das Feld „20" trifft; somit ist der Term $1 - p_{\mathrm{M}}$ die Wahrscheinlichkeit, dass er dieses Feld nicht trifft. Diese Wahrscheinlichkeit wird mit n potenziert, was im Sachzusammenhang bedeutet, dass der Spieler n-mal hintereinander nicht die „20" trifft.

Von diesem Zwischenergebnis wird erneut die Gegenwahrscheinlichkeit gebildet. Das Gegenereignis davon, in n Würfen nie die „20“ zu treffen, ist, die „20“ in n Würfen mindestens 1-mal zu treffen. Von dieser Wahrscheinlichkeit wird gefordert, größergleich 99 % zu sein.

In der Zeile (II) werden nun zwei verschiedene Werte für n vorgegeben. Somit verbleibt nur noch die Variable p_M in der Ungleichung. Man kann nun berechnen, mit welcher Wahrscheinlichkeit p_M der Spieler M treffen muss, damit bei vorgegebener Anzahl von Würfen, die Wahrscheinlichkeit mindestens 1-mal die „20“ zu treffen, den Wert 0,99 erreicht bzw. übersteigt.

Der Zeile (II) ist zu entnehmen, dass diese Wahrscheinlichkeit p_M bei 10 Würfen 37 % betragen muss, bei 5 Würfen sogar 61 %.

3.1 in Material 2 wird beschrieben, dass bei einer binomialverteilten Zufallsgröße in das Intervall $I = [\mu - 2\sigma; \mu + 2\sigma]$ (die gesuchte 2σ-Umgebung) ca. 95,5 % aller Ergebnisse fallen.

Zur Bearbeitung der Aufgabe werden somit die Werte für den Erwartungswert μ und die Standardabweichung σ benötigt.

$$\mu = n \cdot p = 100 \cdot 0{,}7 = 70$$
$$\sigma = \sqrt{n \cdot p \cdot (1-p)} = \sqrt{\mu \cdot (1-p)} = \sqrt{70 \cdot 0{,}3} \approx 4{,}58$$

Eingesetzt in die Formel für die 2σ-Umgebung ergibt sich

$$\begin{aligned} I &= [\mu - 2\sigma; \mu + 2\sigma] \\ &= [70 - 2 \cdot 4{,}58; 70 + 2 \cdot 4{,}58] \\ &= [60{,}84; 79{,}16]. \end{aligned}$$

Da die Zufallsgröße nur ganzzahlige Werte annehmen kann, lautet eine sinnvolle 2σ-Umgebung $I = [61; 79]$.

Da die LaPlace-Bedingung erfüllt ist ($\sigma > 3$), kann das Ergebnis in guter Näherung wie folgt gedeutet werden:

> Wirft der Spieler M 100 Pfeile, wird das Feld „20“ mit einer Wahrscheinlichkeit von ca. 95,5 % zwischen 61- und 79-mal (jeweils inklusive) getroffen, d. h. er hat eine 95,5 %-Chance, zwischen 61 und 79 Treffer zu landen.

3.2 Zuerst werden die relevanten Ereignisse festgelegt.

M : Pfeil stammt vom „Meister“

T : Das Feld „20“ wird getroffen

Mit diesen Benennungen ist die Wahrscheinlichkeit $P_T(M)$ gefragt. Dass eine bedingte Wahrscheinlichkeit gesucht wird, lässt sich durch den Teil „unter der Voraussetzung“ im Aufgabentext erkennen.

Da es für die Spielstärke der Spieler drei Ausprägungen gibt, genügt es für die Bearbeitung der Aufgabe nicht, das Ereignis $\overline{M}$ zu betrachten. Stattdessen müssen noch die Ereignisse

L : Pfeil stammt vom „Laien“

K : Pfeil stammt vom „Könner“

eingeführt werden. Es ergibt sich mit den in der Aufgabe gegebenen Informationen das folgende Baumdiagramm:

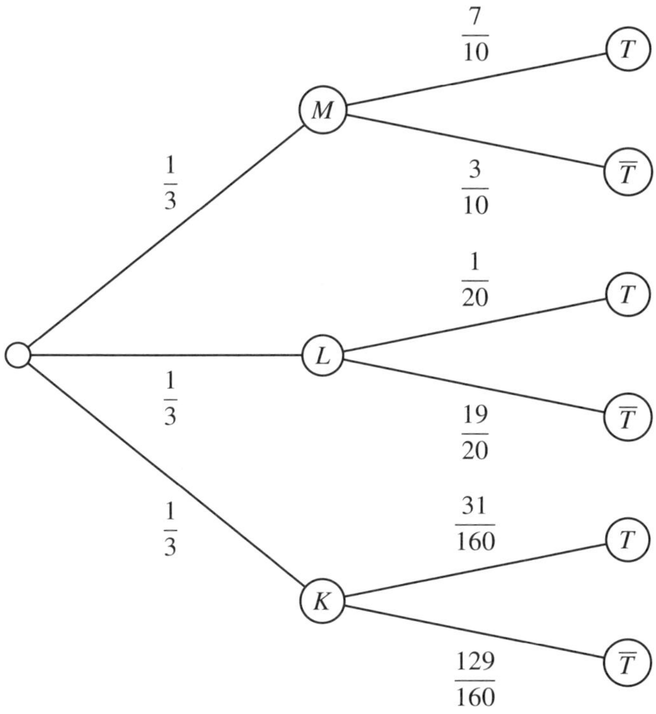

Mit Hilfe des Baumdiagramms (es wird in der Aufgabe nicht gefordert) lässt sich die gesuchte Wahrscheinlichkeit leichter bestimmen. Rechnerisch kann man in die Bearbeitung der Aufgabe mit dem Satz von Bayes einsteigen.

$$\begin{aligned}
P_T(M) &= \frac{P(M)\cdot P_M(T)}{P(T)}\\
&= \frac{P(M)\cdot P_M(T)}{P(M)\cdot P_M(T)+P(L)\cdot P_L(T)+P(K)\cdot P_K(T)}\\
&= \frac{\frac{1}{3}\cdot\frac{7}{10}}{\frac{1}{3}\cdot\frac{7}{10}+\frac{1}{3}\cdot\frac{1}{20}+\frac{1}{3}\cdot\frac{31}{160}}\\
&= \frac{\frac{1}{3}\cdot\frac{7}{10}}{\frac{1}{3}\cdot\left(\frac{7}{10}+\frac{1}{20}+\frac{31}{160}\right)}\\
&= \frac{\frac{7}{10}}{\frac{112}{160}+\frac{8}{160}+\frac{31}{160}} = \frac{\frac{7}{10}}{\frac{151}{160}}\\
&= \frac{112}{151} \approx 74{,}17\%
\end{aligned}$$

Von Zeile 1 zu Zeile 2 wird die totale Wahrscheinlichkeit $P(T)$ durch die Summe aller Pfade im obigem Baumdiagramm ersetzt, die das Ereignis T in der zweiten Stufe durchlaufen.

3.3.1 Im Zusammenhang der Aufgabe muss ein einseitiger Hypothesentest entwickelt werden, da der Spieler sich nur für eine Änderung im positiven Sinn (er wird besser) interessiert.

Die Nullhypothese H_0 wird so festgelegt, dass keine positive Änderung zur bisherigen Leistungsfähigkeit des Spielers eingetreten ist. Die Alternativhypothese H_1 stellt die Vermutung der Verbesserung dar.

$$H_0 : p_{\mathrm{M}} \leq 0{,}7 \qquad H_1 : p_{\mathrm{M}} > 0{,}7$$

Für die weitere Entwicklung des Hypothesentest legt man eine Zufallsgröße X fest.

X : Anzahl der Treffer in das Feld „20“.

Die Stichprobengröße n ist bereits im Text auf 200 festgelegt. Die kritische Zahl k ist die kleinste Zahl an Treffern, bei der man sich für die Alternativhypothese H_1 entscheidet.

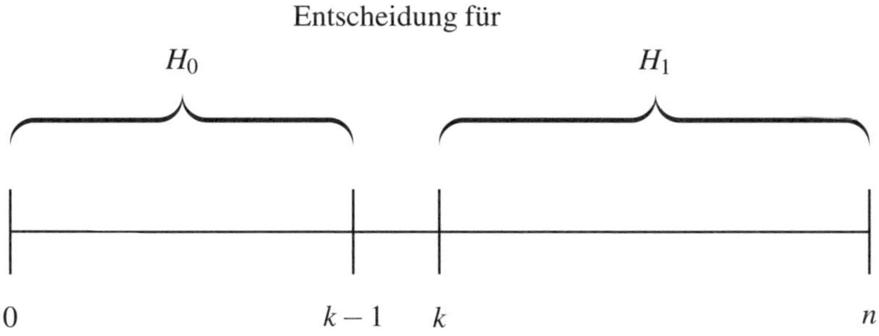

Diese kritische Zahl k muss mithilfe des Signifikanzniveaus bestimmt werden. Das Signifikanzniveau ist die Wahrscheinlichkeit α für den Fehler 1. Art, d. h. die Wahrscheinlichkeit dafür, dass man sich für die Alternativhypothese entscheidet, obwohl die Nullhypothese ($p \leq 0{,}7$) richtig ist. Diese Wahrscheinlichkeit soll kleinergleich 5 % sein.

$$\alpha = P(X \geq k) = 1 - P(X \leq k-1) = 1 - F(200;0{,}7;k-1) \leq 0{,}05$$

Umformen der Ungleichung führt zu

$$\begin{aligned} 1 - F(200;0{,}7;k-1) &\leq 0{,}05 \\ -F(200;0{,}7;k-1) &\leq -0{,}95 \\ F(200;0{,}7;k-1) &\geq 0{,}95 \end{aligned}$$

Der beigelegten Tabelle der kumulierten Binomialverteilung (Alternative: Taschenrechner) entnimmt man, dass diese Forderung für $k-1 = 151$, aber noch nicht für $k-1 = 150$, erfüllt ist. Der kritische Wert ist somit $k = 152$ und als Verwerfungsbereich der Nullhypothese ergibt sich das Intervall $\{152;\ldots;200\}$. frv.tv/cl

Formulierung der Entscheidungsregel im Sachzusammenhang:

> Wenn der Spieler mindestens 152-mal das Feld „20“ bei 200 Würfen trifft, kann er auf einem Signifikanzniveau von 5 % davon ausgehen, dass sich seine Treffsicherheit verbessert hat.

3.3.2 Gesucht ist in dieser Aufgabe die Wahrscheinlichkeit β für den Fehler 2. Art, d. h. die Wahrscheinlichkeit dafür, dass man sich fälschlicherweise für die Nullhypothese entscheidet, obwohl diese nicht zutrifft.

Zur Bestimmung des Ergebnisses benötigt man die folgenden beiden Informationen:

- Man entscheidet sich für die Nullhypothese, d. h. das Ergebnis des Testes ist im Annahmebereich der Nullhypothese gelandet. Mit dem Ergebnis aus Aufgabe 3.3.1 bedeutet dies, dass X kleiner als 152 sein muss.

- Tatsächlich gilt die Nullhypothese nicht, d. h. die reale Treffer-Wahrscheinlichkeit ist der im Aufgabentext gegebene Wert von 78 %.

Mit diesen Informationen ergibt sich (X und n wie in Aufgabe 3.3.1)

$$P(X < 152) = P(X \leq 151) = F(200;0{,}78;151) \overset{Tab}{\approx} 0{,}2193 = 21{,}93\%$$

Besitzt der Spieler also eine tatsächliche Trefferwahrscheinlichkeit von 78 %, begeht er mit einer Chance von 21,93 % den Fehler 2. Art; er glaubt also, dass er sich trotz des Trainings nicht verbessert, obwohl er seine Trefferwahrscheinlichkeit auf 78 % steigern konnte.

2 Beispielaufgaben Abitur 2019

Abitur 2019 Beispielaufgaben – Aufgabe B1 (WTR)

1.1 Aus dem vorliegenden Text lassen sich, abgesehen davon, dass sie ein einfaches exponentielles Wachstum beschreiben soll, zwei Informationen über die Funktion h entnehmen.

$$h(0) = 10 \qquad \text{und} \qquad h(1{,}7) = 2 \cdot h(0) = 20$$

Diese können schrittweise in die allgemeine Form $h(t) = a \cdot \mathrm{e}^{bt}$ eingesetzt und so die unbekannten Parameter a und b bestimmt werden.

$$h(0) = a \cdot \mathrm{e}^{b \cdot 0} = a \cdot \mathrm{e}^{0} = a \cdot 1 = a = 10$$

Der nun bekannte Wert für a kann in die allgemeine Form eingesetzt werden und als Zwischenergebnis ergibt sich: $h(t) = 10 \cdot \mathrm{e}^{bt}$

In einem zweiten Schritt verwendet man die Information über den Zeitpunkt $t = 1{,}7$.

$$\begin{aligned} h(1{,}7) &= 20 \\ 10 \cdot \mathrm{e}^{b \cdot 1{,}7} &= 20 \\ \mathrm{e}^{b \cdot 1{,}7} &= 2 \\ b \cdot 1{,}7 &= \ln 2 \\ b &= \frac{\ln 2}{1{,}7} \approx 0{,}41 \end{aligned}$$

Setzt man auch den Wert für b in die allgemeine Form ein, erhält man das vorgegebene Kontrollergebnis $h(t) \approx 10 \cdot \mathrm{e}^{0{,}41t}$

1.2 Da zu Beobachtungsbeginn die Hefe eine Masse von 10 mg hat, führt eine Verzehnfachung auf einen Wert von 100 mg. Gesucht ist deshalb der Zeitpunkt, an dem die Funktion h den Wert 100 zurückliefert. Es muss hierfür die Gleichung $h(t) = 100$ gelöst werden.

$$\begin{aligned} h(t) &= 100 \\ 10 \cdot \mathrm{e}^{0{,}41t} &= 100 \\ \mathrm{e}^{0{,}41t} &= 10 \\ 0{,}41t &= \ln 10 \\ t &= \frac{\ln 10}{0{,}41} \approx 5{,}62 \end{aligned}$$

Es dauert somit ca. 5,62 Stunden, bis sich die Masse der Hefe verzehnfacht hat.

1.3 Die durchschnittliche Masse $\overline{h}$ in den ersten 4 Stunden erhält man, indem man alle Massen der Hefe über die ersten vier Stunden summiert und durch die verstrichene Zeit dividiert. Da die Funktion h eine kontinuierliche Funktion ist, erfordert die Summierung über den betrachteten Zeitraum eine Integration.

$$\begin{aligned}
\overline{h} &= \frac{1}{4} \cdot \int_0^4 h(t)\,\mathrm{d}t \\
&= \frac{1}{4} \cdot \int_0^4 10 \cdot \mathrm{e}^{0,41t}\,\mathrm{d}t \\
&= \frac{1}{4} \cdot \left[\frac{10}{0,41} \cdot \mathrm{e}^{0,41t}\right]_0^4 \\
&= \frac{1}{4} \cdot \frac{10}{0,41} \cdot \mathrm{e}^{0,41 \cdot 4} - \left(\frac{1}{4} \cdot \frac{10}{0,41} \cdot \mathrm{e}^{0,41 \cdot 0}\right) \\
&= \frac{1}{4}\left(\frac{10}{0,41} \cdot \mathrm{e}^{0,41 \cdot 4} - \frac{10}{0,41}\right) \\
&= \frac{10}{4 \cdot 0,41}\left(\mathrm{e}^{0,41 \cdot 4} - 1\right) \\
&\approx 25,34
\end{aligned}$$

Die durchschnittliche Masse über die ersten vier Stunden beträgt 25,34 mg.

2.1 Der Faktor 10 im Funktionsterm von $h_k(t)$ besitzt als konstanter Wert im Verhältnis zum exponentiellen Term keine Bedeutung für den zu betrachtenden Grenzwert. Zur besseren Berechnung des Grenzwerts kann man den Exponentialterm mittels der Potenzgesetze umformen.

$$\lim_{t \to \infty}\left(\mathrm{e}^{0,4t-0,5kt^2}\right) = \lim_{t \to \infty}\left(\frac{\mathrm{e}^{0,4t}}{\mathrm{e}^{0,5kt^2}}\right)$$

Da k einen positiven Wert besitzt, wächst der Exponent im Nenner und somit der Nenner für $t \to \infty$. Aufgrund des quadratischen Terms $(0,5kt^2)$ im Exponenten des Nenners wächst der Nenner außerdem auf lange Sicht stärker als der Zähler, dessen Exponent $(0,4t)$ nur linear ist. Somit geht der Grenzwert des gesamten Bruchs für $t \to \infty$ gegen 0.

Insgesamt gilt:

$$\lim_{t \to \infty} h_k(t) = \lim_{t \to \infty}\left(10 \cdot \mathrm{e}^{0,4t-0,5kt^2}\right) = 10 \cdot \lim_{t \to \infty}\left(\mathrm{e}^{0,4t-0,5kt^2}\right) = 10 \cdot 0 = 0$$

2.2 Zur Bestimmung der Hochpunkte der Scharkurven wird die erste Ableitung benötigt.

Mit den Funktionen $f(x) = 10 \cdot \mathrm{e}^x$ und $g_k(t) = 0,4t - 0,5kt^2$ lässt sich h_k als verkettete Funktion $f(g_k(t))$ darstellen. Die Ableitungen der beiden verketteten Funktionen sind:

$$f'(x) = f(x) = 10 \cdot \mathrm{e}^x \qquad g_k{}'(t) = 0,4 - kt$$

Mittels der Kettenregel lässt sich nun aus der Funktion $h_k(t)$ deren erste Ableitung bestimmen.

$$\begin{aligned} h_k{}'(t) &= f'(g_k(t)) \cdot g_k{}'(t) \\ &= 10 \cdot \mathrm{e}^{0,4t-0,5kt^2} \cdot (0,4-kt) \end{aligned}$$

In der Aufgabe wird nur die hinreichende Bedingung zur Bestimmung der Hochpunkte der Scharkurven gefordert, weshalb es genügt, die Nullstellen von h'_k zu berechnen.

$$\begin{aligned} h_k{}'(t) &= 0 \\ 10 \cdot \mathrm{e}^{0,4t-0,5kt^2} \cdot (0,4-kt) &= 0 \\ \mathrm{e}^{0,4t-0,5kt^2} \cdot (0,4-kt) &= 0 \qquad \mathrm{e}^{0,4t-0,5kt^2} \neq 0 \\ 0,4-kt &= 0 \\ -kt &= -0,4 \\ t &= \frac{0,4}{k} \end{aligned}$$

Zur Bestimmung der y-Koordinate des Hochpunktes muss die berechnete t-Koordinate in h_k eingesetzt und die Funktion ausgewertet werden.

$$\begin{aligned} h_k\left(\frac{0,4}{k}\right) &= 10 \cdot \mathrm{e}^{0,4 \cdot \frac{0,4}{k} - 0,5k \cdot \left(\frac{0,4}{k}\right)^2} \\ &= 10 \cdot \mathrm{e}^{\frac{0,16}{k} - 0,5k \cdot \frac{0,4^2}{k^2}} \\ &= 10 \cdot \mathrm{e}^{\frac{0,16}{k} - \frac{0,08}{k}} \\ &= 10 \cdot \mathrm{e}^{\frac{0,08}{k}} \end{aligned}$$

Die Hochpunkte der Kurvenschar sind: $\mathrm{H}\left(\frac{0,4}{k} \,\middle|\, 10 \cdot \mathrm{e}^{\frac{0,08}{k}}\right)$

Der Term $\frac{0,4}{k}$ wird mit größerem k immer kleiner. Da k ein Maß für die Masse des Konservierungsmittels ist, bedeutet dies, dass der Maximalwert der Masse der Hefe früher erreicht wird, wenn mehr Konservierungsmittel verwendet wird.

Auch der Term $10 \cdot \mathrm{e}^{\frac{0,08}{k}}$ wird mit größerem k immer kleiner. Dies bedeutet im Sachzusammenhang, dass bei Zugabe von mehr Konservierungsmittel die von der Hefe maximal erreichte Masse geringer wird.

Kurz: Je mehr Konservierungsmittel, desto weniger maximale Masse der Hefe, die außerdem früher erreicht wird.

2.3 Um die Ortskurve der Hochpunkte zu ermitteln, muss man die y-Koordinate der Ortskurve in Abhängigkeit von t angeben. Hierfür wird die t-Koordinate der Ortskurve nach dem

Parameter k aufgelöst und das Ergebnis an der entsprechenden Stelle der y-Koordinate eingesetzt.

$$t = \frac{0{,}4}{k} \Longrightarrow k = \frac{0{,}4}{t}$$

Einsetzen dieses Terms für k in die y-Koordinate liefert

$$y = 10 \cdot \mathrm{e}^{\frac{0{,}08}{k}} = 10 \cdot \mathrm{e}^{\frac{0{,}08}{\frac{0{,}4}{t}}} = 10 \cdot \mathrm{e}^{0{,}08 \cdot \frac{t}{0{,}4}} = 10 \cdot \mathrm{e}^{0{,}2t}$$

Zeichnet man die Kurve zu dieser Gleichung in das Koordinatensystem ein, stellt man fest, dass sie den vorgegebenen Graphen in dessen Hochpunkt schneidet. Dies muss so sein, da die Kurve die Ortskurve aller Hochpunkte der Funktionenschar ist.

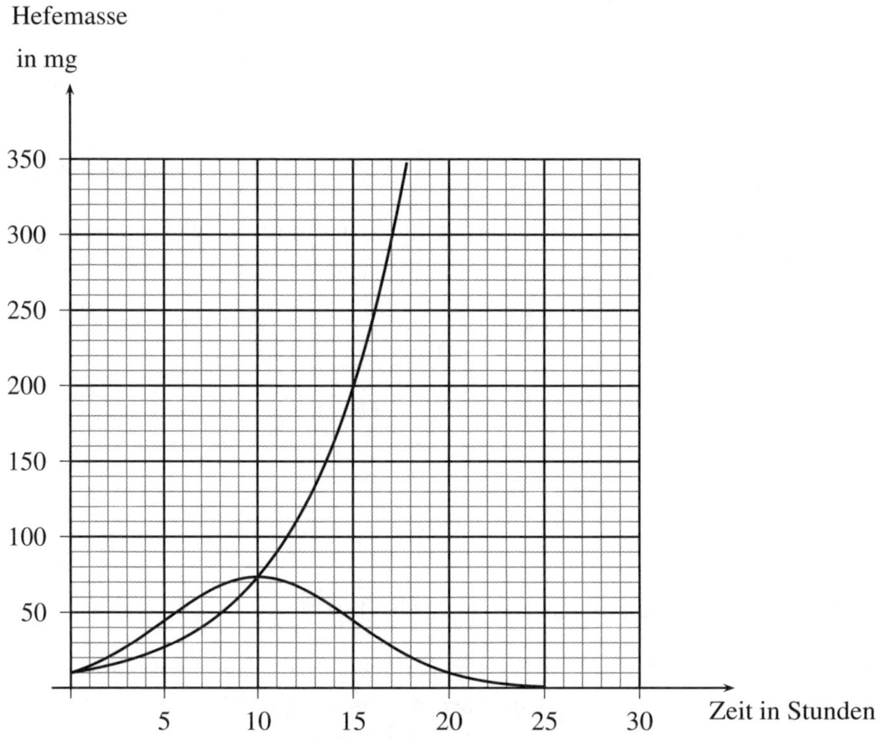

Den Parameter k für die Funktion zum gegebenen Graphen kann man bestimmen, weil man die t-Koordinate des Hochpunktes ($t = 10$) aus dem Graphen ablesen und mit der t-Koordinate der Ortskurve vergleichen bzw. gleichsetzen kann.

$$t = \frac{0{,}4}{k} = 10 \Longrightarrow k = \frac{0{,}4}{10} = 0{,}04$$

2.4 Um den Zeitpunkt zu bestimmen, zu dem die Hefe vollständig zerstört ist, muss eine Funktion erstellt werden, die die im Text beschriebene „lineare Abnahme“ beschreibt und deren Nullstelle berechnet werden. Aus dem Text erfährt man, dass diese Funktion ohne Sprung und ohne Knick an einem Punkt an die Funktion $h_{0,08}(t)$ anschließt. In einem ersten Schritt muss dieser Anschlusspunkt bestimmt werden.

Da die Hefemasse am gesuchten Punkt wieder 10 mg betragen soll, muss die Gleichung $h_{0,08}(t) = 10$ gelöst werden.

$$\begin{aligned} h_{0,08}(t) &= 10 \\ 10 \cdot \mathrm{e}^{0,4t-0,5\cdot 0,08t^2} &= 10 \\ \mathrm{e}^{0,4t-0,5\cdot 0,08t^2} &= 1 \\ \mathrm{e}^{0,4t-0,04t^2} &= 1 \\ 0,4t - 0,04t^2 &= 0 \\ t\cdot(0,4-0,04t) &= 0; \qquad t_1 = 0 \\ 0,4 - 0,04t &= 0 \\ -0,04t &= -0,4 \\ t_2 &= 10 \end{aligned}$$

Man weiß somit, dass die gesuchte lineare Funktion $s(t)$ am Punkt $(10|10)$ an $h_{0,08}(t)$ anschließt. Durch die Tatsache, dass ein Anschluss an diesem Punkt stattfindet, ist die Forderung „ohne Sprung“ umgesetzt.
Die Forderung „Ohne Knick“ bedeutet, dass s an diesem Punkt auch dieselbe Steigung wie $h_{0,08}$ besitzt, weshalb in einem nächsten Schritt der Wert dieser Steigung, also $h'_{0,08}(10)$ berechnet werden muss.

$h'_{0,08}(t)$ erhält man, indem man in der Ableitung der Funktionenschar aus Teilaufgabe 2.2 den Wert k durch 0,08 ersetzt.

$$\begin{aligned} {h_{0,08}}'(t) &= 10 \cdot \mathrm{e}^{0,4t-0,5\cdot 0,08t^2} \cdot (0,4-0,08t) \\ &= 10 \cdot \mathrm{e}^{0,4t-0,04t^2} \cdot (0,4-0,08t) \end{aligned}$$

Eine Auswertung an der Stelle $t = 10$ liefert die benötigte Steigung:

$$\begin{aligned} {h_{0,08}}'(10) &= 10 \cdot \mathrm{e}^{0,4\cdot 10-0,04\cdot 10^2} \cdot (0,4-0,08\cdot 10) \\ &= 10 \cdot \mathrm{e}^{4-0,04\cdot 100} \cdot (0,4-0,8) \\ &= 10 \cdot \mathrm{e}^{4-4} \cdot (-0,4) \\ &= 10 \cdot (-0,4) = -4 \end{aligned}$$

Von der gesuchten linearen Funktion $s(t) = mt + b$ kennt man nun bereits die Steigung, nämlich $m = -4$. Als Zwischenergebnis ergibt sich: $s(t) = -4t + b$.

Nun verwendet man die zweite Information; die Tatsache, dass auch s den Punkt $(10|10)$ besitzt.

$$\begin{aligned} s(10) &= 10 \\ -4 \cdot 10 + b &= 10 \\ -40 + b &= 10 \\ b &= 50 \end{aligned}$$

Im letzten Schritt muss noch die Nullstelle der fertig bestimmten Funktion

$$s(t) = -4t + 50$$

berechnet werden.

$$s(t) = 0 \implies -4t + 50 = 0 \implies -4t = -50 \implies t = 12{,}5$$

Unter den gegebenen Modellierungsannahmen ist die Hefe nach 12,5 Stunden vollständig zerstört.

3.1 Zur Bestimmung der beiden Parameter G und r müssen die allgemeine Gleichung einer logistischen Wachstumsfunktion aus dem Material und die konkrete Funktion f verglichen werden. Durch den Vergleich der beiden Zähler lässt sich direkt der Wert G ablesen:

$$G = 300$$

Setzt man diesen in die allgemeine Form aus Material 2 ein ergibt sich die Funktionsgleichung

$$g(t) = \frac{300}{1 + \left(\frac{300}{g(0)} - 1\right) \cdot \mathrm{e}^{-r \cdot 300t}}$$

Der Vergleich der beiden Exponentialterme in den Nennern der Funktionen f und g führt auf die Gleichung:

$$\begin{aligned} \mathrm{e}^{-r \cdot 300t} &= \mathrm{e}^{-0{,}43t} \\ -r \cdot 300t &= -0{,}43t \\ 300r &= 0{,}43 \\ r &= \frac{0{,}43}{300} = \frac{43}{30000} \end{aligned}$$

Anmerkung: Der Operator „Angeben" erfordert nur, dass die Werte für G und r niedergeschrieben werden. Die dargestellte Herleitung ist zur Erreichung der Bewertungseinheiten nicht notwendig.

3.2 Um zu entscheiden, ob sich die Masse der Hefe 1,7 Stunden nach Beobachtungsbeginn verdoppelt hat, muss die Funktion f an der Stelle $t = 1{,}7$ ausgewertet werden.

$$\begin{aligned} f(1{,}7) &= \frac{300}{1+29\cdot \mathrm{e}^{-0{,}43\cdot 1{,}7}} \\ &= \frac{300}{1+29\cdot \mathrm{e}^{-0{,}731}} \\ &\approx \frac{300}{1+29\cdot 0{,}481} \\ &\approx \frac{300}{1+13{,}96} \\ &= \frac{300}{14{,}96} \\ &\approx 20{,}05 \end{aligned}$$

Die Masse der Hefe nach 1,7 Stunden entspricht ca. 20 mg, also einem doppelt so großen Wert wie zu Beginn des Beobachtungszeitraums.

Der Grenzwert $G = 300$ ist in der Aufgabe gegeben. Gesucht ist nun der Zeitpunkt, an dem die Hälfte dieses Wertes, also 150, erreicht wird. Es muss die Gleichung $f(t) = 150$ gelöst werden.

$$\begin{aligned} f(t) &= 150 \\ \frac{300}{1+29\cdot \mathrm{e}^{-0{,}43t}} &= 150 \\ \frac{1}{1+29\cdot \mathrm{e}^{-0{,}43t}} &= \frac{150}{300} \\ 1+29\cdot \mathrm{e}^{-0{,}43t} &= 2 \\ 29\cdot \mathrm{e}^{-0{,}43t} &= 1 \\ \mathrm{e}^{-0{,}43t} &= \frac{1}{29} \\ -0{,}43t &= \ln\left(\frac{1}{29}\right) \\ t &= \frac{\ln\left(\frac{1}{29}\right)}{-0{,}43} \approx 7{,}83 \end{aligned}$$

Nach ca. 7 Stunden und 50 Minuten erreicht die Masse der Hefe die Hälfte des Grenzwertes.

3.3 Zum Ableiten der allgemeinen Funktion $g'(t)$ aus Material 2 benötigt man die Produktregel.

$$
\begin{aligned}
g'(t) &= \underbrace{r\cdot(G-g(t))}_{u}\cdot\underbrace{g(t)}_{v}\\
g''(t) &= u'v+uv'\\
&= \underbrace{r\cdot(-g'(t))}_{u'}\cdot\underbrace{g(t)}_{v}+\underbrace{r\cdot(G-g(t))}_{u}\cdot\underbrace{g'(t)}_{v'}\\
&= r\cdot g'(t)\cdot(-g(t)+G-g(t))\\
&= r\cdot g'(t)\cdot(G-2\cdot g(t))
\end{aligned}
$$

Um die Behauptung zu zeigen, muss zuerst erkannt werden, dass es sich bei dem Zeitpunkt t^*, an dem die Wachstumsgeschwindigkeit am größten ist, um die Wendestelle der betrachteten Funktion handelt. Nun können mögliche Wendestellen (notwendiges Kriterium für eine Wendestelle) bestimmt werden, indem man die Nullstellen der zweiten Ableitung berechnet.

$$
\begin{aligned}
g''(t^*) &= 0\\
r\cdot g'(t^*)\cdot(G-2\cdot g(t^*)) &= 0; \qquad r>0,\ g'(t^*)>0\\
G-2\cdot g(t^*) &= 0\\
-2\cdot g(t^*) &= -G\\
g(t^*) &= \frac{1}{2}G
\end{aligned}
$$

Die beiden Bedingungen, die beim Übergang von Zeile 2 zu Zeile 3 verwendet wurden, sind in Material 2 und der Aufgabenstellung zu diesem Aufgabenteil vorgegeben.

Um sicherzustellen, dass der Zeitpunkt t^* wirklich eine Wendestelle ist, muss noch ein hinreichendes Kriterium für Wendestellen verwendet werden. Da in der Aufgabenstellung eine Gleichung für g''' an der Wendestelle vorgegeben ist, bietet sich das Kriterium

$$g''(t^*)=0 \quad \text{und} \quad g'''(t^*)\neq 0$$

an. Die erste Bedingung ist bereits gezeigt. Verbleibt die zweite.

Wiederum verwendet man die beiden Bedingungen, die schon in obiger Gleichungskette nützlich waren. Da sowohl r als auch $g'(t^*)$ größer 0 sind, gilt dies auch für den Term $r\cdot(g'(t^*))^2$.

Nun nutzt man noch die gegebene Gleichung für $g'''(t^*) = -2r \cdot (g'(t^*))^2$ aus der Aufgabenstellung. Mit der Vorarbeit aus dem vorherigen Abschnitt $\left(r \cdot (g'(t^*))^2 > 0\right)$ sieht man, dass

$$g'''(t^*) = -2r \cdot \left(g'(t^*)\right)^2 < 0$$

gelten muss, womit auch die hinreichende Bedingung für eine Wendestelle erfüllt ist.

Die Aussage

> „Zu dem Zeitpunkt t^*, an dem die Wachstumsgeschwindigkeit am größten ist, hat der Bestand die Hälfte des Grenzwertes angenommen."

ist somit abschließend bewiesen.

Abitur 2019 Beispielaufgaben – Aufgabe C1 (WTR/CAS)

1.1 Der Stützvektor der Geraden g_1 entspricht dem Ortsvektor des Punktes A. Außerdem hat sich das Flugzeug F_1 innerhalb der ersten drei Sekunden geradlinigen Fliegens von $A(6|-8|1)$ nach $B(15|-11|7)$ bewegt. Der Vektor, der diese beiden Punkte miteinander verbindet, ist

$$\overrightarrow{AB} = \overrightarrow{OB} - \overrightarrow{OA} = \begin{pmatrix} 15 \\ -11 \\ 7 \end{pmatrix} - \begin{pmatrix} 6 \\ -8 \\ 1 \end{pmatrix} = \begin{pmatrix} 9 \\ -3 \\ 6 \end{pmatrix}.$$

Wegen $\begin{pmatrix} 9 \\ -3 \\ 6 \end{pmatrix} = 3 \cdot \begin{pmatrix} 3 \\ -1 \\ 2 \end{pmatrix}$ ist dieser Vektor gerade das Dreifache des Richtungsvektors der Geraden g_1. Bewegt sich das Flugzeug in einer Sekunde entlang dem Vektor $\begin{pmatrix} 3 \\ -1 \\ 2 \end{pmatrix}$, dann hat es sich innerhalb von drei Sekunden von Punkt A nach Punkt B bewegt. Die Gerade g_1 beschreibt also die Flugbahn von F_1 innerhalb der ersten drei Sekunden, wenn t für die Zeit in Sekunden steht.
Analog ergibt sich für den Vektor $\overrightarrow{PQ}$ zwischen den beiden Orten des Flugzeugs F_2 mit

$$\overrightarrow{PQ} = \overrightarrow{OQ} - \overrightarrow{OP} = \begin{pmatrix} 4 \\ 11 \\ 6 \end{pmatrix} - \begin{pmatrix} -8 \\ 20 \\ 3 \end{pmatrix} = \begin{pmatrix} 12 \\ -9 \\ 3 \end{pmatrix} = 3 \cdot \begin{pmatrix} 4 \\ -3 \\ 1 \end{pmatrix}$$

das Dreifache des Richtungsvektors von g_2. Da der Stützvektor von g_2 dem Punkt P entspricht, beschreibt g_2 also die Flugbahn von F_2 während der ersten 3 Sekunden.
Beide Flugzeuge befinden sich im Steigflug, weil die z-Komponenten beider Richtungsvektoren positiv sind. Da sich die Höhe 0 in der x-y-Ebene befindet, entspricht eine Zunahme der z-Koordinate der Flugzeugposition einem Gewinn an Höhe.

1.2 Für den Betrag des Richtungsvektors von g_1 gilt

$$\left| \begin{pmatrix} 3 \\ -1 \\ 2 \end{pmatrix} \right| = \sqrt{3^2 + (-1)^2 + 2^2} = \sqrt{14} \approx 3{,}74.$$

Da der Richtungsvektor die Positionsänderung des Flugzeugs innerhalb einer Sekunde beschreibt, bewegt sich das Flugzeug zum untersuchten Zeitpunkt mit einer Geschwindigkeit von 374 ft/s (1 LE = 100 ft).

1.3 Da sich der Flughafen in der x-y-Ebene befindet, hat er die z-Koordinate $z = 0$, wir berechnen den Schnittpunkt S von g_2 mit der Koordinatenebene, indem wir die Komponenten von g_2 in die Gleichung der x-y-Ebene einsetzen:

$$z = 3 + t = 0 \quad \Rightarrow t = -3$$

$$\overrightarrow{OS} = \begin{pmatrix} -8 \\ 20 \\ 3 \end{pmatrix} - 3 \cdot \begin{pmatrix} 4 \\ -3 \\ 1 \end{pmatrix} = \begin{pmatrix} -20 \\ 29 \\ 0 \end{pmatrix}$$

Der Startpunkt des Fugzeugs befindet sich in $S(-20|29|0)$.

Um den Steigungswinkel von F_2 zu berechnen, berechnen wir zunächst den Winkel zwischen dem Richtungsvektor von g_2 und der z-Achse, also der Richtung des Normalenvektors der x-y-Ebene:

$$\cos(\alpha) = \frac{\begin{pmatrix} 4 \\ -3 \\ 1 \end{pmatrix} \cdot \begin{pmatrix} 0 \\ 0 \\ 1 \end{pmatrix}}{\left|\begin{pmatrix} 4 \\ -3 \\ 1 \end{pmatrix}\right| \cdot \left|\begin{pmatrix} 0 \\ 0 \\ 1 \end{pmatrix}\right|} = \frac{1}{\sqrt{26}} \quad \Rightarrow \alpha = \arccos\left(\frac{1}{\sqrt{26}}\right) \approx 78{,}7^\circ$$

α ist der Winkel, den g_2 mit der Vertikalen einschließt. Gesucht ist aber der Winkel β mit $\beta = 90^\circ - \alpha \approx 11{,}3^\circ$ zwischen g_2 und der Horizontalen. Die folgende schematische Zeichnung zeigt diesen Zusammenhang:

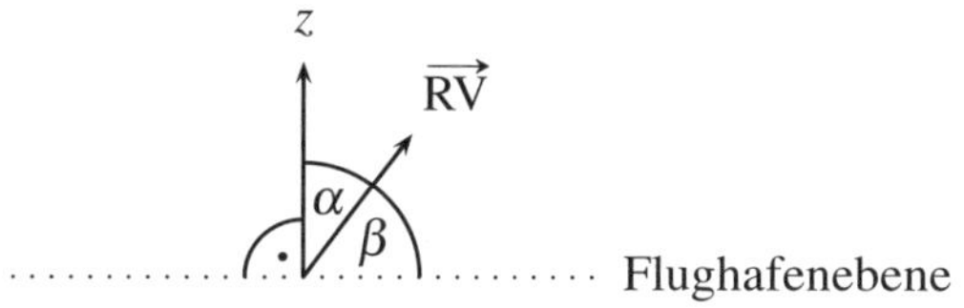

Beachten Sie, dass die Formel für die Berechnung des Winkels zwischen beiden Vektoren hier keine Betragsstriche im Zähler enthält, wie Sie es vielleicht für die Formel zur Berechnung von Schnittwinkeln kennen. Das kommt daher, dass Sie in dieser Aufgabe den tatsächlichen Winkel zwischen den beteiligten Vektoren berechnen wollen, während als Schnittwinkel immer der kleinere der beiden möglichen Winkel zwischen zwei Geraden definiert ist.

1.4 Damit es zu einer Kollision der beiden Flugzeuge kommen kann, muss es einen Schnittpunkt zwischen den beiden Geraden g_1 und g_2 geben. Wir setzen daher die beiden Geradengleichungen gleich, um die gegenseitige Lage der Geraden zu untersuchen:

$$\begin{pmatrix} 6 \\ -8 \\ 1 \end{pmatrix} + t_1 \cdot \begin{pmatrix} 3 \\ -1 \\ 2 \end{pmatrix} = \begin{pmatrix} -8 \\ 20 \\ 3 \end{pmatrix} + t_2 \cdot \begin{pmatrix} 4 \\ -3 \\ 1 \end{pmatrix}$$

Es entsteht ein lineares Gleichungssystem mit drei Gleichungen und zwei Unbekannten:

I	$-14 = 3t_1 - 4t_2$	
II	$28 = -t_1 + 3t_2$	
III	$2 = 2t_1 - t_2$	
$\mathrm{I} + 3\mathrm{II}$	$70 = 5t_2$	$\Rightarrow t_2 = 14$
t_2 in II	$28 = -t_1 + 42$	$\Rightarrow t_1 = 14$
t_1 und t_2 in III	$2 = 28 - 14$ ↯	

Die aus den Gleichungen I und II ermittelte Lösung für t_1 und t_2 führt in Gleichung III auf einen Widerspruch, das Gleichungssystem als Ganzes hat entsprechend keine Lösung. Für die beiden untersuchten Geraden bedeutet das, dass sie windschief zueinander verlaufen (die Richtungsvektoren sind nicht kollinear, also verlaufen sie nicht parallel). Die Flugzeuge können deshalb, unabhängig von ihrer Fluggeschwindigkeit, nicht kollidieren.

1.5 Zunächst eine mathematische Betrachtung der einzelnen Schritte:

frv.tv/rz

(1) Hier wird das Vektorprodukt der beiden Richtungsvektoren von g_1 und g_2 gebildet. Das Ergebnis ist ein Vektor, der senkrecht auf beiden Richtungsvektoren steht.

(2) Die Ebene H hat als Normalenvektor den Vektor aus Gleichung (1), ein Punkt auf der Ebene ist der Punkt A auf der Geraden g_1.
Zusätzlich ist eine Gerade angegeben, die den Punkt P auf Gerade g_2 als Stützvektor und den Vektor aus Gleichung (1) als Richtungsvektor hat.

(3) Durch Einsetzen von g in H wird der Schnittpunkt der beiden Objekte berechnet. Der Wert von r aus dieser Gleichung wird in g eingesetzt, um den Ortsvektor des Schnittpunkts F zu berechnen.

(4) Der Betrag des Vektors $\overrightarrow{FP}$ wird berechnet.

Ebene H enthält die Gerade g_1 und verläuft parallel zu g_2. Die Gerade g steht senkrecht auf H und geht durch den Punkt P auf g_2. Der Schnittpunkt F aus Gleichung (3) entspricht also dem Lotfußpunkt von P auf H. Mit dem Betrag des Vektors $\overrightarrow{FP}$ in Gleichung (4) wird der Abstand der Geraden g_2 von der Ebene H und damit der geringste Abstand der Geraden g_1 und g_2 berechnet. Er beträgt 693 ft.

In der folgenden Skizze ist diese Situation abgebildet: Die Hilfsebene H enthält die Gerade g_1 und verläuft parallel zur Geraden g_2. Eine Hilfsgerade g geht durch den Punkt P auf g_2 und steht senkrecht auf H. Der Schnittpunkt dieser Geraden mit der Ebene H ist der Lotfußpunkt F des Lots von P auf H.
Da g_2 parallel zu H verläuft, steht g auch senkrecht auf g_2.

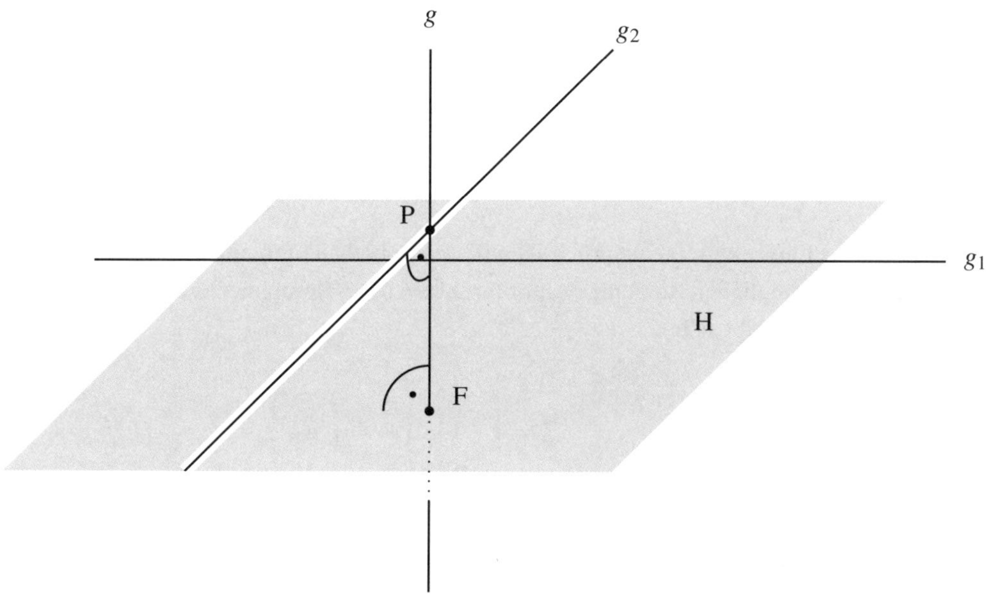

1.6 Die aktuelle Position der beiden Flugzeuge wird durch Punkte auf den Geraden g_1 und g_2 beschrieben. Der Abstand der Flugzeuge entspricht daher dem Abstand zweier Punkte P_1 und P_2 auf den Geraden. Da beide Flugzeuge zeitgleich starten, kann für beide Geraden der gleiche Geradenparameter t verwendet werden:

$$\text{Punkt auf } g_1: \mathrm{P}_1 = \begin{pmatrix} 6+3t \\ -8-t \\ 1+2t \end{pmatrix}; \qquad \text{Punkt auf } g_2: \mathrm{P}_2 = \begin{pmatrix} -8+4t \\ 20-3t \\ 3+t \end{pmatrix}$$

$$\begin{aligned} d = \left|\overrightarrow{\mathrm{P}_1\mathrm{P}_2}\right| &= \left|\begin{pmatrix} (-8+4t)-(6+3t) \\ (20-3t)-(-8-t) \\ (3+t)-(1+2t) \end{pmatrix}\right| = \left|\begin{pmatrix} -14+t \\ 28-2t \\ 2-t \end{pmatrix}\right| \\ &= \sqrt{(-14+t)^2+(28-2t)^2+(2-t)^2} \\ &= \sqrt{196-28t+t^2+784-112t+4t^2+4-4t+t^2} \\ &= \sqrt{984-144t+6t^2} \end{aligned}$$

Durch die angegebenen Umformungen ergibt sich der in der Aufgabe zu zeigende Ausdruck für den Abstand der beiden Flugzeuge.

1.7 Flugzeug F_1 hat seine Reiseflughöhe erreicht, wenn für die z-Koordinate $z = 301$ gilt (1 LE = 100 ft):

$$z = 301 = 1 + 2t \quad \Rightarrow t = \frac{300}{2} = 150$$

Damit ergibt sich für den Punkt R, an dem das Flugzeug seinen Steigflug beendet:

$$\overrightarrow{OR} = \begin{pmatrix} 6 \\ -8 \\ 1 \end{pmatrix} + 150 \cdot \begin{pmatrix} 3 \\ -1 \\ 2 \end{pmatrix} = \begin{pmatrix} 456 \\ -158 \\ 301 \end{pmatrix}.$$

Da das Flugzeug seine ursprüngliche Richtung beibehält, bleiben die x- und y-Koordinate des ursprünglichen Richtungsvektors erhalten, die z-Komponente wird $z = 0$. Für die neue Flugbahn ergibt sich

$$\vec{x} = \begin{pmatrix} 456 \\ -158 \\ 301 \end{pmatrix} + s \cdot \begin{pmatrix} 3 \\ -1 \\ 0 \end{pmatrix}$$

Der Betrag des neuen Richtungsvektors weicht von dem ursprünglichen Betrag ab und symbolisiert entsprechend eine andere zurückgelegte Distanz. Da das Flugzeug seine Geschwindigkeit nicht ändert, kann der Geradenparameter s hier nicht mehr als die Zeit in Sekunden interpretiert werden.

2 Eine senkrechte Projektion in die y-z-Ebene entspricht einer senkrechten Projektion entlang der x-Achse. Die Einheitsvektoren in y- und z-Richtung werden entsprechend auf sich selbst abgebildet, während der Einheitsvektor in x-Richtung auf den Nullvektor abgebildet wird. Da in den Spalten der Matrix die Bilder der Einheitsvektoren stehen, lautet die gesuchte Projektionsmatrix

frv.tv/rv

$$P = \begin{pmatrix} 0 & 0 & 0 \\ 0 & 1 & 0 \\ 0 & 0 & 1 \end{pmatrix}.$$

Die projizierte Flugbahn des Flugzeugs F_1 lautet entsprechend

$$g^* : \vec{x} = P \cdot \vec{x}_{g_1} = \begin{pmatrix} 0 & 0 & 0 \\ 0 & 1 & 0 \\ 0 & 0 & 1 \end{pmatrix} \cdot \begin{pmatrix} 6+3t \\ -8-t \\ 1+2t \end{pmatrix} = \begin{pmatrix} 0 \\ -8-t \\ 1+2t \end{pmatrix} = \begin{pmatrix} 0 \\ -8 \\ 1 \end{pmatrix} + t \cdot \begin{pmatrix} 0 \\ -1 \\ 2 \end{pmatrix}$$

Auf dem Kontrollbildschirm sähen die ersten Sekunden des Flugs von Flugzeug F_1 wie folgt aus:

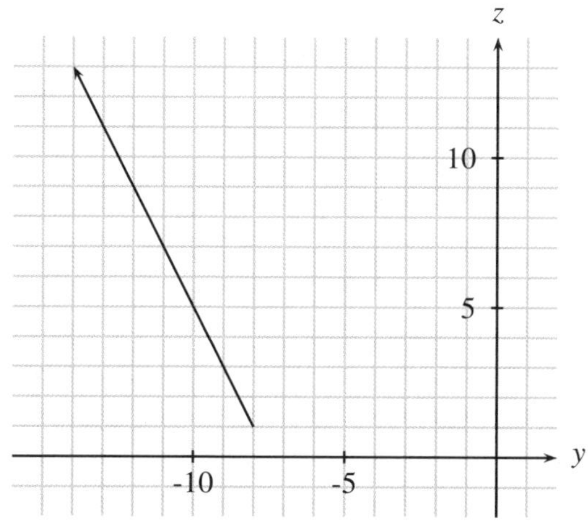

Der Startpunkt des Flugzeugs liegt bei $(-8|1)$, bewegt sich das Flugzeug eine Einheit nach links (in y-Richtung), bewegt es sich gleichzeitig zwei Einheiten nach oben (in z-Richtung).

3.1 Der Wert 30 % findet sich in der Zeile „K1" und der Spalte „B". Dies bedeutet, dass 30 % der verkauften Plätze des Reiseveranstalters B in Kategorie K1 fallen.
Für die Anzahl der verkauften Plätze in beiden Kategorien für die drei Reiseveranstalter ergibt sich das lineare Gleichungssystem

$$\begin{vmatrix} 0{,}4a & +0{,}3b & +0{,}2c & = & 80 \\ 0{,}6a & +0{,}7b & +0{,}8c & = & 200 \end{vmatrix}.$$

Dabei stehen a, b und c für die Anzahl der verkauften Plätze durch Reiseveranstalter A, B und C, in Kategorie K1 wurden insgesamt 80, in Kategorie K2 200 Plätze verkauft.
Es handelt sich hier um ein unterbestimmtes Gleichungssystem, die Anzahl der Unbekannten ist größer als die Anzahl der Lösungen. Es wird entsprechend keine eindeutige Lösung geben:

$$\begin{array}{ll} \text{I} & 80 = 0{,}4a + 0{,}3b + 0{,}2c \\ \text{II} & 200 = 0{,}6a + 0{,}7b + 0{,}8c \\ \hline 6 \cdot \text{I} - 4 \cdot \text{II} & -320 = \quad -b \quad -2c \quad \Rightarrow b = 320 - 2c \end{array}$$

Wir wählen einen Parameter $s \in \mathbb{R}$ und setzen $c = s$. Aus Gleichung I kann zusätzlich noch a berechnet werden:

$$\begin{aligned} && c &= s \\ && b &= 320 - 2s \\ 80 = 0{,}4a + 0{,}3 \cdot (320 - 2s) + 0{,}2s && \Rightarrow a &= -40 + s \end{aligned}$$

Damit ergibt sich die zur Kontrolle angegebene Lösungsmenge

$$\mathbb{L} = \{(-40 + s|320 - 2s|s) \mid s \in \mathbb{R}\}\,.$$

3.2 Da a, b und c für die Anzahl der verkauften Plätze der Anbieter A, B und C stehen, müssen die Werte von a, b und c ganzzahlig sein. Außerdem liegt die Gesamtzahl der verkauften Plätze zwischen 0 und 280, es gelten daher die folgenden Einschränkungen:

$$\begin{aligned} a &: 0 \leq -40 + s \leq 280 \\ b &: 0 \leq 320 - 2s \leq 280 \\ c &: 0 \leq s \leq 280 \end{aligned}$$

Aus der Bedingung für a folgt, dass $s \geq 40$ sein muss, wegen b muss außerdem $s \leq 160$ gelten, da für größere Werte von s der Ausdruck $320 - 2s$ negativ wird. Damit gilt im Sachzusammenhang $40 \leq s \leq 160$ mit $s \in \mathbb{N}$.

Abitur 2019 Beispielaufgaben – Aufgabe C2 (WTR/CAS)

1.1 Da in der Aufgabe Angaben zu den Lesegewohnheiten der Jugendlichen in den verschiedenen Altersgruppen gemacht werden, stellen wir in dem geforderten Baumdiagramm in der ersten Stufe das Alter der befragten Jugendlichen, in der zweiten Stufe ihre Lesegewohnheiten dar. Dabei bezeichnen wir die Jugendlichen, die angaben, regelmäßig zu lesen, mit RL, $\overline{\text{RL}}$ sind entsprechend die Personen, die nicht regelmäßig lesen:

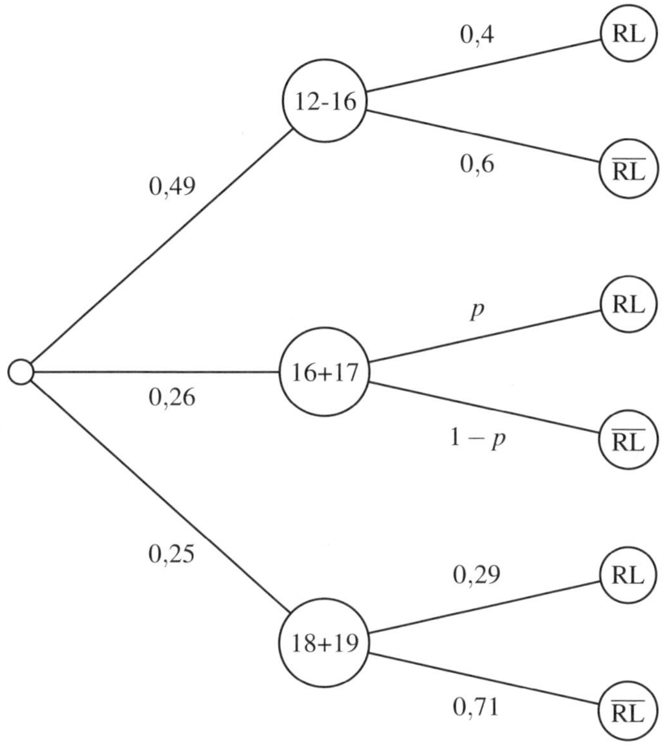

Da dem Text keine Angabe darüber entnommen werden kann, wie viele der 16- und 17jährigen Jugendlichen regelmäßig lesen, wird die entsprechende Wahrscheinlichkeit zunächst mit p, die Gegenwahrscheinlichkeit entsprechend mit $1-p$ angegeben.

- Die erste Personengruppe, die näher untersucht werden soll, sind die Befragten, die in ihrer Freizeit regelmäßig Bücher lesen und jünger sind als 16 Jahre. Für die Wahrscheinlichkeit, dass eine zufällig ausgewählte Person dieser Personengruppe angehört, gilt

$$P(\text{12-16} \cap \text{RL}) = P(\text{12-16}) \cdot P_{\text{12-16}}(\text{RL}) = 0{,}49 \cdot 0{,}4 = 0{,}196 \approx 0{,}2 = 20\,\%$$

  Etwa 20 % der befragten Personen fallen also in die gesuchte Personengruppe. Wegen $20\,\% = \frac{20}{100} = \frac{1}{5}$ ist das etwa eine von fünf Personen.

- Als nächstes soll gezeigt werden, dass etwa 35 % der Jugendlichen im Alter von 16 oder 17 Jahren angaben, regelmäßig zu lesen. Diese Wahrscheinlichkeit entspricht der Wahrscheinlichkeit p im obigen Baumdiagramm. Wir verwenden hier die Angabe im Text, dass 36 % aller befragten Jugendlichen angaben, in ihrer Freizeit regelmäßig zu lesen. Es ist also $P(\text{RL}) = 0{,}36$. Diese Wahrscheinlichkeit wird auch als totale Wahrscheinlichkeit bezeichnet, sie ergibt sich, wenn im Baumdiagramm alle Pfade addiert werden, die zu diesem Ereignis gehören. Es ist also

$$\begin{aligned} P(\text{RL}) &= P(\text{12-16}) \cdot P_{\text{12-16}}(\text{RL}) + P(\text{16+17}) \cdot P_{\text{16+17}}(\text{RL}) + P(\text{18+19}) \cdot P_{\text{18+19}}(\text{RL}) \\ 0{,}36 &= 0{,}49 \cdot 0{,}4 + 0{,}26 \cdot p + 0{,}25 \cdot 0{,}29 = 0{,}2685 + 0{,}26 \cdot p \quad \Rightarrow p \approx 0{,}35\,. \end{aligned}$$

  Es gaben also tatsächlich etwa 35 % der befragten Jugendlichen zwischen 16 und 17 Jahren an, regelmäßig zu lesen.

1.2 Wir berechnen die bedingte Wahrscheinlichkeit für das Merkmal „in der Altersgruppe 18 oder 19 Jahre“, wenn die ausgewählte Person angab, ein regelmäßiger Leser zu sein:

$$\begin{aligned} P_{\text{RL}}(18+19) &= \frac{P(\text{RL} \cap 18+19)}{P(\text{RL})} = \frac{P(18+19) \cdot P_{18+19}(\text{RL})}{P(\text{RL})} \\ &= \frac{0{,}25 \cdot 0{,}29}{0{,}36} \approx 0{,}201 = 20{,}1\,\% \end{aligned}$$

2.1 An einer Schule gaben 36 % der 1926 befragten Personen an, regelmäßig zu lesen. In diesem Zusammenhang soll der Ausdruck

$$\sum_{i=0}^{20} \binom{40}{i} \cdot 0{,}36^i \cdot 0{,}64^{40-i} \approx 97{,}6\,\%$$

erläutert werden. Der Ausdruck verwendet das Modell der Binomialverteilung, um die Wahrscheinlichkeit dafür zu berechnen, dass unter 40 zufällig ausgewählten Schülern höchstens 20 regelmäßige Leser sind. Das Modell setzt dabei voraus, dass die Wahrscheinlichkeit, dass es sich bei der ausgewählten Person um einen regelmäßigen Leser handelt, für jede der 40 ausgewählten Personen konstant 0,36 beträgt. Da es sich bei dem beschriebenen Experiment um ein Ziehen ohne Zurücklegen handelt, ist diese Annahme nur dann annähernd erfüllt, wenn der Umfang der Stichprobe sehr viel geringer ist als die Gesamtzahl der befragten Personen. Es ist daher wichtig, diese Gesamtzahl ungefähr zu kennen.

2.2.1 Die Schulleitung behauptet, durch Maßnahmen zur Leseförderung den Anteil der regelmäßigen Leser an ihrer Schule auf mehr als 36 % gesteigert zu haben. Um diese Behauptung zu zeigen, wird zunächst davon ausgegangen, dass die Kampagne nicht erfolgreich war (Nullhypothese $H_0 : p_0 \leq 0{,}36$). Kann diese Hypothese widerlegt werden, kann auf dem

ausgewählten Signifikanzniveau davon ausgegangen werden, dass die Schulleitung Erfolg hatte. Das Signifikanzniveau ist dabei die Größe des α-Fehlers oder Fehlers 1. Art, also der Wahrscheinlichkeit dafür, dass die Nullhypothese abgelehnt wird, obwohl sie wahr ist. Dieser Fehler kann nur angegeben werden, wenn die Wahrscheinlichkeit der Nullhypothese bekannt ist.
Um die Entscheidungsregel für den beschriebenen Test zu finden, legen wir den Annahme- und den Verwerfungsbereich der Nullhypothese fest:

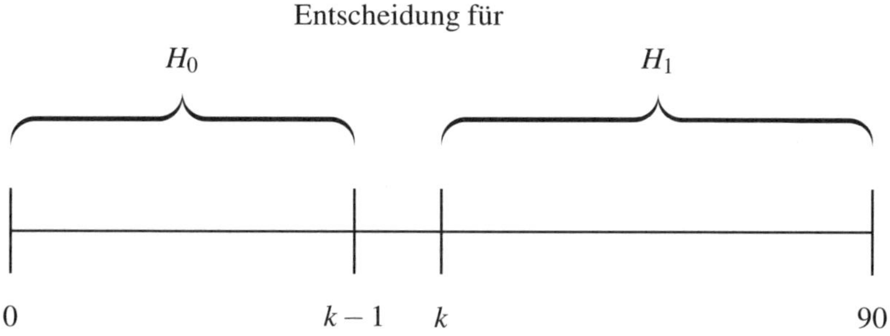

Die Nullhypothese wird also fälschlicherweise verworfen, falls die Zahl der regelmäßigen Leser unter 90 zufällig ausgewählten Schülern mindestens k beträgt, obwohl die Wahrscheinlichkeit dafür, dass ein Schüler regelmäßig liest, bei höchstens 36 % liegt. In diesem Zusammenhang betrachten wir die Ungleichung, die in der Aufgabenstellung angegeben ist:

$$\sum_{i=k}^{90} \binom{90}{i} \cdot 0{,}36^i \cdot 0{,}64^{90-i} \leq 5\,\%$$

Auf der linken Seite wird, wie schon in Teilaufgabe 2.1, das Modell der Binomialverteilung verwendet, um die Wahrscheinlichkeit zu bestimmen, dass unter 90 befragten Schülern mindestens k Schüler sind, die angeben, regelmäßig zu lesen (beachten Sie, dass die Summe bei $i = k$ startet und bis zu $i = 90$ addiert). Dieser Bereich entspricht dem Verwerfungsbereich der Nullhypothese, gleichzeitig wird als Trefferwahrscheinlichkeit jedoch $p_0 = 0{,}36$, also die Wahrscheinlichkeit der Nullhypothese zu Grunde gelegt. Die linke Seite der Ungleichung beschreibt also die Wahrscheinlichkeit dafür, die Nullhypothese abzulehnen, obwohl sie wahr ist. Das ist gerade der angesprochene α-Fehler. Die rechte Seite der Ungleichung sagt uns, dass diese Wahrscheinlichkeit für den beschriebenen Test unter 5 % liegen soll. Um eine Entscheidungsregel zu formulieren, bestimmen wir das kleinste k, das die angegebene Bedingung gerade erfüllt.
Wir können hierfür die Tabelle verwenden, die im Material angegeben ist. Da diese Tabelle ein Auszug aus der kumulierten Binomialverteilung ist, stellen die angegebenen Werte gerade das Gegenereignis des gesuchten α-Fehlers dar, die Einzelwahrscheinlichkeiten

frv.tv/cl

werden hier von $i = 0$ bis $i = k$ aufsummiert. Wir suchen also eine Schülerzahl $k^* = k - 1$ so, dass die Wahrscheinlichkeit, unter 90 befragten höchstens k^* Vielleser zu erhalten, bei mindestens 95 % liegt. Der Tabelle (Alternative: Taschenrechner) können wir entnehmen, dass dies für $p_0 = 0{,}36$ bei höchstens 40 Schülern der Fall ist. Die Wahrscheinlichkeit, höchstens 39 Schüler zu erhalten, die angeben, viel zu lesen, liegt nur bei etwa 94 %:

p =	**0,34**	**0,35**	**0,36**	**0,37**	**0,38**
k =					
⋮	⋮	⋮	⋮	⋮	⋮
38	0,9589	0,9375	0,9087	0,8714	0,8251
39	0,9746	0,9599	0,9391	0,9110	0,8747
40	0,9849	0,9752	0,9609	0,9407	0,9134
41	0,9914	0,9853	0,9758	0,9619	0,9423
42	0,9953	0,9916	0,9856	0,9765	0,9631
⋮	⋮	⋮	⋮	⋮	⋮

Die Entscheidungsregel des diskutierten Hypothesentest mit dem Signifikanzniveau 5 % lautet also:

> Wenn unter 90 befragten Schülern mindestens 41 Schüler angeben, in ihrer Freizeit regelmäßig zu lesen, kann die Schulleitung davon ausgehen, dass ihre Kampagne erfolgreich war und die Zahl der lesenden Schüler gestiegen ist.

2.2.2 Wenn sich der Anteil der Vielleser durch die Kampagne zur Leseförderung wie angegeben auf 40 % erhöht hat, ist mit $p_1 = 0{,}4$ die konkrete Wahrscheinlichkeit bekannt, die der Alternativhypothese zu Grunde liegt. Für den in 2.2.1 beschriebenen Test kann dann der β-Fehler oder Fehler 2. Art berechnet werden, also die Wahrscheinlichkeit dafür, die Nullhypothese anzunehmen, obwohl sie falsch ist. Da im konkreten Beispiel die Nullhypothese annimmt, dass sich der Anteil der Vielleser nicht verändert hat, bedeutet der β-Fehler im Sachzusammenhang, dass von einem Misserfolg der Kampagne ausgegangen wird, obwohl sich der Anteil der Vielleser tatsächlich vergrößert hat.
Ein β-Fehler tritt auf, wenn bei zu Grunde liegender Wahrscheinlichkeit p_1 in den Annahmebereich der Nullhypothese getroffen wird, also

$$P(\beta) = P_{H_1}(x \leq 40) = \sum_{i=0}^{40} \binom{90}{i} \cdot 0{,}4^i \cdot 0{,}6^{90-i} \overset{TR}{\approx} 0{,}834 = 83{,}4\,\%.$$

Die Wahrscheinlichkeit für einen β-Fehler ist mit etwa 83 % sehr hoch. Der beschriebene Test wird also mit hoher Wahrscheinlichkeit das Ergebnis liefern, dass die Kampagne nicht erfolgreich war. Die in der Aufgabe formulierte Aussage ist daher korrekt.

3.1 Für das Histogramm tragen wir den Anteil der Schüler in % auf der y-Achse gegen die durchschnittliche Lesedauer pro Tag auf der x-Achse auf:

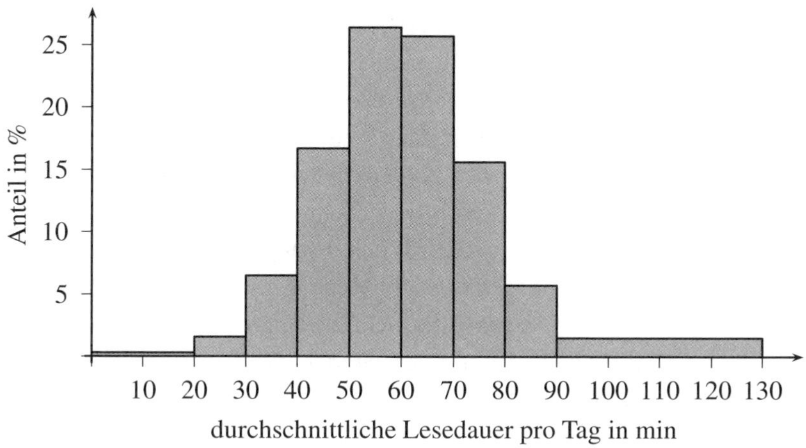

Für die Berechnung des Mittelwertes μ wird jeder Wert der Zufallsgröße (mittlere durchschnittliche Lesedauer pro Tag) mit seiner Wahrscheinlichkeit multipliziert. Für die durchschnittliche Lesedauer verwenden wir dabei jeweils die Mitte des angegebenen Intervalls:

$$\begin{aligned}\mu &= 10 \cdot 0{,}003 + 25 \cdot 0{,}016 + 35 \cdot 0{,}065 + 45 \cdot 0{,}167 + 55 \cdot 0{,}264 + 65 \cdot 0{,}257 + 75 \cdot 0{,}156 \\ &\quad + 85 \cdot 0{,}057 + 110 \cdot 0{,}015 \approx 59{,}64\end{aligned}$$

Die Standardabweichung σ entspricht der Wurzel aus der Varianz $\sigma = \sqrt{\mathrm{V}(X)}$. Zunächst berechnen wir also die Varianz der Verteilung:

$$\begin{aligned}\mathrm{V}(X) &= (10-\mu)^2 \cdot 0{,}003 + (25-\mu)^2 \cdot 0{,}016 + (35-\mu)^2 \cdot 0{,}065 + (45-\mu)^2 \cdot 0{,}167 \\ &\quad + (55-\mu)^2 \cdot 0{,}264 + (65-\mu)^2 \cdot 0{,}257 + (75-\mu)^2 \cdot 0{,}156 \\ &\quad + (85-\mu)^2 \cdot 0{,}057 + (110-\mu)^2 \cdot 0{,}015 \\ &= 226{,}4204\end{aligned}$$

Die Varianz ist die mittlere quadratische Abweichung aller Ereignisse vom Mittelwert. Für die Standardabweichung erhalten wir

$$\sigma = \sqrt{\mathrm{V}(X)} = \sqrt{226{,}4204} \approx 15{,}05\,.$$

Formeln für Mittelwert, Varianz und Standardabweichung können Sie Ihrer Formelsammlung entnehmen.

Da die Lesedauer der befragten Schüler für die Angabe in der Tabelle auf dem Aufgabenblatt in Intervallen zusammen gefasst wurde und mit der Verwendung der Intervallmitten in der Rechnung gemittelte Werte verwendet wurden, handelt es sich bei den berechneten Werten für Mittelwert und Standardabweichung auch dann um Näherungswerte, wenn bei der Berechnung selbst nicht gerundet wird.

frv.tv/ry

3.2 Die Normalverteilung ist eine kontinuierliche Wahrscheinlichkeitsverteilung, sie verläuft glockenförmig um einen zentralen Mittelwert.
Kontinuierlich bedeutet, dass die Zufallsgröße jeden beliebigen Wert im betrachteten Intervall annehmen kann. Im Gegensatz dazu können diskrete Zufallsgrößen immer nur bestimme Werte (beispielsweise ganze Zahlen) annehmen. Da die durchschnittliche Lesedauer der Schüler jede beliebige Zeit betragen kann, handelt es sich bei der beschriebenen um eine kontinuierliche Zufallsgröße. Aus dem Histogramm können wir außerdem sehen, dass es einen zentralen Mittelwert bei ca. 60 Minuten gibt und die Verteilung der Werte um diesen Mittelwert annähernd symmetrisch abfällt. In guter Näherung kann die Verteilung also durch eine Glockenkurve beschrieben werden, die Zufallsgröße kann als normalverteilt angenommen werden.

3.3 Eine normalverteilte Zufallsgröße kann durch die Gaußsche Glockenkurve beschrieben werden. Wenn für den Erwartungswert der Verteilung $\mu = 0$ und für ihre Standardabweichung $\sigma = 1$ gilt, nennt man die Verteilung Standardnormalverteilung und sie wird durch den Graphen von $\varphi(z) = \frac{1}{\sqrt{2\pi}} e^{-\frac{1}{2}z^2}$ beschrieben. z steht dabei für die Werte, die die (kontinuierliche) Zufallsgröße annehmen kann. Um die Wahrscheinlichkeit beispielsweise für einen Wert der Zufallsgröße zwischen a und b zu berechnen, muss das Integral über das betreffende Intervall gebildet werden:

$$P(a \leq z \leq b) = \int_a^b \frac{1}{\sqrt{2\pi}} e^{-\frac{1}{2}z^2} \, \mathrm{d}z = \Phi(b) - \Phi(a)$$

Da es für $\varphi(z)$ keine Stammfunktion gibt, mit der sich die Werte $\Phi(z)$ leicht berechnen lassen, sind die Funktionswerte von Φ für verschiedene Werte von z tabellarisch erfasst.

In der vorliegenden Aufgabe müssen wir unsere Verteilung zunächst auf $\mu = 0$ und $\sigma = 1$ normieren, bevor wir die entsprechenden Werte aus der Tabelle ablesen können. Hierfür subtrahieren wir den Erwartungswert und verschieben damit zu $\mu = 0$ und dividieren alle Werte durch die Standardabweichung und erhalten so $\sigma = 1$. Für die Wahrscheinlichkeit, dass die durchschnittliche Lesedauer einer zufällig ausgewählten Person weniger als 44 Minuten beträgt, erhalten wir so:

$$P(X < 44) = \Phi\left(\frac{44 - 59{,}64}{15{,}05}\right) \approx \Phi(-1{,}04)$$

Negative Werte von z sind in der Tabelle nicht angegeben. Da der Graph der Standardnormalverteilung achsensymmetrisch zur y-Achse verläuft, ist jedoch $\varphi(-z) = \varphi(z)$. Außerdem ist die Summe aller Einzelwahrscheinlichkeiten gleich 1:

$$\int_{-\infty}^{\infty} \frac{1}{\sqrt{2\pi}} \mathrm{e}^{-\frac{1}{2}z^2}\, \mathrm{d}z = 1$$

Deshalb ist $\Phi(-z) = 1 - \Phi(z)$. Wir können daher den Wert für $z = 1{,}04$ aus der Tabelle ablesen und erhalten

$$P(X < 44) \approx \Phi(-1{,}04) = 1 - \Phi(1{,}04) \overset{Tab}{\approx} 1 - 0{,}85083 = 0{,}14917 \approx 14{,}9\,\%.$$

Für die Wahrscheinlichkeit, dass die durchschnittliche Lesedauer einer zufällig ausgewählten Person um weniger als 10 Minuten vom Erwartungswert abweicht, ergibt sich:

$$\begin{aligned}
&P(59{,}64 - 10 < X < 59{,}64 + 10) = P(49{,}64 < X < 69{,}64)\\
&= \Phi\left(\frac{69{,}64 - 59{,}64}{15{,}05}\right) - \Phi\left(\frac{49{,}64 - 59{,}64}{15{,}05}\right)\\
&\approx \Phi(0{,}66) - \Phi(-0{,}66) = \Phi(0{,}66) - (1 - \Phi(0{,}66)) = 2 \cdot \Phi(0{,}66) - 1\\
&\overset{Tab}{\approx} 2 \cdot 0{,}74537 - 1 = 0{,}49074 \approx 49{,}1\,\%.
\end{aligned}$$

Für die in Aufgabe 3.1 angegebenen Ersatzwerte ergibt sich bei gleicher Vorgehensweise:

$$\begin{aligned}
&P(X < 44) \approx 15{,}2\,\%\\
&P(48{,}5 < X < 68{,}5) \approx 52{,}2\,\%
\end{aligned}$$

3 Abitur 2019

Abitur 2019 – Aufgabe B1 (WTR)

1.1 Da es sich laut Aufgabenstellung bei T_R um die Raumtemperatur und bei T_0 um die Temperatur des Wassers zum Zeitpunkt $t = 0$ in °C handelt, kann bei der Nennung der Werte auf die Einheit verzichtet werden.

$$T_R = 30 \qquad T_0 = 8$$

Setzt man diese Werte für die Parameter in die allgemeine Funktionsgleichung ein, erhält man $w(t) = 30 - (30 - 8) \cdot \mathrm{e}^{-kt} = 30 - 22 \cdot \mathrm{e}^{-kt}$. Aus dem einführenden Text lässt sich entnehmen, dass das Wertepaar $(10|21{,}9)$ durch die Funktionsgleichung von w erfüllt sein muss. Somit kann man das Wertepaar in die Funktionsgleichung einsetzen, um den Wert für k zu bestimmen.

$$\begin{aligned} w(10) &= 21{,}9 \\ 30 - 22 \cdot \mathrm{e}^{-k \cdot 10} &= 21{,}9 \\ -22 \cdot \mathrm{e}^{-10k} &= -8{,}1 \\ \mathrm{e}^{-10k} &= \frac{8{,}1}{22} \\ -10k &= \ln\left(\frac{8{,}1}{22}\right) \\ k &= \frac{\ln\left(\frac{8{,}1}{22}\right)}{-10} \approx 0{,}0999 \end{aligned}$$

Als Funktionsgleichung für w ergibt sich:

$$w(t) = 30 - 22 \cdot \mathrm{e}^{-0{,}0999t}$$

1.2 Die absolute Zunahme der Temperatur in den ersten 10 Minuten berechnet sich durch $w(10) - w(0) = 21{,}9 - 8$ zu 13,9 °C. Um die relative und somit auch prozentuale Zunahme zu erhalten, muss dieser absolute Wert durch den Grundwert (also den Wert, der mit 100 % korrespondiert) $w(0)$ dividiert werden.

Als prozentuale Zunahme ergibt sich

$$\frac{w(10) - w(0)}{w(0)} = \frac{13{,}9}{8} = 1{,}7375 = 173{,}75\,\%$$

1.3 Zur Berechnung des Integrals wird eine Stammfunktion W der Funktion w benötigt. Zur Bestimmung dieser Stammfunktion kann jeder Summand der Funktion w einzeln betrachtet werden. Der konstante Summand 30 besitzt die Stammfunktion $30t$. Die Stammfunktion des Summanden $-22e^{-0,1t}$ lässt sich durch lineare Substitution zu $\frac{-22}{-0,1}e^{-0,1t} = 220 \cdot e^{-0,1t}$ bestimmen. Die vollständige Stammfunktion von w lautet somit

$$W(t) = 30t + 220 \cdot e^{-0,1t}$$

Mit dieser kann nun der geforderte Term berechnet werden.

$$\begin{aligned}
\frac{1}{10} \cdot \int_0^{10} w(t)\,dt &= \frac{1}{10}(W(10) - W(0)) \\
&= \frac{1}{10} \cdot \left(300 + 220e^{-1} - 220\right) \\
&= \frac{1}{10} \cdot \left(80 + 220e^{-1}\right) \\
&\approx \frac{1}{10} \cdot 160,93 \\
&= 16,093
\end{aligned}$$

Durch das Aufsummieren aller Temperaturen in den ersten 10 Minuten mittels des Integrals und das anschließende Dividieren durch die Länge dieses Zeitraums, also 10 Minuten, berechnet man das arithmetische Mittel der Temperaturen in diesem Zeitraum. Die Deutung des konkreten Wertes lässt sich nun, wie folgt, formulieren: In den ersten 10 Minuten, nachdem das Wasser aus dem Kühlschrank entnommen wurde, beträgt dessen durchschnittliche Temperatur ca. 16,09 °C.

1.4 Betrachtet man den Funktionsterm von $w(t)$, stellt man fest, das nur der Term $e^{-0,1t}$ von der Variablen t abhängig ist und bei der Grenzwertbildung genauer betrachet werden muss. Der Grenzwert $\lim\limits_{t\to\infty} e^{-0,1t}$ liefert den Wert 0, da der Graph der natürlichen Exponentialfunktion $f(x) = e^x$ für $x \to -\infty$ die x-Achse als Asymptote besitzt.
Für den vollständigen Grenzwert von $w(t)$ ergibt sich:

$$\begin{aligned}
\lim_{t\to\infty} w(t) &= \lim_{t\to\infty} \left(30 - 22 \cdot e^{-0,1t}\right) \\
&= 30 - 22 \cdot \lim_{t\to\infty} \left(e^{-0,1t}\right) \\
&= 30 - 22 \cdot 0 \\
&= 30
\end{aligned}$$

Die Temperatur des Wassers nähert sich immer weiter der der sie umgebenden Raumtemperatur von 30 °C an.

1.5 Die Erwärmungsgeschwindigkeit entspricht der Änderungsrate der Temperatur in der Zeit. Aus diesem Grund wird der Verlauf der Erwärmungsgeschwindigkeit durch die Ableitungsfunktion $w'(t)$ beschrieben. Zur Bestimmung der Ableitungsfunktion werden die Summen-, die Faktor- und die Kettenregel benötigt.

$$w'(t) = 0 - 22 \cdot (-0{,}1) \cdot \mathrm{e}^{-0{,}1t} = 2{,}2 \cdot \mathrm{e}^{-0{,}1t}$$

Um die Erwärmungsgeschwindigkeit zum Zeitpunkt der Entnahme zu berechnen, muss die Funktion w' zum Zeitpunkt $t = 0$ ausgewertet werden.

$$w'(0) = 2{,}2\mathrm{e}^0 = 2{,}2$$

Bei der Entnahme aus dem Kühlschrank erwärmt sich das Wasser mit einer Geschwindigkeit von 2,2 °C/min.

Zur Berechnung der Zeit t, in der sich die Geschwindigkeit halbiert, muss die Gleichung $w'(t) = \frac{w'(0)}{2} = 1{,}1$ gelöst werden.

$$2{,}2 \cdot \mathrm{e}^{-0{,}1t} = 1{,}1 \implies \mathrm{e}^{-0{,}1t} = 0{,}5 \implies t = \frac{\ln(0{,}5)}{-0{,}1} \approx 6{,}93$$

Es dauert knapp 7 Minuten, bis sich die Erwärmungsgeschwindigkeit halbiert hat.

Die Tatsache, dass die Erwärmungsfunktion w' im Zeitverlauf abnimmt, bedeutet, dass ihre Steigung überall negativ ist. Um dies nachzuweisen, betrachten wir die Ableitung $w''(t) = 2{,}2 \cdot (-0{,}1) \cdot \mathrm{e}^{-0{,}1t} = -0{,}22 \cdot \mathrm{e}^{-0{,}1t}$ von w'. Der Faktor $\mathrm{e}^{-0{,}1t}$ ist für alle t positiv, womit das Produkt $-0{,}22 \cdot \mathrm{e}^{-0{,}1t}$ für alle t negativ ist und w' kontinuierlich fällt.

Mit einer ähnlichen Überlegung lässt sich zeigen, dass w' immer positiv ist, da beide Faktoren des Funktionsterms 2,2 und $\mathrm{e}^{-0{,}1t}$ für alle t positiv sind. Der Wert 0 wird somit von der Funktion w' nie angenommen.

1.6 Wenn die Funktion w ein begrenztes Wachstum beschreiben soll, muss sie deren definierende Gleichung erfüllen; es ist also zu zeigen, dass

$$w'(t) = k \cdot (S - w(t))$$

gilt. Die Konstante k ist durch das Kontrollergebnis aus Aufgabe 1.1 gegeben und die Sättigungsgrenze 30 durch die Grenzwertbildung in Aufgabe 1.4. Einsetzen dieser Werte und des Funktionsterm von w in die rechte Seite der obigen Gleichung führt zu dem Term $0{,}1 \cdot (30 - (30 - 22 \cdot \mathrm{e}^{-0{,}1t}$. Von diesem Term muss gezeigt werden, dass er der Ableitungsfunktion $w'(t)$ aus Aufgabe 1.5 entspricht.

$$\begin{aligned} k\cdot(S-w(t)) &= 0{,}1\cdot\left(30-\left(30-22\cdot e^{-0{,}1t}\right)\right)\\ &= 0{,}1\cdot\left(30-30+22\cdot e^{-0{,}1t}\right)\\ &= 0{,}1\cdot\left(22\cdot e^{-0{,}1t}\right)\\ &= 2{,}2e^{-0{,}1t}\\ &= w'(t) \end{aligned}$$

Allgemein stellt k in der definierenden Gleichung den Proportionalitätsfaktor zwischen der Wachstumsgeschwindigkeit und der Differenz aus dem Sättigungswert und dem aktuellen Funktionswert dar. Im konkreten Fall beträgt der Wert der Erwärmungsgeschwindigkeit immer $\frac{1}{10}$ des Wertes der Temperaturdifferenz zwischen Wasser- und Raumtemperatur.

2.1 Der Ansatz zur Berechnung von Nullstellen lautet allgemein $f_n(x) = 0$, in die der Funktionsterm der konkreten Funktionenschar eingesetzt werden muss.

$$\begin{aligned} f_n(x) &= 0\\ (x+1)^n\cdot e^x &= 0; \qquad e^x \neq 0\\ (x+1)^n &= 0\\ x+1 &= 0\\ x &= -1 \end{aligned}$$

Als Schnittpunkt mit der x-Achse ergibt sich der Punkt $S_x(-1|0)$.

Der Ansatz zur Berechnung des y-Achsenabschnitts lautet $f_n(0)$. Die Funktionenschar muss also an der Stelle $x = 0$ ausgewertet werden.

$$f_n(0) = (0+1)^n\cdot e^0 = 1^n\cdot 1 = 1\cdot 1 = 1$$

Als Schnittpunkt mit der y-Achse ergibt sich der Punkt $S_y(0|1)$.

Da in den Koordinaten beider berechneter Schnittpunkte der Parameter n der Funktionenschar nicht mehr auftaucht, gelten diese Schnittpunkte für alle Funktionen der Funktionenschar.

2.2 Betrachtet man sich die beiden Faktoren der des Funktionsterms einzeln, stellt man fest, dass die Grenzwerte

$$\lim_{x\to-\infty}\left((x+1)^n\right) = -\infty$$

und

$$\lim_{x\to-\infty}\left(e^x\right) = 0$$

gelten. In einem Produkt eines ganzrationalen Terms mit einem Exponentialterm dominiert bei einer Grenzwertbildung der Exponentialterm, weshalb für den Grenzwert der Funktionenschar gilt: $\lim\limits_{x \to -\infty} f_n(x) = 0$

Der Unterschied in der Annäherung an die x-Achse für $x \to -\infty$ der beiden Graphen im Material besteht darin, dass sich Graph I von oben und Graph II von unten der Achse annähert. Die Funktionswerte sind somit im betrachteten Bereich entweder positiv oder negativ. Da der Faktor e^x des Funktionsterms grundsätzlich nur positive Werte liefert, muss der Unterschied im Vorzeichen des Funktionswertes von dem Faktor $(x+1)^n$ abhängig sein. Für sehr kleine Werte von x ist die Basis $x+1$ negativ; eine Potenz mit negativer Basis wird bei geraden Exponenten positiv und bei ungeraden negativ, weshalb die Eigenschaft „gerade" oder „nicht gerade" des Parameters n ausschlaggebend für die beiden unnterschiedlichen Annäherungen an die x-Achse ist.

- n ist gerade: Der Graph nähert sich von oben (aus dem zweiten Quadranten) der x-Achse
- n ist ungerade: Der Graph nähert sich von unten (aus dem dritten Quadranten) der x-Achse

2.3 Zur Ableitung der Funktionenschar

$$f_n(x) = \underbrace{(x+1)^n}_{u} \cdot \underbrace{e^x}_{v}$$

benötigt man insbesondere die Produktregel.

$$\begin{aligned} f_n{}'(x) &= u' \cdot v + u \cdot v' \\ &= n \cdot (x+1)^{n-1} \cdot e^x + (x+1)^n \cdot e^x \end{aligned}$$

Von diesem Term muss noch gezeigt werden, dass er dem Term

$$(x+1+n) \cdot f_{n-1}(x) = (x+1+n) \cdot (x+1)^{n-1} \cdot e^x$$

entspricht. Betrachtet man diesen Term und die Ableitung, stellt man fest, dass die beiden Faktoren $(x+1)^{n-1}$ und e^x in beiden Summanden der Ableitung als Faktoren enthalten sind. Es liegt deshalb nah, diese beiden Faktoren im Ableitungsterm auszuklammern.

$$\begin{aligned} f_n{}'(x) &= n \cdot (x+1)^{n-1} \cdot e^x + (x+1)^n \cdot e^x \\ &= n \cdot (x+1)^{n-1} \cdot e^x + (x+1) \cdot (x+1)^{n-1} \cdot e^x \\ &= (n+x+1) \cdot (x+1)^{n-1} \cdot e^x \\ &= (x+1+n) \cdot f_{n-1}(x) \end{aligned}$$

□

2.4 Die möglichen Extremstellen einer Funktion sind die Stellen mit einer Steigung vom Wert 0. Der Ansatz zur Berechnung dieser Stellen lautet entsprechend: $f_n'(x) = 0$

$$f_n{}'(x) = 0$$
$$(n+x+1)\cdot(x+1)^{n-1}\cdot e^x = 0; \qquad e^x \neq 0$$
$$(n+x+1)\cdot(x+1)^{n-1} = 0$$

Nach dem Satz vom Nullprodukt ist ein Produkt genau dann 0, wenn mindestens ein Faktor 0 ist. Die beiden verbliebenen Faktoren in der Gleichung können somit einzeln behandelt werden.

1.Faktor: $n+x+1=0 \Longrightarrow n+x=-1 \Longrightarrow x_1=-n-1$

2.Faktor: $(x+1)^{n-1}=0 \Longrightarrow x+1=0 \Longrightarrow x_2=-1$

Zur Skalierung der Achsen kann man die Schnittpunkte der Funktionenschar mit den Achsen verwenden. Der Schnittpunkt mit der y-Achse ist $S_y(0|1)$. Der Vergleich mit dem Schnittpunkt im Material zeigt, dass die Höhe eines Kästchens im Material dem Wert 0,5 entspricht.

Da die Nullstelle der Funktionenschar bei $x=-1$ liegt, entspricht die Breite eines Kästchens allerdings genau dem Wert 1.

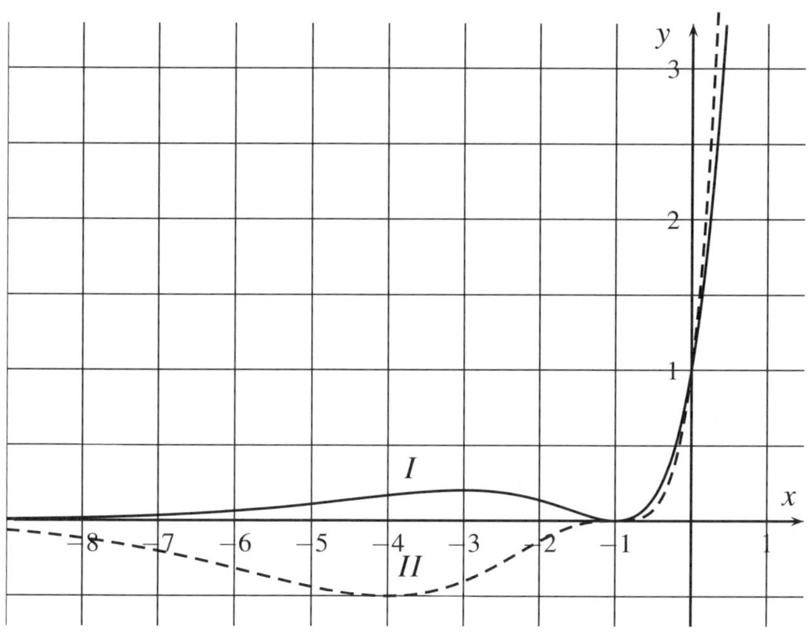

Hat man die Skalierung der Achsen vorgenommen, kann man erkennen, dass sich der Hochpunkt des Graphen I an der Stelle $x=-3$ und der Tiefpunkt des Graphen II an der

Stelle $x = -4$ befindet. Die zuvor mögliche berechnete Extremstelle $x_1 = -n - 1$ muss jeweils diese Werte annehmen, wodurch n bestimmt werden kann.

Graph I: $-n - 1 = -3 \implies -n = -2 \implies n = 2$

Graph II: $-n - 1 = -4 \implies -n = -3 \implies n = 3$

2.5 Um eine Aussage über Extrem- und Sattelpunkte treffen zu können, muss man sich das Steigungsverhalten einer Funktion links und rechts der entsprechenden Stelle betrachten. Steigt oder fällt die Funktion links und rechts der betrachteten Stelle x, liegt ein Sattelpunkt vor. Aus diesem Grund wechselt der Funktionswert der Ableitung bei x nicht das Vorzeichen. Bei einem Extrempunkt hingegen muss ein solcher Wechsel stattfinden, da bspw. links eines Hochpunkts der Graph steigt und rechts davon fällt. Bei einem Tiefpunkt ist es entsprechend umgekehrt.

Im vorliegenden Fall benötigt für die Begründung somit die Ableitungsfunktion

$$f_n{}' = (n + x + 1) \cdot (x + 1)^{n-1} \cdot \mathrm{e}^x$$

und muss deren Funktionswerte in der Umgebung von $x = -1$ betrachten.

Der Faktor e^x ist unabhängig von x immer positiv. Knapp links und rechts der Stelle $x = -1$ ist auch der Faktor $n + x + 1$ immer positiv, da es sich bei n um eine natürliche Zahl größer 1 handelt. Ausschlaggebend für die Begründung ist nach Ausschlussverfahren der Faktor $(x + 1)^{n-1}$.

Rechts der Stelle $x = -1$ ist der Term $(x + 1)^{n-1}$ unabhängig von n immer positiv, da die Basis postiv ist. Links davon nur, wenn der Exponent gerade ist, da in diesem Fall die Basis negativ ist. Ansonsten ist die Potenz ebenfalls negativ.

Die Überlegungen lassen sich in den folgenden beiden Argumentationsketten zusammenfassen.

- Ist n gerade, folgt, dass $n - 1$ ungerade ist. Damit ist $(x + 1)^{n-1}$ links der -1 negativ. Da er rechts der -1 positiv ist, findet ein Vorzeichenwechsel in der Ableitungsfunktion f_n' statt und der Graph von f_n besitzt bei $x = -1$ einen Extrempunkt.
- Ist n ungerade, folgt, dass $n - 1$ gerade ist. Damit ist $(x + 1)^{n-1}$ links der -1 positiv. Da er rechts der -1 ebenfalls positiv ist, findet kein Vorzeichenwechsel in der Ableitungsfunktion f_n' statt und der Graph von f_n besitzt bei $x = -1$ einen Sattelpunkt.

Abitur 2019 – Aufgabe B2 (WTR)

1.1 Der Parameter k in $f_k(t) = k \cdot t \cdot \mathrm{e}^{-0,4t}$ bewirkt eine Streckung oder Stauchung des Graphen von f in y-Richtung. Je größer der Wert von k ist, desto steiler verläuft entsprechend der Graph. Damit ergibt sich die folgende Zuordnung:

$$\mathrm{A} \longrightarrow f_2$$
$$\mathrm{B} \longrightarrow f_{1,5}$$
$$\mathrm{C} \longrightarrow f_1$$

Das Verhalten der Funktionswerte für $t \to \infty$ hängt von den beiden Faktoren t und $\mathrm{e}^{-0,4t}$ ab. Da der Faktor $\mathrm{e}^{-0,4t}$ für $t \to \infty$ gegen 0 geht und den linearen Faktor t dominiert, gilt:

$$\lim_{t \to \infty} f_k(t) = 0$$

1.2 Um die Funktionen der Schar auf Extrempunkte zu untersuchen, bestimmen wir zunächst die erste und die zweite Ableitung der Funktionenschar mit Hilfe der Produktregel:

$$f_k(t) = k \cdot t \cdot \mathrm{e}^{-0,4t}$$

$$f_k{}'(t) = k \cdot \left(1 \cdot \mathrm{e}^{-0,4t} + t \cdot (-0,4) \cdot \mathrm{e}^{-0,4t}\right) = k \cdot (1 - 0,4t) \cdot \mathrm{e}^{-0,4t}$$

$$f_k{}''(t) = k \cdot \left(-0,4 \cdot \mathrm{e}^{-0,4t} + (1 - 0,4t) \cdot (-0,4) \cdot \mathrm{e}^{-0,4t}\right) = -0,4k \cdot (2 - 0,4t) \cdot \mathrm{e}^{-0,4t}$$

Die notwendige Bedingung für das Vorliegen eines Extrempunkts ist eine Nullstelle der ersten Ableitung:

$$0 = k \cdot (1 - 0,4t) \cdot \mathrm{e}^{-0,4t}$$
$$\mathrm{e}^{-0,4t} \neq 0$$
$$(1 - 0,4t) = 0 \quad \Rightarrow t = 2,5$$

Hinreichend für einen Hochpunkt bei $t = 2,5$ ist ein negatives Vorzeichen der zweiten Ableitung an dieser Stelle:

$$f_k{}''(2,5) = -0,4k \cdot (2 - 0,4 \cdot 2,5) \cdot \mathrm{e}^{-0,4 \cdot 2,5} = -0,4 \cdot k \cdot \mathrm{e}^{-1}$$

Da laut Aufgabenstellung $k > 0$ gilt, ist der Ausdruck von $f_k{}''(2,5)$ für alle Werte von k kleiner als Null, an der Stelle $t = 2,5$ liegt also ein Hochpunkt vor. Wir bestimmen die

y-Koordinate:

$$f_k(2{,}5) = k \cdot 2{,}5 \cdot \mathrm{e}^{-0{,}4 \cdot 2{,}5} = 2{,}5k \cdot \mathrm{e}^{-1}$$

Alle Kurven der Schar haben entsprechend den angegebenen Hochpunkt $\mathrm{H}\left(2{,}5|2{,}5k \cdot \mathrm{e}^{-1}\right)$. Da die x-Koordinate dieses Hochpunkts vom Scharparameter unabhängig ist, liegen alle Hochpunkte auf einer Parallelen zur y-Achse im Abstand 2,5. Für größere Werte von k wird die y-Koordinate des Punktes größer.

1.3 Wir berechnen zunächst die Ableitungsfunktionenschar der angegebenen Funktionenschar $F_k(t) = k \cdot (a \cdot t + b) \cdot \mathrm{e}^{-0{,}4t}$ mit Hilfe der Produktregel:

$$F_k{}'(t) = k \cdot \left[a \cdot \mathrm{e}^{-0{,}4t} + (a \cdot t + b) \cdot (-0{,}4) \cdot \mathrm{e}^{-0{,}4t}\right] = k \cdot [-0{,}4a \cdot t + a - 0{,}4 \cdot b] \cdot \mathrm{e}^{-0{,}4t}$$

Durch Koeffizientenvergleich sollen nun die Parameter a und b so bestimmt werden, dass $F_k{}'(t) = f_k(t)$ gilt. Wir vergleichen den Koeffizienten der Variablen t und den Absolutterm:

$$\begin{aligned} 1 &= -0{,}4a \quad \Rightarrow a = -2{,}5 \\ 0 &= a - 0{,}4 \cdot b = -2{,}5 - 0{,}4 \cdot b \quad \Rightarrow b = -6{,}25 \end{aligned}$$

Eine Stammfunktionenschar der Schar f_k ist also

$$F_k(t) = k \cdot (-2{,}5t - 6{,}25) \cdot \mathrm{e}^{-0{,}4t}\,.$$

1.4 Um den Inhalt der Fläche zu berechnen, die die Funktion mit der positiven t-Achse einschließt, berechnen wir zunächst das Integral der Funktion für das Intervall $[0;b]$ mit der variablen oberen Grenze b. Da die Funktion in diesem Intervall keine Nullstelle hat, entspricht das Integral gerade dem gesuchten Flächeninhalt:

$$A(b) = \int_0^b k \cdot t \cdot \mathrm{e}^{-0{,}4t}\,\mathrm{d}t = \left[k \cdot (-2{,}5t - 6{,}25) \cdot \mathrm{e}^{-0{,}4t}\right]_0^b = k \cdot (-2{,}5b - 6{,}25) \cdot \mathrm{e}^{-0{,}4b} + 6{,}25k$$

Wir untersuchen jetzt den Grenzwert des Ausdrucks für $b \to \infty$:

$$\lim_{b \to \infty} k \cdot \underbrace{(-2{,}5b - 6{,}25)}_{\to -\infty} \cdot \underbrace{\mathrm{e}^{-0{,}4b}}_{\to 0} + 6{,}25k = 6{,}25k$$

Bei dieser Grenzwertbildung ist wie in Teilaufgabe 1.1 zu beachten, dass der Exponentialterm dominiert, womit der Grenzwert des ersten Summanden 0 beträgt. Die Funktion schließt mit der positiven t-Achse also eine Fläche mit dem endlichen Flächeninhalt 6,25k FE ein.

2 Die Graphen der Funktionenscharen f_k aus Aufgabenteil 1 und $g_k(t) = k^2 \cdot t \cdot \mathrm{e}^{-0{,}6 \cdot t}$ sollen auf Schnittpunkte untersucht werden:

$$\begin{aligned}
f_k(t) &= g_k(t) \\
k \cdot t \cdot \mathrm{e}^{-0{,}4t} &= k^2 \cdot t \cdot \mathrm{e}^{-0{,}6 \cdot t} && \mid -k^2 \cdot t \cdot \mathrm{e}^{-0{,}6 \cdot t} \\
k \cdot t \cdot \mathrm{e}^{-0{,}4t} - k^2 \cdot t \cdot \mathrm{e}^{-0{,}6 \cdot t} &= 0 \\
k \cdot t \cdot \left(\mathrm{e}^{-0{,}4 \cdot t} - k \cdot \mathrm{e}^{-0{,}6 \cdot t}\right) &= 0 && \Rightarrow t_1 = 0
\end{aligned}$$

$$\begin{aligned}
\mathrm{e}^{-0{,}4 \cdot t} - k \cdot \mathrm{e}^{-0{,}6 \cdot t} &= 0 && \mid +k \cdot \mathrm{e}^{-0{,}6 \cdot t} \\
\mathrm{e}^{-0{,}4 \cdot t} &= k \cdot \mathrm{e}^{-0{,}6 \cdot t} && \mid : \mathrm{e}^{-0{,}6 \cdot t} \\
\mathrm{e}^{(-0{,}4+0{,}6) \cdot t} &= k \\
\mathrm{e}^{0{,}2 \cdot t} &= k && \mid \ln() \\
0{,}2t &= \ln(k) && \Rightarrow t_2 = \frac{\ln(k)}{0{,}2} = 5\ln(k)
\end{aligned}$$

Berechnen der y-Werte:

$$\begin{aligned}
f_k(0) &= 0 \\
f_k(5\ln(k)) &= k \cdot 5\ln(k) \cdot \mathrm{e}^{-0{,}4 \cdot 5\ln(k)} = k \cdot 5\ln(k) \cdot \mathrm{e}^{-2\ln(k)} = k \cdot 5\ln(k) \cdot \left(\mathrm{e}^{\ln(k)}\right)^{-2} \\
&= k \cdot 5\ln(k) \cdot \frac{1}{k^2} = \frac{5\ln(k)}{k} = \frac{\ln(k)}{0{,}2 \cdot k}
\end{aligned}$$

Es ergeben sich also die in der Aufgabe angegebenen Schnittpunkte der beiden Funktionen.

Für die Ortskurve der Schnittpunkte S_2 formen wir die t-Koordinate des Schnittpunkts nach k um und setzen die Gleichung in die y-Koordinate des Punkts ein:

frv.tv/rq

$$t = 5\ln(k) \qquad \Rightarrow k = \mathrm{e}^{0{,}2 \cdot t}$$

$$y = 5\ln(k) \cdot k^{-1} = 5 \cdot \ln\left(\mathrm{e}^{0{,}2 \cdot t}\right) \cdot \left(\mathrm{e}^{0{,}2 \cdot t}\right)^{-1} = 5 \cdot 0{,}2 \cdot t \cdot \mathrm{e}^{-0{,}2t} = t \cdot \mathrm{e}^{-0{,}2t}$$

Damit ergibt sich die angegebene Ortskurve $o(t) = t \cdot \mathrm{e}^{-0{,}2t}$ der Schnittpunkte S_2 der Funtionenscharen.

3.1 Die Ausbeute A eines Nebelfängers vom Typ I zwischen 19 Uhr und 5 Uhr kann mit Hilfe des Integrals über die Funktion $f_k(t)$ aus Aufgabe 1 im Intervall $[0;10]$ berechnet werden:

$$A(k) = \int_0^{10} k \cdot t \cdot \mathrm{e}^{-0,4 \cdot t}\,\mathrm{d}t = \left[k \cdot (-2{,}5t - 6{,}25) \cdot \mathrm{e}^{-0,4t}\right]_0^{10} \approx -0{,}572k + 6{,}25k = 5{,}678k$$

Die minimale Ausbeute ergibt sich mit $k = 1$ zu $A(1) \cdot 100\,\ell \approx 568\,\ell$, die maximale Ausbeute mit $k = 3$ zu $A(3) \cdot 100\,\ell \approx 1\,703\,\ell$.

3.2 Hier müssen für beide Funktionenscharen f_k und g_k für $k = 2{,}08$ die Integrale im Intervall $[0;10]$ verglichen werden. Für die Berechnung kann die Integralfunktion des Taschenrechners verwendet werden:

frv.tv/ce

$$\int_0^{10} 2{,}08 \cdot t \cdot \mathrm{e}^{-0,4 \cdot t}\,\mathrm{d}t \approx 11{,}8095$$

$$\int_0^{10} 2{,}08^2 \cdot t \cdot \mathrm{e}^{-0,6 \cdot t}\,\mathrm{d}t \approx 11{,}8092$$

Für beide modellierten Wetterlagen ergibt sich hier auf ganze Liter gerundet eine Ausbeute von $1\,181\,\ell$.

3.3 In Zeile (I) werden zunächst die Funktionsgleichungen von $f_{2,08}$ und $g_{2,08}$ gleichgesetzt, die Schnittstellen liegen bei $t_1 = 0$ und $t_2 \approx 3{,}66$. In Zeile (II) wird eine Funktion $u(t)$ definiert, die die Differenz aus $f_{2,08}$ und $g_{2,08}$ bildet. In Zeile (III) werden schließlich die Werte der Integrale der Differenzfunktion u im Intervall $[0;10]$ berechnet. Dabei wird abschnittsweise von Schnittstelle zu Schnittstelle integriert. Die Ergebnisse zeigen, dass im ersten Intervall der Graph von g_k oberhalb des Graphen von f_k verläuft, im zweiten Intervall verhält es sich anders herum. Der Betrag der in beiden Intervallen von den Funktionen f_k und g_k eingeschlossenen Flächen ist gleich.
Die gesamte Ausbeute innerhalb des betrachteten Zeitintervalls ist entsprechend für beide Typen von Nebelfängern bei der betrachteten Wetterlage gleich. So viel wie der Nebelfänger vom Typ II in den ersten 3,66 Stunden mehr liefert, liefert er im Restzeitraum weniger als der Nebelfänger vom Typ I.

4.1 Die Kontrollergebnisse aus Aufgabe 2 sind die Schnittpunkte der Funktionenscharen f_k und g_k. Die Kurven der beiden Scharen repräsentieren die Sammelraten der Nebelfänger vom Typ I und II, ihre Schnittstellen entsprechen also den Zeitpunkten, zu denen die Sammelraten (also die y-Werte der jeweiligen Funktionen) gleich sind. Schnittpunkt S_1 hat die Koordinaten $(0|0)$, diese Lösung ist trivial. Ist noch keine Zeit vergangen, können die Nebelfänger auch noch kein Wasser gesammelt haben. Der gesuchte Zeitpunkt t^*, zu dem beide Nebelfänger die gleiche Sammelrate haben, entspricht daher der t-Koordinate der

Schnittstelle S_2 der beiden Funktionenscharen f_k und g_k, die Sammelrate zu diesem Zeitpunkt ergibt sich aus dem y-Wert der Funktionen an dieser Stelle.

Um den Zeitpunkt t^*_{max} der maximal möglichen Sammelrate zu bestimmen, muss der Schnittpunkt S_2 mit dem größten y-Wert gefunden werden. Dieser entspricht gerade dem Hochpunkt der Ortskurve aus Aufgabe 2.

4.2 Da jeder Zeitpunkt gleicher Sammelraten der t-Koordinate des Schnittpunkts S_2 aus Aufgabe 2 bei $S_2\left(\frac{\ln k}{0{,}2} \,\middle|\, \frac{\ln k}{0{,}2 \cdot k}\right)$ entspricht, gilt:

$$5 = \frac{\ln k}{0{,}2} = \frac{\ln k}{\frac{1}{5}}$$

$$5 = 5 \ln k$$

$$1 = \ln k \qquad \Rightarrow k = \mathrm{e} \approx 2{,}718$$

Abitur 2019 – Aufgabe C1 (WTR/CAS)

1.1 Ein Viereck ist dann ein Rechteck, wenn

1. zwei gegenüberliegende Seiten parallel und gleich lang sind sowie
2. mindestens ein rechter Innenwinkel vorhanden ist.

Die erste Bedingung lässt sich vektoriell dadurch ausdrücken, dass die Verbindungsvektoren der Ecken gegenüberliegender Seiten identisch sein müssen. Dies gilt für die Verbindungsvektoren $\overrightarrow{AB}$ und $\overrightarrow{DC}$, wie die folgenden Rechnungen zeigen.

$$\overrightarrow{AB} = \begin{pmatrix} -2 \\ 6 \\ 6 \end{pmatrix} - \begin{pmatrix} 2 \\ 6 \\ 3 \end{pmatrix} = \begin{pmatrix} -4 \\ 0 \\ 3 \end{pmatrix}; \qquad \overrightarrow{DC} = \begin{pmatrix} 2 \\ -6 \\ 3 \end{pmatrix} - \begin{pmatrix} -2 \\ -6 \\ 6 \end{pmatrix} = \begin{pmatrix} -4 \\ 0 \\ 3 \end{pmatrix}$$

Für die zweite Bedingung muss das Skalarprodukt der Verbindungsvektoren der Ecken nebeneinander liegender Seiten Null sein. Wir betrachten zum Nachweis die Verbindungsvektoren $\overrightarrow{AB} = \begin{pmatrix} -4 \\ 0 \\ 3 \end{pmatrix}$ und $\overrightarrow{BC} = \begin{pmatrix} 0 \\ -12 \\ 0 \end{pmatrix}$ und berechnen deren Skalarprodukt:

$$\overrightarrow{AB} \cdot \overrightarrow{BC} = \begin{pmatrix} -4 \\ 0 \\ 3 \end{pmatrix} \cdot \begin{pmatrix} 0 \\ -12 \\ 0 \end{pmatrix} = (-4) \cdot 0 + 0 \cdot (-12) + 3 \cdot 0 = 0$$

Dieses ist, wie nachzuweisen war, Null, womit nachgewiesen ist, dass es sich bei dem Viereck ABCD um ein Rechteck handelt.

Der Flächeninhalt eines Rechtecks berechnet sich durch die Multiplikation der Längen zweier aneinanderliegender Seiten. Die Längen dieser Seiten entsprechen den Beträgen der zugehörigen Verbindungsvektoren. Wir können den Flächeninhalt somit durch die Rechnung $|\overrightarrow{AB}| \cdot |\overrightarrow{BC}|$ ermitteln.

$$\left| \begin{pmatrix} -4 \\ 0 \\ 3 \end{pmatrix} \right| \cdot \left| \begin{pmatrix} 0 \\ -12 \\ 0 \end{pmatrix} \right| = \sqrt{(-4)^2 + 3^2} \cdot \sqrt{(-12)^2} = 5 \cdot 12 = 60$$

Das Dach der Scheune besitzt einen Flächeninhalt von $60\,\text{m}^2$.

1.2 Zur Angabe der Parameterform einer Ebene benötigen wir einen Stützvektor, der der Ortsvektor eines beliebigen Punktes der Ebene ist, sowie zwei Richtungsvektoren, die Richtungen beschreiben, die die Ebene im dreidimensionalen Raum aufspannen. Letztere können wir jeweils als Verbindungsvektoren zweier Punkte auf der Ebene wählen, so lange diese nicht parallel bzw. kollinear sind. Da wir von den Punkten A bis D wissen, dass sie ein

Viereck bilden, wissen wir, dass $\overrightarrow{AB}$ und $\overrightarrow{AD}$ nicht kollinear sein können. Wir erhalten als mögliche Parameterform

$$E: \vec{x} = \overrightarrow{OA} + r \cdot \overrightarrow{AB} + s \cdot \overrightarrow{AD} = \begin{pmatrix} 2 \\ 6 \\ 3 \end{pmatrix} + r \cdot \begin{pmatrix} -4 \\ 0 \\ 3 \end{pmatrix} + s \cdot \begin{pmatrix} 0 \\ -12 \\ 0 \end{pmatrix}$$

Zur Bestimmung der <u>Koordinatenform</u> benötigen wir einen Normalenvektor $\vec{n} = \begin{pmatrix} n_1 \\ n_2 \\ n_3 \end{pmatrix}$ der Ebene. Dieser muss senkrecht auf beiden Richtungsvektoren der Ebene stehen, d.h. das jeweilige Skalarprodukt muss Null sein. Aus diesen Forderungen ergeben sich zwei Gleichungen. frv.tv/ru

$$\begin{pmatrix} -4 \\ 0 \\ 3 \end{pmatrix} \cdot \begin{pmatrix} n_1 \\ n_2 \\ n_3 \end{pmatrix} = -4n_1 + 3n_3 = 0 \qquad (1)$$

$$\begin{pmatrix} 0 \\ -12 \\ 0 \end{pmatrix} \cdot \begin{pmatrix} n_1 \\ n_2 \\ n_3 \end{pmatrix} = -12n_2 = 0 \qquad (2)$$

Aus Gleichung (2) folgt direkt $n_2 = 0$. n_1 und n_3 müssen nun noch so gewählt werden, dass auch Gleichung (1) erfüllt ist. Wählt man $n_1 = 3$, ergibt sich $(-4) \cdot 3 + 3n_3 = 0$ und somit $n_3 = 4$.

Die Komponenten des Normalenvektors finden sich als die Koeffizienten in der Koordinatengleichung wieder. Wir wissen somit, dass die Koordinatengleichung die Form $3x + 0y + 4z = d$ besitzen muss. Zur Bestimmung des unbekannten Wertes d können die Koordinaten eines beliebigen Punktes der Ebene in die Gleichung eingesetzt werden; wir wählen im folgenden den Punkt A: $3 \cdot 2 + 0 \cdot 6 + 4 \cdot 3 = 18$

Als Koordinatengleichung ergibt sich

$$E: 3x + 4z = 18$$

1.3 Wenn die y-Koordinate in der Koordinatengleichung fehlt, bedeutet dies, dass man von einem Punkt aus, der auf der Ebene liegt, beliebig weit in Richtung der y-Achse gehen kann und immer auf der Ebene bleibt, da hierdurch nur die y-Koordinate des Punktes geändert wird, die für die Gleichung unerheblich ist. Wenn von einem beliebigen Punkt aus alle Punkte in Richtung der y-Achse ebenfalls auf der Ebene liegen, muss die Ebene parallel zu eben dieser y-Achse sein.

Die Ebene ist echt parallel zur y-Achse, da der Ursprung kein Punkt der Ebene E ist, was sich an der 18 auf der rechten Seite der Gleichung erkennen lässt.

1.4 Den Winkel zwischen zwei Ebenen kann man bestimmen, indem man den Winkel zwischen deren Normalenvektoren berechnet. Im vorliegenden Fall handelt es sich um die Ebene E aus Teilaufgabe 1.2 und die x-y-Ebene, die der Ausrichtung der Horizontalen entspricht. Ein Normalenvektor $\vec{n} = \begin{pmatrix} 3 \\ 0 \\ 4 \end{pmatrix}$ der Ebene E wurde bereits in Teilaufgabe 1.2 bestimmt; ein Normalenvektor der x-y-Ebene zeigt in Richtung der z-Achse, womit der dritte Basisvektor $\vec{e_3} = \begin{pmatrix} 0 \\ 0 \\ 1 \end{pmatrix}$ gewählt werden kann. Unter Verwendung der Formel zur Bestimmung des Winkels zwischen zwei Vektoren ergibt sich die Rechnung

$$\begin{aligned}\cos(\alpha) &= \frac{\vec{n} \cdot \vec{e_3}}{|\vec{n}| \cdot |\vec{e_3}|} \\ &= \frac{\begin{pmatrix} 3 \\ 0 \\ 4 \end{pmatrix} \cdot \begin{pmatrix} 0 \\ 0 \\ 1 \end{pmatrix}}{\left|\begin{pmatrix} 3 \\ 0 \\ 4 \end{pmatrix}\right| \cdot \left|\begin{pmatrix} 0 \\ 0 \\ 1 \end{pmatrix}\right|} \\ &= \frac{3 \cdot 0 + 0 \cdot 0 + 4 \cdot 1}{\sqrt{3^2 + 0^2 + 4^2} \cdot \sqrt{0^2 + 0^2 + 1^2}} \\ &= \frac{4}{5}\end{aligned}$$

Die Anwendung des arccos auf beide Seiten der Gleichung liefert den gesuchten Winkel.

$$\alpha = \arccos\left(\frac{4}{5}\right) \approx 36{,}87^\circ$$

Das Dach der Scheune schließt mit der Horizontalen einen Winkel von ungefähr 36,87° ein.

1.5 Das Volumen und die Oberfläche des Silos können rein elementargeometrisch, d.h. ohne Verwendung von Vektoren, berechnet werden. Das Volumen eines Zylinders ergibt sich aus dem Produkt der Grundfläche und der Höhe des Zylinders. Die Grundfläche ist ein Kreis mit Radius $r = 2\,\text{m}$, womit sich für das Volumen

$$V_{Silo} = \pi \cdot r^2 \cdot h = \pi \cdot (2\,\text{m})^2 \cdot 9{,}6\,\text{m} = \pi \cdot 38{,}4\,\text{m}^3 \approx 120{,}64\,\text{m}^3$$

ergibt.

Die Oberfläche des Silos setzt sich aus der Mantelfläche und dem Dach des Silos zusammen. Bei dem Dach handelt es sich um einen Kreis (Flächeninhalt: $\pi \cdot r^2$) und die Mantelfläche ergibt sich durch das Produkt aus dem Umfang dieses Kreises und der Höhe des Zylinders. Somit ergibt sich für die gesamte Oberfläche (ohne Boden):

$$\begin{aligned} O_{Silo} &= \pi \cdot r^2 + 2 \cdot \pi \cdot r \cdot h \\ &= \pi \cdot (2\,\text{m})^2 + 2 \cdot \pi \cdot 2\,\text{m} \cdot 9{,}6\,\text{m} \\ &= \pi \cdot 4\,\text{m}^2 + \pi \cdot 38{,}4\,\text{m}^2 \\ &= \pi \cdot 42{,}4\,\text{m}^2 \\ &\approx 133{,}20\,\text{m}^2 \end{aligned}$$

Das Volumen des Silos beträgt ungefähr $121\,\text{m}^3$ und die Oberfläche ungefähr $133\,\text{m}^2$.

2.1 Die Ebene F ist die Schattenebene des Silorandes, der durch die Punkte P und Q bestimmt wird. Aus diesem Grund müssen die Punkte P und Q Teil der Ebene sein. Die Koordinaten des Punktes $P(7{,}2|-3{,}4|9{,}6)$ sind bekannt, womit mit einer Punktprobe nachgewiesen werden kann, dass P Teil der Ebene F ist.

$$3 \cdot 7{,}2 + 4 \cdot (-3{,}4) = 21{,}6 + (-13{,}6) = 8 \checkmark$$

Der Punkt Q liegt direkt unterhalb des Punktes P auf dem Boden, weshalb sich im Vergleich zu P nur die z-Koordinate ändert. Da die z-Koordinate in der Koordinatengleichung $3x + 4y = 8$ nicht auftaucht, liegt mit dem Punkt P auch der Punkt Q in der Ebene F.

Damit auch der Schattenpunkt T von P Teil der Ebene F ist, muss die Ausbreitungsrichtung des Schattens und damit auch des Sonnenlichts, gegeben durch den Vektor $\begin{pmatrix} -4 \\ 3 \\ -3 \end{pmatrix}$, ein möglicher Richtungsvektor der Ebene F sein. Jeder Richtungsvektor einer Ebene steht senkrecht auf einem Normalenvektor dieser Ebene, weshalb abschließend diese Orthogonalität noch überprüft werden muss. Den Normalenvektor $\begin{pmatrix} 3 \\ 4 \\ 0 \end{pmatrix}$ kann man aus den Koeffizienten der Koordinatengleichung ablesen.

$$\begin{pmatrix} -4 \\ 3 \\ -3 \end{pmatrix} \cdot \begin{pmatrix} 3 \\ 4 \\ 0 \end{pmatrix} = (-4) \cdot 3 + 3 \cdot 4 + (-3) \cdot 0 = 0$$

Das Skalarprodukt der beiden Vektoren ist 0, womit die Orthogonalität gezeigt ist.

2.2 T ist der Schattenpunkt von P auf der Dachebene E, weshalb der Schnittpunkt der Schattengeraden

$$g_S : \vec{x} = \begin{pmatrix} 7{,}2 \\ -3{,}4 \\ 9{,}6 \end{pmatrix} + t \cdot \begin{pmatrix} -4 \\ 3 \\ -3 \end{pmatrix}$$

durch P mit der Dachebene

$$E : 3x + 4z = 18$$

berechnet werden muss.

Einsetzen der x- und z-Komponente der Geraden g_S in die Ebene E führt auf die Gleichungskette

$$\begin{aligned} 3 \cdot (7{,}2 - 4t) + 4 \cdot (9{,}6 - 3t) &= 18 \\ 21{,}6 - 12t + 38{,}4 - 12t &= 18 \\ 60 - 24t &= 18 \\ -24t &= -42 \\ t &= 1{,}75 \end{aligned}$$

Zur Bestimmung des Ortsvektors von T muss $t = 1{,}75$ in die Gerade g_S eingesetzt werden.

$$\overrightarrow{OT} = \begin{pmatrix} 7{,}2 \\ -3{,}4 \\ 9{,}6 \end{pmatrix} + 1{,}75 \cdot \begin{pmatrix} -4 \\ 3 \\ -3 \end{pmatrix} = \begin{pmatrix} 7{,}2 \\ -3{,}4 \\ 9{,}6 \end{pmatrix} + \begin{pmatrix} -7 \\ 5{,}25 \\ -5{,}25 \end{pmatrix} = \begin{pmatrix} 0{,}2 \\ 1{,}85 \\ -4{,}35 \end{pmatrix}$$

Der Punkt S liegt sowohl auf der Geraden $\vec{x} = \begin{pmatrix} 2 \\ 6 \\ 3 \end{pmatrix} + s \cdot \begin{pmatrix} 0 \\ -12 \\ 0 \end{pmatrix}$ durch A und D als auch auf der Ebene F, weshalb deren Schnitt berechnet werden muss. Dies kann analog zur vorherigen Schnittbildung zur Bestimmung von T durchgeführt werden. Einsetzen der Komponenten der Gerade in die Ebene F führt auf

$$\begin{aligned} 3 \cdot 2 + 4 \cdot (6 - 12s) &= 8 \\ 30 - 48s &= 8 \\ s &= \frac{11}{24} \end{aligned}$$

Durch Einsetzen des berechneten Parameterwertes in die Geradengleichung erhält man den Ortsvektor von S.

$$\overrightarrow{OS} = \begin{pmatrix} 2 \\ 6 \\ 3 \end{pmatrix} + \frac{11}{24} \cdot \begin{pmatrix} 0 \\ -12 \\ 0 \end{pmatrix} = \begin{pmatrix} 2 \\ 0{,}5 \\ 3 \end{pmatrix}$$

Da man nun die Koordinaten der Punkte T und S kennt, kann man den Abstand zwischen S und T durch die Berechnung der Länge des Vektors $\overrightarrow{ST}$ bestimmen.

$$\left|\overrightarrow{ST}\right| = \left|\begin{pmatrix} 0{,}2 \\ 1{,}85 \\ 4{,}35 \end{pmatrix} - \begin{pmatrix} 2 \\ 0{,}5 \\ 3 \end{pmatrix}\right| = \left|\begin{pmatrix} -1{,}8 \\ 1{,}35 \\ 1{,}35 \end{pmatrix}\right| = \sqrt{(-1{,}8)^2 + 1{,}35^2 + 1{,}35^2} \approx 2{,}62$$

Der Abstand der beiden Punkte S und T beträgt somit ca. 2,6 m.

Achtung: Wollen Sie den Schnittpunkt von g_S und E mittels Gleichsetzen der beiden Parametergleichungen ermitteln, muss das entstehende lineare Gleichungssystem wegen des Operators „Berechnen“ per Hand gelöst werden.

2.3 Da die Breite und nicht die Höhe des Schattens für die Aufgabe bedeutsam ist, ist die Dimension in Richtung der z-Achse für die Lösung der Aufgabe nicht bedeutsam. Zur Verdeutlichung der vorliegenden Situation genügt somit ein Grundriss von Silo, Scheunenwand und Schattenverlauf. Um den Strahlenverlauf besser erkennen zu können, ist die folgende Skizze nicht maßstabsgetreu.

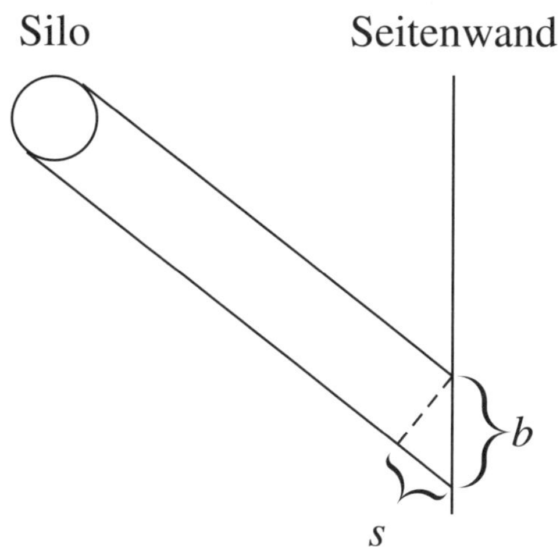

In der Skizze entspricht die gestrichelte Linie dem Durchmesser des Silos, da die Schattenebenen parallel verlaufen. Die Länge der Strecke b entspricht der Breite des Schattens auf der Seitenwand der Scheune. Gemeinsam mit der der Seite s bilden sie ein rechtwinkliges

Dreieck, wobei der Schatten auf der Scheune der Hypothenuse des Dreiecks entspricht. Somit ist auch gezeigt, dass der Schatten auf der Scheune breiter als das Silo ist, da die gestrichelte Linie einer Kathete im rechtwinkligen Dreieck entspricht und diese immer kürzer als die Hypothenuse ist

2.4 Da die Koeffizienten der Koordinatenformen von H und F gleich sind, und damit deren Normalenvektor, weiß man, dass die beiden Ebenen parallel sind. Kennt man einen Punkt der Ebene H, kann man diesen in die unvollständige Koordinatenform einsetzen und somit das unbekannte d bestimmen.

Da Tangenten an einen Kreis im rechten Winkel zu dem Durchmesser einen Kreises stehen, muss man ausgehend von Q (oder P) denjenigen Punkt auf dem Silo suchen, der dem ersten genau gegenüber liegt.

Hierfür geht man ausgehend von Q 4 Einheiten in Richtung des auf die Länge 1 normierten Normalenvektors der beiden Ebenen, da dieser genau die Richtung des Durchmessers hat. Dem Bild im Material lässt sich gut entnehmen, dass bei diesem Schritt die x- und die y-Koordinate des gesuchten Punktes ausgehend von Q kleiner werden müssen. Somit ist auch die Richtung des benötigten Normaleneinheitsvektors $\vec{n_h}$ festgelegt.

$$\vec{n_0} = -\frac{\begin{pmatrix}3\\4\\0\end{pmatrix}}{\left|\begin{pmatrix}3\\4\\0\end{pmatrix}\right|} = -\frac{\begin{pmatrix}3\\4\\0\end{pmatrix}}{\sqrt{3^2+4^2}} = -\frac{1}{5}\begin{pmatrix}3\\4\\0\end{pmatrix} = \begin{pmatrix}-0,6\\-0,8\\0\end{pmatrix}$$

Von Punkt Q aus geht man nun diesen Vektor 4 Einheiten weit, um einen Punkt Q' zu bestimmen, der auf H liegt. Rechnerisch addiert man zum Ortsvektor des Punktes Q das Vierfache des Vektors $\vec{n_0}$.

$$\overrightarrow{OQ'} = \overrightarrow{OQ} + 4\cdot\vec{n_0} = \begin{pmatrix}7,2\\-3,4\\0\end{pmatrix} + 4\cdot\begin{pmatrix}-0,6\\-0,8\\0\end{pmatrix} = \begin{pmatrix}7,2\\-3,4\\0\end{pmatrix} + \begin{pmatrix}-2,4\\-3,2\\0\end{pmatrix} = \begin{pmatrix}4,8\\-6,6\\0\end{pmatrix}$$

Die Koordinaten des Punktes Q' werden abschließend in die Koordinatenform von H eingesetzt, um d zu erhalten.

$$d = 3\cdot 4,8 + 4\cdot -6,6 = 14,4 + -26,4 = -12$$

3.1 Es sind die Punkte gesucht, deren Ortsvektoren durch die Matrix M auf sich selbst abgebildet werden. Diese Forderung korrespondiert mit der Gleichung $M \cdot \vec{x} = \vec{x}$, d.h.

$$\begin{pmatrix} 1 & 0 & -\frac{4}{3} \\ 0 & 1 & 1 \\ 0 & 0 & 0 \end{pmatrix} \cdot \begin{pmatrix} x \\ y \\ z \end{pmatrix} = \begin{pmatrix} x \\ y \\ z \end{pmatrix}$$

Ausgeschrieben führt dies auf ein lineares Gleichungssystem mit drei Gleichungen.

$$1x + 0y - \frac{4}{3}z = x \qquad (1)$$

$$0x + 1y + 1z = y \qquad (2)$$

$$0x + 0y + 0z = z \qquad (3)$$

Aus Gleichung (3) folgt direkt, dass $z = 0$ gelten muss. Eingesetzt in die beiden anderen Gleichungen ergibt sich $x = x$ und $y = y$ und somit keine weitere Einschränkung für die gesuchten Punkte. Zusammengefasst erfüllen alle Punkte der Form $(x|y|0)$ die geforderte Bedingung.

Eine Möglichkeit alle berechneten Punkte darzustellen, ist die Koordinatenform $z = 0$. Diese Koordinatenform beschreibt geometrisch betrachtet die x-y-Ebene.

3.2 Der Ursprung besitzt den Ortsvektor $\begin{pmatrix} 0 \\ 0 \\ 0 \end{pmatrix}$. Die Aufgabe führt somit auf die Gleichung

$$\begin{pmatrix} 1 & 0 & -\frac{4}{3} \\ 0 & 1 & 1 \\ 0 & 0 & 0 \end{pmatrix} \cdot \begin{pmatrix} x \\ y \\ z \end{pmatrix} = \begin{pmatrix} 0 \\ 0 \\ 0 \end{pmatrix}$$

und weiter auf das Gleichungssystem

$$1x + 0y - \frac{4}{3}z = 0 \qquad (4)$$

$$0x + 1y + 1z = 0 \qquad (5)$$

$$0x + 0y + 0z = 0 \qquad (6)$$

Gleichung (6) vereinfacht sich zu $0 = 0$ und liefert somit keine Information zur Lösung des linearen Gleichungssystems, womit zwei Gleichungen mit drei Unbekannten übrig bleiben. Mit Hilfe dieser Gleichungen (4) und (5) lassen sich x und y in Abhängigkeit von z angeben.

$$1x - \frac{4}{3}z = 0 \implies x = \frac{4}{3}z$$

$$1y + 1z = 0 \implies y = -z$$

Alle Punkte, die auf den Ursprung abgebildet werden, besitzen in Abhängigkeit von z die Koordinaten $\left(\frac{4}{3}z\middle| -z\middle|z\right)$, wobei z eine beliebige reelle Zahl ist.

Zur Beschreibung der geometrischen Lage der Punkte P lohnt es sich die Punkte durch ihre Ortsvektoren $\overrightarrow{OP}$ darzustellen.

$$\begin{aligned}\overrightarrow{OP} &= \begin{pmatrix} \frac{4}{3}z \\ -z \\ z \end{pmatrix} \\ &= z \cdot \begin{pmatrix} \frac{4}{3} \\ -1 \\ 1 \end{pmatrix} \\ &= \begin{pmatrix} 0 \\ 0 \\ 0 \end{pmatrix} + z \cdot \begin{pmatrix} \frac{4}{3} \\ -1 \\ 1 \end{pmatrix}; \quad z \in \mathbb{R}\end{aligned}$$

Die letzte Zeile ist die Parametergleichung einer Ursprungsgeraden, womit alle gesuchten Punkte auf einer Geraden durch den Ursprung liegen.

3.3 Da die Punkte der x-y-Ebene auf sich selbst abgebildet werden, kann es sich bei der Abbildung entweder um eine Projektion auf diese Ebene oder eine Spiegelung an dieser Ebene handeln.

Würde es sich um eine Spiegelung an der x-y-Ebene handeln, würde nur der Ursprung auf den Ursprung abgebildet werden. Da aber in Aufgabe 3.2 nachgewiesen wurde, dass eine vollständige Gerade auf den Ursprung abgebildet werden, kann es sich bei der Abbildung nur um eine Projektion auf die x-y-Ebene handeln. Die Richtung der Projektion wird durch den Vektor $\begin{pmatrix} \frac{4}{3} \\ -1 \\ 1 \end{pmatrix}$ gegeben.

Abitur 2019 – Aufgabe C2 (WTR/CAS)

1.1 Bei der beschriebenen Entnahme von Hühnereiern auf einer Hühnerfarm handelt es sich um eine Bernoulli-Kette. Das zu Grunde liegende Zufallsexperiment hat nur zwei Ausgänge, nämlich weiße Eier und braune Eier. Außerdem ändert sich die Wahrscheinlichkeit für beide Ausgänge nicht, weil davon ausgegangen werden kann, dass die Gesamtzahl der Hühnereier so groß ist, dass das Ziehen einiger Eier keinen Einfluss auf die gesamte Wahrscheinlichkeitsverteilung hat. frv.tv/rx

1.2 In dieser Aufgabe sollen verschiedene Wahrscheinlichkeiten berechnet und eine passende Zufallsvariable angegeben werden. Die Zufallsvariable kann dabei aufgabenweise angegeben werden oder im Voraus für alle Einzelwahrscheinlichkeiten. Im Folgenden sollen die Wahrscheinlichkeiten für die binomialverteilte Zufallsvariable

$$X: \textit{Anzahl der weißen Eier}, \quad p = 0{,}3, \quad q = 1 - p = 0{,}7$$

bestimmt werden:

$$P(\mathrm{E}_1) = P(X = 3) = \binom{10}{3} \cdot 0{,}3^3 \cdot 0{,}7^7 \approx 26{,}68\,\%$$

$$P(\mathrm{E}_2) = P(X \leq 17) = F(50;0{,}3;17) = \sum_{i=0}^{17} \binom{50}{i} \cdot 0{,}3^i \cdot 0{,}7^{50-i} \approx 78{,}22\,\%$$

Zu beachten ist bei Ereignis E_2, dass mindestens 33 braune Eier höchstens 17 weißen Eiern entspricht.

$$\begin{aligned} P(\mathrm{E}_3) &= P(27 \leq X \leq 33) = F(100;0{,}3;33) - F(100;0{,}3;26) \\ &= \sum_{i=27}^{33} \binom{100}{i} \cdot 0{,}3^i \cdot 0{,}7^{100-i} \approx 55{,}49\,\% \end{aligned}$$

Dabei ist der Erwartungswert für Ereignis E_3 $\mu = 100 \cdot 0{,}3 = 30$.

1.3 Auf der linken Seite der Gleichung steht die Wahrscheinlichkeit dafür, bei n entnommenen Eiern mindestens ein weißes Ei zu erhalten. Diese Wahrscheinlichkeit soll mindestens 99 % betragen.

Es handelt sich hier um eine *mindestens-mindestens-mindestens-Aufgabe*, n soll berechnet werden. Die Wahrscheinlichkeit, mindestens ein weißes Ei zu erhalten, entspricht der Gegenwahrscheinlichkeit für das Ereignis „*kein weißes Ei*“ bzw. „*n braune Eier*“, außerdem muss man darauf achten, dass das Ungleichheitszeichen umgedreht wird, wenn eine Gleichung mit einer negativen Zahl multipliziert oder durch eine negative Zahl dividiert wird:

$$\begin{aligned} P(X \geq 1) &\geq 0{,}99 \\ 1 - P(X = 0) &\geq 0{,}99 \\ P(X = 0) &\leq 0{,}01 \\ 0{,}7^n &\leq 0{,}01 \\ \ln(0{,}7^n) &\leq \ln(0{,}01) \\ n \cdot \ln(0{,}7) &\leq \ln(0{,}01) \qquad \Rightarrow n \geq \frac{\ln(0{,}01)}{\ln(0{,}7)} \approx 12{,}91 \end{aligned}$$

Es müssen entsprechend mindestens 13 Eier entnommen werden, um mit einer Wahrscheinlichkeit von mindestens 99 % mindestens ein weißes Ei zu erhalten.

2.1 Aus dem Aufgabentext können die folgenden bedingten und totalen Wahrscheinlichkeiten entnommen werden:

bedingt:	$P_C(\text{weiß}) = 0{,}4$	$P_B(\text{weiß}) = 0{,}25$
total:	$P(\text{braun}) = 0{,}7$	$P(\text{weiß}) = 0{,}3$

Gesucht ist die totale Wahrscheinlichkeit $P(C) = x$ für den Anteil der Eier, die der Händler von Hühnerfarm C bezieht. Die Situation kann in einem Baumdiagramm veranschaulicht werden:

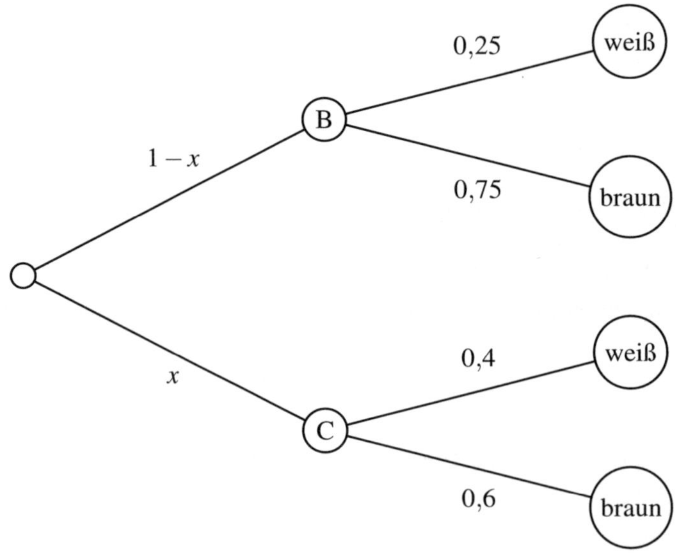

Die totalen Wahrscheinlichkeiten für die beiden Eifarben ergeben sich aus der Addition der entsprechenden Pfade („*Satz von der totalen Wahrscheinlichkeit*"). Es reicht dabei aus, eine der beiden folgenden Gleichungen aufzustellen und zu lösen:

$$P(\text{weiß}) = (1-x)\cdot 0{,}25 + x\cdot 0{,}4 = 0{,}3 \qquad \Rightarrow x = \frac{1}{3}$$

$$P(\text{braun}) = (1-x)\cdot 0{,}75 + x\cdot 0{,}6 = 0{,}7 \qquad \Rightarrow x = \frac{1}{3}$$

Damit ist gezeigt, dass der Händler ein Drittel seiner Lieferung von Hühnerfarm C bezieht.

2.2 Hier ist die bedingte Wahrscheinlichkeit dafür gesucht, dass ein weißes Ei von Hühnerfarm C stammt:

$$P_{\text{weiß}}(\text{C}) = \frac{P(\text{weiß}\cap\text{C})}{P(\text{weiß})} = \frac{\frac{1}{3}\cdot 0{,}4}{0{,}3} = \frac{4}{9} \approx 44{,}44\,\%$$

Sie können sich die Schnittwahrscheinlichkeit im Zähler mit obigem Baumdiagramm verdeutlichen, nach der Pfadregel ist

$$P(\text{weiß}\cap\text{C}) = P(\text{C})\cdot P_{\text{C}}(\text{weiß}) = \frac{1}{3}\cdot 0{,}4$$

3.1 In dieser Aufgabe soll ein Test entwickelt werden, mit dem der Anteil weißer Eier ermittelt wird. Der Händler vermutet, dass dieser Anteil über 30 % liegt.

Es werden 200 Eier entnommen, das Signifikanzniveau des entwickelten Tests soll bei 5 % liegen, der α-Fehler soll also höchstens 5 % betragen. Es handelt sich hier um einen rechtsseitigen Test, als Nullhypothese betrachten wir den Fall, dass der Anteil weißer Eier bei höchstestens 30 % liegt. Es ergeben sich die folgenden Hypothesen und Annahmebereiche:

$$\begin{aligned} \text{H}_0 &: \quad p_0 \leq 0{,}3 \\ \text{H}_1 &: \quad p_1 > 0{,}3 \end{aligned}$$

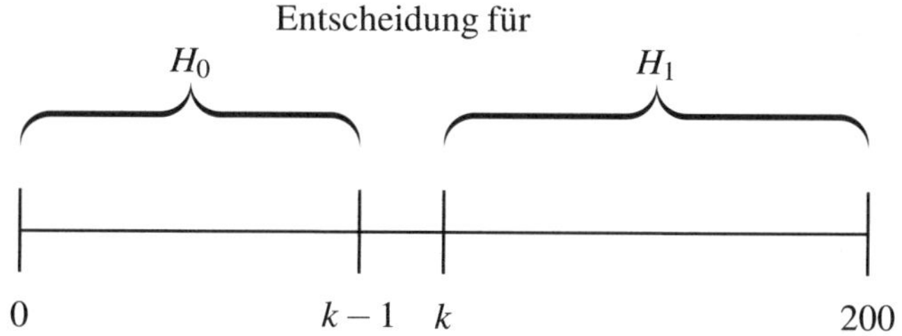

Ein α-Fehler liegt dann vor, wenn die Nullhypothese fälschlicherweise abgelehnt wird. Um die kritische Zahl k zu bestimmen, muss also die folgende Gleichung betrachtet werden:

$$P_{\mathrm{H}_0}(X \geq k) \leq 0{,}05$$

Zunächst formulieren wir die Gleichung mit Bezug auf den entwickelten Test:

$$\begin{aligned} P_{\mathrm{H}_0}(X \geq k) &\leq 0{,}05 \\ 1 - P_{\mathrm{H}_0}(X \leq k-1) &\leq 0{,}05 \\ P_{\mathrm{H}_0}(X \leq k-1) &\geq 0{,}95 \\ F(200;0{,}3;k-1) &\geq 0{,}95 \end{aligned}$$

frv.tv/cl

Diese Gleichung können Sie mit der Listenfunktion zur kumulierten Binomialfunktion Ihres Taschenrechners lösen. Um einen Anhaltspunkt zu haben, in welchem Bereich für k Sie nach der Lösung suchen müssen, berechnen Sie den Erwartungswert ($\mu = 60$) sowie die Standardabweichung ($\sigma \approx 6{,}5$) der Verteilung mit $n = 200$ und $p_0 = 0{,}3$. 95 % aller Ergebnisse erwarten Sie in einer 2σ-Umgebung um den Erwartungswert. Da Sie einen rechtsseitigen Test entwickeln sollen, wird Ihre kritische Zahl etwas unterhalb von $\mu + 2\sigma$ liegen, Sie suchen also im Bereich um $k = 70$. Es ergibt sich

$$\begin{aligned} F(200;0{,}3;70) &= 0{,}9458 < 0{,}95 \quad ✗ \\ F(200;0{,}3;71) &= 0{,}9604 > 0{,}95 \quad ✓ \end{aligned}$$

Wegen $k - 1 = 71$ liegt die kritische Zahl bei $k = 72$. Findet der Händler unter 200 Eiern 72 oder mehr weiße Eier, so kann er bei einem α-Fehler von 5 % die Nullhypothese verwerfen und davon ausgehen, dass der Anteil weißer Eier in seiner Produktion über 30 % liegt.

3.2 Ein Fehler 2. Art oder β-Fehler liegt vor, wenn die Nullhypothese fälschlicherweise angenommen wird. Obwohl der Anteil weißer Eier über 30 % läge, würde der Händler aufgrund der Ergebnisse seines Tests davon ausgehen, dass der Anteil bei höchstens 30 % liegt. Falls wie beschrieben $p_1 = 0{,}35$ beträgt, ergibt sich mit dem bestimmten kritischen Wert $k = 72$ für den Fehler 2. Art

$$P_{\mathrm{H}_1}(X \leq 71) = F(200;0{,}35;71) \approx 59{,}07\,\%.$$

3.3 Im Material ist eine sogenannte Operationscharakteristik abgebildet. Für $n = 200$ und ein Signifikanzniveau von 5 % ist die Entwicklung des Fehlers 2. Art für verschiedene Werte von p_1 abgebildet. Der Wert aus 3.2 kann entsprechend an der Stelle $p = 0{,}35$ aus dem Graphen abgelesen werden.

Sinkt das Signifikanzniveau des Tests auf 2 %, verschiebt sich die kritische Zahl nach rechts, der Annahmebereich für die Nullhypothese wird entsprechend größer. Der Fehler 2. Art wird analog dazu ebenfalls größer, der Graph verliefe daher oberhalb dem im Material abgebildeten Graphen für $\alpha = 5\,\%$.

4.1 Sie dürfen die geforderten Wahrscheinlichkeiten mit der Verteilungsfunktion Ihres Taschenrechner bestimmen, wobei die Parameter $\sigma = 4$ und $\mu = 57$ sind.

frv.tv/cn

Damit ergibt sich

$$P(\mathrm{E}_4) = P(49 \le X \le 56) \approx 37{,}85\,\%$$

$$P(\mathrm{E}_5) = P(X \ge 50) = 1 - P(0 \le X \le 50) \approx 1 - 0{,}0401 = 95{,}99\,\%$$

$$P(\mathrm{E}_6) = P(X \le 51) + P(X \ge 63) = 1 - P(51 \le X \le 63) \approx 1 - 0{,}8664 = 13{,}36\,\%$$

Wenn Sie die einzelnen Wahrscheinlichkeiten mit Hilfe einer Tabelle zur Normalverteilung bestimmen möchten, müssen Sie die einzelnen Argumente zunächst über den Zusammenhang $\frac{X-\mu}{\sigma}$ normieren. Beispielhaft soll hier $P(\mathrm{E}_4)$ mittels Tabelle bestimmt werden:

frv.tv/ry

$$\begin{aligned} P(\mathrm{E}_4) = P(49 \le X \le 56) &= \Phi\left(\frac{56-57}{4}\right) - \Phi\left(\frac{49-57}{4}\right) \\ &= \Phi(-0{,}25) - \Phi(-2) = (1-0{,}5987) - (1-0{,}9772) = 0{,}3785 = 37{,}85\,\% \end{aligned}$$

Beachten Sie, dass Sie in der Tabelle immer Werte für positive Argumente ablesen. Sollen Sie den Wert der Normalverteilung für einen negativen Wert bestimmen, berechnen Sie 1 − abgelesener Wert.

4.2 Der Ausdruck beschreibt die Gegenwahrscheinlichkeit des Ereignisses *„höchstens a g“*. Diese soll kleiner sein als 5 %. Gesucht ist also die Grenze a in Gramm, unterhalb derer 95 % aller betrachteten Eier liegen. Um die Grenze zu berechnen, kann der Zusammenhang $\Phi(1{,}65) \approx 0{,}95$ aus dem Hinweis verwendet werden, es gilt dann

$$\begin{aligned} \Phi\left(\frac{a-57}{4}\right) &\ge 0{,}95 \\ \frac{a-57}{4} &\ge 1{,}65 && |\cdot 4 \\ a - 57 &\ge 4 \cdot 1{,}65 = 6{,}6 && \Rightarrow \quad a \ge 63{,}6 \end{aligned}$$

Der kleinste ganzzahlige Wert von a, der die Ungleichung erfüllt, ist $a = 64$.

4 Abitur 2020

Abitur 2020 – Aufgabe B1 (WTR)

1.1 Da der Wert für t (nämlich 0) bereits explizit in der Aufgabe gegeben ist, kann die geforderte Zuflussrate dadurch berechnet werden, dass man 0 für t in die Funktionenschar einsetzt.

$$\begin{aligned} f_k(0) &= 100\left(k^2 \cdot 0 + k\right) \cdot \mathrm{e}^{-\frac{k}{5} \cdot 0} \\ &= 100k \cdot \mathrm{e}^0 \\ &= 100k \end{aligned}$$

Die Zuflussrate zum Zeitpunkt $t = 0$ beträgt somit $100k\,\frac{\mathrm{m}^3}{\mathrm{h}}$.

1.2 In dieser Aufgabe ist die maximale Zuflussrate gesucht. Die Funktionenschar f_k liefert als Rückgabewert die Zuflussrate. Zur Bestimmung der maximalen Zuflussrate muss deshalb das Maximum der Funkionenschar f_k berechnet werden.

Die notwendige Bedingung für Extrema lautet $f_k{}'(t) = 0$, weshalb in einem ersten Schritt die erste Ableitung von f_k bestimmt werden muss. Hierfür benötigt man die Produktregel (1. Faktor $100(k^2 \cdot t + k)$ und 2. Faktor $\mathrm{e}^{\frac{k}{5} \cdot t}$). Bei dem 2. Faktor handelt es sich um eine verkettete Funktion, weshalb für dessen Ableitung auch noch die Kettenregel verwendet werden muss.

$$\begin{aligned} f_k{}'(t) &= 100k^2 \cdot \mathrm{e}^{-\frac{k}{5} \cdot t} + 100\left(k^2 \cdot t + k\right) \cdot \mathrm{e}^{-\frac{k}{5} \cdot t} \cdot \left(-\frac{k}{5}\right) \\ &= 100k^2 \cdot \mathrm{e}^{-\frac{k}{5} \cdot t} - 20\left(k^3 \cdot t + k^2\right) \cdot \mathrm{e}^{-\frac{k}{5} \cdot t} \\ &= \left(100k^2 - 20k^3 \cdot t - 20k^2\right) \cdot \mathrm{e}^{-\frac{k}{5} \cdot t} \\ &= \left(-20k^3 \cdot t + 80k^2\right) \cdot \mathrm{e}^{-\frac{k}{5} \cdot t} \\ &= 20k^2\left(-k \cdot t + 4\right) \cdot \mathrm{e}^{-\frac{k}{5} \cdot t} \end{aligned}$$

Nun kann die Gleichung $f_k{}'(t) = 0$ gelöst werden.

$$\begin{aligned} f_k{}'(t) &= 0 \\ 20k^2\left(-k \cdot t + 4\right) \cdot \mathrm{e}^{-\frac{k}{5} \cdot t} &= 0; \qquad \mathrm{e}^{-\frac{k}{5} \cdot t} \neq 0 \\ 20k^2\left(-k \cdot t + 4\right) &= 0 \\ -k \cdot t + 4 &= 0 \\ -k \cdot t &= -4 \\ t &= \frac{4}{k} \end{aligned}$$

Zu beachten ist, dass $k \in \mathbb{R}^+$ gilt, weshalb der Faktor $20k^2$ nicht 0 werden kann.

Zur Überprüfung, welche Art eines Extremums an der Stelle $\frac{4}{k}$ vorliegt, kann diese in die zweite Ableitung, die in der Aufgabenstellung gegeben ist, eingesetzt werden.

$$f_k''\left(\frac{4}{k}\right) = 4k^3\left(k \cdot \frac{4}{k} - 9\right) \cdot \mathrm{e}^{-\frac{k}{5} \cdot \frac{4}{k}} = 4k^3(4-9) \cdot \mathrm{e}^{-\frac{4}{5}} = -20k^3 \cdot \mathrm{e}^{-\frac{4}{5}}$$

Da sowohl k^3 als auch $\mathrm{e}^{-\frac{4}{5}}$ positive Werte sind, ist der Term $-20k^3 \cdot \mathrm{e}^{-\frac{4}{5}}$ negativ, und der Graph der Funktion f_k ist an der Stelle $\frac{4}{k}$ rechtsgekrümmt. Eine rechtsgekrümmte Stelle mit Steigung 0 ist ein lokales Maximum einer Funktion, weshalb zum Zeitpunkt $\frac{4}{k}$ die Zuflussrate maximal ist.

Zur Bestimmung der konkreten Zuflussrate muss der Wert $\frac{4}{k}$ abschließend in die Funkionenschar f_k eingesetzt werden.

$$f_k\left(\frac{4}{k}\right) = 100\left(k^2 \cdot \frac{4}{k} + k\right) \cdot \mathrm{e}^{-\frac{k}{5} \cdot \frac{4}{k}} = 100\,(4k+k) \cdot \mathrm{e}^{-\frac{4}{5}} = 500k \cdot \mathrm{e}^{-\frac{4}{5}}$$

Somit gilt: Nach $\frac{4}{k}$ h ist die Zuflussrate maximal und sie beträgt $500k \cdot \mathrm{e}^{-\frac{4}{5}}\,\frac{\mathrm{m}^3}{\mathrm{h}}$.

1.3 Der vorigen Aufgabe kann man entnehmen, dass die Stelle des Maximums der Funktionenschar $t = \frac{4}{k}$ für größere Werte von k immer kleiner wird. Der zugehörige Funktionswert $500k \cdot \mathrm{e}^{-\frac{4}{5}}$ wird hingegen immer größer, da hier mit k multipliziert wird und nicht durch k dividiert wird. Der Graph mit dem größten Maximum muss deshalb zum Parameter $k = 4$ gehören. Je weiter die Maxima nach rechts wandern, um so kleiner werden die zugehörigen Parameter.

Für die Bestimmung der Ortskurve muss man den Parameter k in Abhängigkeit von t angeben, um diesen Term anschließend in die y-Koordinate der Hochpunkte einsetzen zu können. Aus der 1. Koordinate des Hochpunkts liest man $t = \frac{4}{k}$ ab. Auflösen des Terms nach k liefert $k = \frac{4}{t}$. frv.tv/rv

Es entsteht die Ortskurve: $y = 500 \cdot \frac{4}{t} \cdot \mathrm{e}^{-\frac{4}{5}} = \frac{2000}{t} \cdot \mathrm{e}^{-\frac{4}{5}}$

Nun hat man alle Informationen zusammen, um das Koordinatensystem im Material 1 um die geforderten Elemente zu ergänzen.

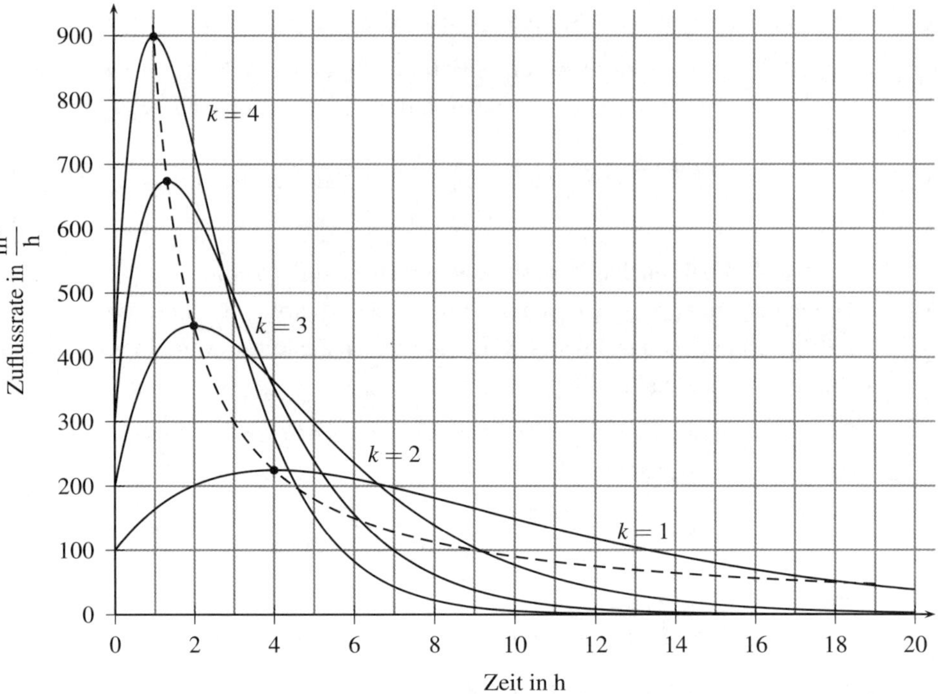

Die Ortskurve (gestrichelt dargestellt) muss durch die Maxima der vorgegebenen Graphen gehen. Da man außerdem deren Term $\frac{2000}{t} \cdot e^{-\frac{4}{5}}$ kennt, weiß man, dass sie die Form einer Hyperbel besitzen muss.

1.4 Wendepunkte eines Graphen sind Punkte, in denen der Graph von einer Links- in eine Rechtskrümmung (oder umgekehrt) übergeht, weshalb dort die Forderung $f_k''(t) = 0$ erfüllt sein muss. Der Term der zweiten Ableitung, den man zur Lösung dieser Gleichung benötigt, ist in Teilaufgabe 1.2 gegeben.

$$\begin{aligned} f_k''(t) &= 0 \\ 4k^3(k \cdot t - 9) \cdot e^{-\frac{k}{5} \cdot t} &= 0; \qquad e^{-\frac{k}{5} \cdot t} \neq 0 \\ 4k^3(k \cdot t - 9) &= 0 \\ k \cdot t - 9 &= 0 \\ k \cdot t &= 9 \\ t &= \frac{9}{k} \end{aligned}$$

Da laut Aufgabenstellung die hinreichende Bedingung für Wendestellen nicht gefordert ist, verbleibt nur noch die y-Koordinate der Wendepunkte zu berechnen. Hierfür setzt man

$\frac{9}{k}$ in f_k ein.

$$f_k\left(\frac{9}{k}\right) = 100\left(k^2 \cdot \frac{9}{k} + k\right) \cdot \mathrm{e}^{-\frac{k}{5} \cdot \frac{9}{k}} = 100\,(9k + k) \cdot \mathrm{e}^{-\frac{9}{5}} = 1000k \cdot \mathrm{e}^{-\frac{9}{5}}$$

Die Wendepunkte der Funkionenschar f_k sind $W\left(\frac{9}{k}\middle|1000k \cdot \mathrm{e}^{-\frac{9}{5}}\right)$.

1.5.1 Die Zuflussrate f_k des Regenwassers kann auch als Änderungsrate der Wassermenge im Becken aufgefasst werden. Die Bestandsänderung der Wassermenge entspricht somit der aufzunehmenden Regenmenge im Zeitintervall $[a;b]$, wenn man von einem zu Beginn leeren Becken ausgeht, und lässt sich unter Verwendung der Stammfunktionenschar F_k durch $F_k(b) - F_k(a)$ berechnen. Laut Aufgabenstellung beginnt der Regen zum Zeitpunkt $t = 0$ und die Schar f_k gilt für alle Zeiten $t \geq 0$. Für das Ende des Intervalls benötigt man deshalb eine Variable, die gegen „unendlich" laufen muss.

Ersetzt man die Integralgrenzen a und b entsprechend dieser Überlegungen, erhält man $\lim\limits_{u \to \infty}[F_k(u) - F_k(0)]$, was genau der Formel in der Beschreibung des 1. Verfahrens entspricht. Verfahren (1) liefert also den exakten Wert.

1.5.2 Bei einem Formansatz wird eine allgemeine Stammfunktion angesetzt, in der weitere unbekannte Parameter vorhanden sind. Hat man eine Stammfunktion korrekter Form angesetzt, kann man diese ableiten und das Ergebnis mit der Funktion gleichsetzen. Koeffizientenvergleich ermöglicht dann die Bestimmung der unbekannten Parameter.

Als allgemeine Form der Stammfunktionenschar ist in der Aufgabe

$$F_k(t) = 100(a \cdot t + b) \cdot \mathrm{e}^{-\frac{k}{5} \cdot t}$$

gegeben. Ableiten mittels Produkt- und Kettenregel führt auf

$$\begin{aligned} F_k{}'(t) &= 100a \cdot \mathrm{e}^{-\frac{k}{5} \cdot t} + 100(a \cdot t + b) \cdot \mathrm{e}^{-\frac{k}{5} \cdot t} \cdot \left(-\frac{k}{5}\right) \\ &= 100a \cdot \mathrm{e}^{-\frac{k}{5} \cdot t} + 100\left(-\frac{k}{5}a \cdot t - \frac{k}{5}b\right) \cdot \mathrm{e}^{-\frac{k}{5} \cdot t} \\ &= 100\left(a - \frac{k}{5}a \cdot t - \frac{k}{5}b\right) \cdot \mathrm{e}^{-\frac{k}{5} \cdot t} \\ &= 100\left(-\frac{k}{5}a \cdot t + a - \frac{k}{5}b\right) \cdot \mathrm{e}^{-\frac{k}{5} \cdot t} \end{aligned}$$

Die Ableitung $F_k{}'$ wurde in eine Form gebracht, in der der Vergleich mit der vorgegebenen Funktionenschar $f_k = 100\left(k^2 \cdot t + k\right) \cdot \mathrm{e}^{-\frac{k}{5} \cdot t}$ möglichst angenehm ist.

Vergleicht man den Koeffizienten vor t, stellt man fest, dass $-\frac{k}{5}a = k^2$ gelten muss. Auflösen dieser Gleichung nach a führt auf $a = -5k$. Beim Vergleich des absoluten Gliedes kann man diesen Wert für a einsetzen und dann b berechnen.

$$\begin{aligned} a-\frac{k}{5}b &= k \\ -5k-\frac{k}{5}b &= k \\ -\frac{k}{5}b &= 6k \\ b &= -30 \end{aligned}$$

Einsetzen der Ergebnisse für die Parameter in die allgemeine Form der Stammfunktionenschar liefert

$$F_k(t) = 100(-5k\cdot t-30)\cdot \mathrm{e}^{-\frac{k}{5}\cdot t}$$

1.5.3 Berechnung nach dem Verfahren (1)

$$\begin{aligned} \lim_{u\to\infty}[F_k(u)-F_k(0)] &= \lim_{u\to\infty}\left(100(-5k\cdot u-30)\cdot \mathrm{e}^{-\frac{k}{5}\cdot u}-100(-5k\cdot 0-30)\cdot \mathrm{e}^{-\frac{k}{5}\cdot 0}\right) \\ &= \lim_{u\to\infty}\left(100(-5k\cdot u-30)\cdot \mathrm{e}^{-\frac{k}{5}\cdot u}+3000\right) \\ &= 100\cdot \lim_{u\to\infty}\left((-5k\cdot u-30)\cdot \mathrm{e}^{-\frac{k}{5}\cdot u}\right)+3000 \\ &= 100\cdot 0+3000 \\ &= 3000 \end{aligned}$$

Da der Exponentialterm $\mathrm{e}^{-\frac{k}{5}\cdot u}$ für $u\to\infty$ gegen 0 geht und den linearen Term dominiert, geht auch der komplette Grenzwert in der dritten Zeile gegen 0.

Berechnung nach dem Verfahren (2)

Bevor in diesem Fall die Fläche berechnet werden kann, müssen zuerst die Schnittpunkte der Wendetangenten mit den Achsen berechnet werden. Den Schnittpunkt S_y mit der y-Achse liefert die Auswertung der Funktionenschar w_k an der Stelle 0.

$$w_k(0) = 100k\cdot(19-k\cdot 0)\cdot \mathrm{e}^{-\frac{9}{5}} = 1900k\cdot \mathrm{e}^{-\frac{9}{5}} \implies S_y\left(0\,\middle|\,1900k\cdot \mathrm{e}^{-\frac{9}{5}}\right)$$

Für den Schnittpunkt S_x mit der x-Achse führt man eine Nullstellenberechnung für w_k durch.

$$
\begin{aligned}
w_k(t) &= 0 \\
100k \cdot (19 - k \cdot t) \cdot \mathrm{e}^{-\frac{9}{5}} &= 0; \qquad \mathrm{e}^{-\frac{9}{5}} \neq 0 \\
100k \cdot (19 - k \cdot t) &= 0 \\
19 - k \cdot t &= 0 \\
-k \cdot t &= -19 \\
t &= \frac{19}{k} \implies S_x\left(\frac{19}{k} \middle| 0\right)
\end{aligned}
$$

Da die Wendetangente eine Gerade ist, schließt sie mit den Achsen ein rechtwinkliges Dreieck ein. Dessen Grundseite g und Höhe h ergeben sich aus den Schnittpunkten mit den Achsen. Sein Flächeninhalt berechnet sich zu

$$A = \frac{1}{2}gh = \frac{1}{2} \cdot \frac{19}{k} \cdot 1900k \cdot \mathrm{e}^{-\frac{9}{5}} = 18050 \cdot \mathrm{e}^{-\frac{9}{5}} \approx 2983{,}64$$

Es verbleibt zu berechnen, um wie viel Prozent die Näherungslösung $18050 \cdot \mathrm{e}^{-\frac{9}{5}}$ von der exakten 3000 abweicht. Die absolute Abweichung beträgt $3000 - 18050 \cdot \mathrm{e}^{-\frac{9}{5}}$. Mit dieser absoluten Abweichung berechnet sich die relative zu

$$\frac{3000 - 18050 \cdot \mathrm{e}^{-\frac{9}{5}}}{3000} \approx 0{,}0055 = 0{,}55\%$$

Die Abweichung beträgt nur etwas mehr als ein halbes Prozent.

2.1 Da in der Aufgabenstellung beschrieben ist, dass das Rückhaltebecken rotationssymmetrisch ist, kann das Volumen des Beckens als Volumen des Rotationskörpers des Graphen von g um die x-Achse bestimmt werden. Die allgemeine Formel für das Volumen V eines Rotationskörpers lautet $V = \pi \int\limits_a^b (g(x))^2\,\mathrm{d}x$. Der Skizze in Material 2 lässt sich entnehmen, dass die obere Integralgrenze im vorliegenden Fall genau die Tiefe H des Rückhaltebeckens ist.

$$\begin{aligned} V &= \pi \int_0^H (g(x))^2 \,\mathrm{d}x \\ &= \pi \int_0^H \left(\sqrt{60x}\right)^2 \mathrm{d}x \\ &= \pi \int_0^H 60x \,\mathrm{d}x \\ &= \pi \left(\left[30x^2\right]_0^H \right) \\ &= \pi \left(30H^2 - 0\right) \\ &= \pi \cdot 30H^2 \end{aligned}$$

□

Wenn das Fassungsvermögen $3000\,\mathrm{m}^3$ beträgt, muss $\pi \cdot 30H^2 = 3000$ gelten.

$$\pi \cdot 30H^2 = 3000 \implies \pi \cdot H^2 = 100 \implies H = \sqrt{\frac{100}{\pi}} = \frac{10}{\sqrt{\pi}} \approx 5{,}64$$

Der Radius eines rotationssymmetrischen Körpers entspricht dem Funktionswert des Randkurvengraphen an dieser Stelle. Zur Bestimmung des Durchmessers d muss man diesen Wert verdoppeln.

$$d = 2 \cdot g\left(\frac{10}{\sqrt{\pi}}\right) = 2 \cdot \sqrt{60 \cdot \frac{10}{\sqrt{\pi}}} \approx 36{,}80$$

Das Rückhaltebecken hat ungefähr eine Tiefe von 5,64 m und einen Durchmesser von 36,8 m.

2.2.1 Je tiefer man im Becken kommt, umso geringer wird der Radius des Beckens. Konkret bedeutet dies, dass die obere Hälfte des Beckens, wenn dieses vollständig gefüllt ist, mehr Wasser beinhaltet als die untere. Wenn nach 50 Stunden die Hälfte des Wassers abgelaufen ist, hat der Wasserstand somit noch nicht die halbe Höhe des Beckens erreicht, da sich in der oberen Hälfte mehr als das halbe Volumen befindet. Der Wasserstand liegt somit **über** der halben Höhe über dem Beckenboden.

2.2.2 Da der Abfluss mit einer konstanten Rate stattfindet, muss es sich bei der zugehörigen Funktion um eine lineare der Form $V(t) = m \cdot t + b$ handeln. Der y-Achsenabschnitt b muss 3000 sein, da zu Beginn des Abflusses ($t = 0$) das Becken vollständig mit $3000\,\mathrm{m}^3$ Wasser gefüllt ist.

Da es 100 Stunden dauert, bis das Becken leer ist, müssen in jeder Stunde $30\,\mathrm{m}^3$ abfließen, damit es in der Summe $3000\,\mathrm{m}^3$ sind. Weil es sich bei einem Abfluss um eine negative Änderung der Wassermenge handelt, besitzt die Steigung m der Funktion V den Wert -30.

Das Restvolumen des Beckens wird insgesamt, wie angegeben, durch die Funktion

$$V(t) = -30t + 3000$$

beschrieben.

2.2.3 Zur Bearbeitung der Aufgabe muss man sich klarmachen, dass die Formel in Aufgabe 2.1 nicht nur für die Tiefe H (maximale Höhe des Wasserstandes) des Beckens gilt, sondern für jede Höhe h des Wasserstandes. Dies lässt sich damit begründen, dass für eine beliebige Höhe h die Herleitung der Formel in Aufgabenteil 2.1 analog verlaufen würde; es gilt $V = \pi \cdot 30h^2$.

Diese Formel kann man nach h auflösen.

$$V = \pi \cdot 30h^2 \implies \frac{V}{30\pi} = h^2 \implies h = \sqrt{\frac{V}{30\pi}}$$

Aufgabe 2.2.2 stellt eine Funktion zur Verfügung, die das Volumen der Regenwassermenge in Abhängigkeit der Zeit bestimmt. Setzt man diese in die obige Formel für h ein, erhält man eine Funktion, die h in Abhängigkeit der Zeit angibt.

$$\begin{aligned} h(t) &= \sqrt{\frac{V(t)}{30\pi}} \\ &= \sqrt{\frac{-30t + 3000}{30\pi}} \\ &= \sqrt{\frac{30(-t + 100)}{30\pi}} \\ &= \sqrt{\frac{1}{\pi}(100 - t)} \end{aligned}$$

Abitur 2020 – Aufgabe B2 (WTR)

1.1 Es ist egal, welche Werte der Term $a \cdot t - 0{,}3 \cdot t^2$ liefert, da dieser als Exponent für die Exponentialfunktion verwendet wird und diese grundsätzlich nur positive Funktionswerte besitzt. Es kann somit keine Nullstelle bei irgendeiner der Funktionen der Schar geben.

1.2 Die abzuleitende Funktionenschar $f_a(t) = \mathrm{e}^{a \cdot t - 0{,}3 \cdot t^2}$ ist eine Verkettung der Funktionenschar $g_a(t) = a \cdot t - 0{,}3 \cdot t^2$ mit der Funktion $h(t) = \mathrm{e}^t$. Aus diesem Grund benötigt man die Kettenregel zur Bestimmung der 1. Ableitung.

$$f_a{}'(t) = h'(g_a(t)) \cdot g_a{}'(t) = \mathrm{e}^{a \cdot t - 0{,}3 \cdot t^2} \cdot (a - 0{,}6 \cdot t)$$

Durch die Kettenregel ist in der 1. Ableitung ein Produkt entstanden, wobei der erste Faktor $h'(g_a(t))$ der ursprünglichen Funktionenschar $f_a(t)$ entspricht. Zur Bildung der 2. Ableitung benötigt man deshalb nun Produkt- und Kettenregel.

$$\begin{aligned}
f_a{}''(t) &= f_a{}'(t) \cdot g_a{}'(t) + f_a(t) \cdot g_a{}''(t) \\
&= \mathrm{e}^{a \cdot t - 0{,}3 \cdot t^2} \cdot (a - 0{,}6 \cdot t) \cdot (a - 0{,}6 \cdot t) + \mathrm{e}^{a \cdot t - 0{,}3 \cdot t^2} \cdot (-0{,}6) \\
&= \mathrm{e}^{a \cdot t - 0{,}3 \cdot t^2} \cdot (a - 0{,}6 \cdot t)^2 + \mathrm{e}^{a \cdot t - 0{,}3 \cdot t^2} \cdot (-0{,}6) \\
&= \mathrm{e}^{a \cdot t - 0{,}3 \cdot t^2} \cdot \left((a - 0{,}6 \cdot t)^2 - 0{,}6\right) \\
&= \mathrm{e}^{a \cdot t - 0{,}3 \cdot t^2} \cdot \left(a^2 - 1{,}2 \cdot a \cdot t + 0{,}36 \cdot t^2 - 0{,}6\right)
\end{aligned}$$

1.3 Da es sich bei Hochpunkten um Punkte mit dem Steigungswert 0 handelt, muss überprüft werden, dass es sich bei der t-Koordinate $\frac{5}{3}a$ des Punktes HP um eine Nullstelle der 1. Ableitung handelt. Aufgrund des Operators „Bestätigen“ kann dies durch Einsetzen des Wertes in die Ableitung geschehen.

$$f_a{}'\left(\frac{5}{3}a\right) = \mathrm{e}^{a \cdot \frac{5}{3}a - 0{,}3 \cdot \left(\frac{5}{3}a\right)^2} \cdot \left(a - 0{,}6 \cdot \frac{5}{3}a\right) = \mathrm{e}^{\frac{5}{3}a^2 - \frac{5}{6}a^2} \cdot (a - a) = \mathrm{e}^{\frac{5}{6}a^2} \cdot 0 = 0$$

Als hinreichende Bedingung für das Vorliegen eines Hochpunktes muss gesichert werden, dass die 2. Ableitung an der Stelle des Punktes HP einen negativen Wert annimmt. Auch dies kann wieder durch Einsetzen überprüft werden.

$$\begin{aligned}
f_a{}''\left(\frac{5}{3}a\right) &= \mathrm{e}^{a \cdot \frac{5}{3}a - 0{,}3 \cdot \left(\frac{5}{3}a\right)^2} \cdot \left(a^2 - 1{,}2a \cdot \frac{5}{3}a + 0{,}36 \cdot \left(\frac{5}{3}a\right)^2 - 0{,}6\right) \\
&= \mathrm{e}^{\frac{5}{3}a^2 - \frac{5}{6}a^2} \cdot \left(a^2 - 2a^2 + a^2 - 0{,}6\right) \\
&= \mathrm{e}^{\frac{5}{6}a^2} \cdot (-0{,}6) < 0
\end{aligned}$$

Der abschließende Term ist kleiner als 0, da der Exponentialterm immer größer 0 ist und dieser mit $-0{,}6$ multipliziert wird.

Durch das Auflösen (I) der t-Koordinate der Hochpunkte nach a und Einsetzen (II) des entstehenden Terms in die y-Koordinate erhält man die Ortskurve der Hochpunkte.

(I) $\quad t = \frac{5}{3}a \implies a = \frac{3}{5}t$

(II) $\quad y = \mathrm{e}^{\frac{5}{6}a^2} = \mathrm{e}^{\frac{5}{6}\cdot\left(\frac{3}{5}t\right)^2} = \mathrm{e}^{\frac{5}{6}\cdot\frac{9}{25}t^2} = \mathrm{e}^{\frac{3}{10}t^2}$

Die Funktionsgleichung der Ortskurve lautet $o(t) = \mathrm{e}^{\frac{3}{10}t^2}$.

1.4 In Zeile (1) wird die Funktion an einer beliebigen Stelle rechts ($h > 0$) der Stelle $\frac{5}{3}a$ ausgewertet. Analog wird in Zeile (2) an einer beliebigen Stelle links davon ausgewertet. Zeile (3) besagt nun, dass die Funktionen der Funktionenschar bei gleichem Abstand links und rechts (gleicher Wert für h) der Stelle $\frac{5}{3}a$ denselben Funktionswert liefern.

Geometrisch bedeutet dies für die Graphen der Funktionen, dass sie alle achsensymmetrisch zu einer Parallelen zur y-Achse durch den jeweiligen Hochpunkt der Funktionen sind. Die Gleichung dieser Parallelen lautet $x = \frac{5}{3}a$.

2.1 In Aufgabenteil 1.3 wurde für ein beliebiges a der zugehörige Hochpunkt $\mathrm{HP}\left(\frac{5}{3}a \middle| \mathrm{e}^{\frac{5}{6}a^2}\right)$ der Funktion f_a vorgegeben. Für a muss nun der konkrete Wert 2,7 eingesetzt werden. Für die t-Koordinate ergibt sich

$$t = \frac{5}{3}\cdot 2{,}7 = 5\cdot 0{,}9 = 4{,}5$$

Nach viereinhalb Tagen liegt der höchste Bakterienbestand vor.

Den konkreten Bestand liefert die y-Koordinate des Hochpunktes:

$$\mathrm{e}^{\frac{5}{6}\cdot 2{,}7^2} = \mathrm{e}^{6{,}075} \approx 434{,}85$$

Der Höchststand an Bakterien beträgt ca. 434850.

Dem Hochpunkt $(4{,}5|434{,}85)$ kann man entnehmen, dass im Koordinatensystem in Material 1 eine Markierung in t-Richtung 1 und eine Markierung in y-Richtung 100 entsprechen muss.

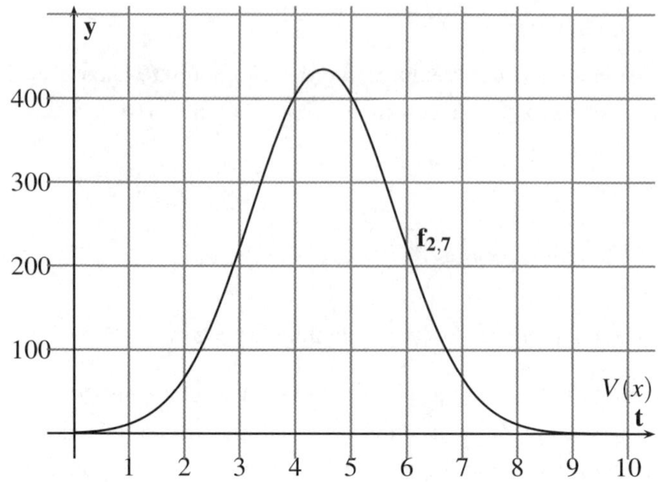

2.2 Da $f_{2,7}$ die Anzahl der Bakterien in Tausend angibt, entspricht 1 Bakterium einem Funktionswert von $\frac{1}{1000} = 0{,}001$. Wenn man von den typischen Rundungsregeln ausgeht, würde ab einem Wert von 0,5 noch auf 1 aufgerundet, weshalb der Funktionswert die Hälfte von 0,001 erreichen müsste, um davon ausgehen zu können, dass kein Bakterium mehr vorhanden ist.

$$\begin{aligned} f_{2,7}(t) &= 0{,}0005 \\ e^{2{,}7\cdot t-0{,}3\cdot t^2} &= 0{,}0005 \\ 2{,}7\cdot t-0{,}3\cdot t^2 &= \ln 0{,}0005 \\ -0{,}3\cdot t^2+2{,}7\cdot t-\ln 0{,}0005 &= 0 \\ t^2-9t+\frac{10}{3}\cdot \ln 0{,}0005 &= 0 \\ t_{1/2} &= \frac{9}{2}\pm\sqrt{\frac{81}{4}-\frac{10}{3}\cdot \ln 0{,}0005} \end{aligned}$$

Für die Beantwortung der Frage ist die größere der beiden Lösungen, die sich rechts des Hochpunktes befindet, relevant.

$$t_1 = \frac{9}{2}+\sqrt{\frac{81}{4}-\frac{10}{3}\cdot \ln 0{,}0005} \approx 11{,}25$$

Man kann davon ausgehen, dass nach 11 Tagen und ca. 6 Stunden keine Bakterien mehr vorhanden sind.

2.3 Auch wenn am Beginn und am Ende des Intervalls nur eine betragsmäßig kleine Steigung vorliegt, ist der Graph von $F_{2,7}$ im gesamten betrachteten Bereich streng monoton steigend. Dies muss so sein, da die Funktion $f_{2,7}$, die die Ableitung von $F_{2,7}$ ist, nur positive Werte besitzt, da es keine negative Anzahl an Bakterien gibt. $F_{2,7}$ muss somit überall eine positive

Steigung aufweisen.

Der Hochpunkt in $f_{2,7}$, also der Ableitung von $F_{2,7}$, muss der Stelle mit der stärksten Steigung in $F_{2,7}$ entsprechen. Bei der Stelle mit der stärksten Steigung handelt es sich um die Wendestelle der Funktion $F_{2,7}$.

2.4 Die Punkte $(1|f_{2,7}(1))$ und $(2|f_{2,7}(2))$ müssen durch eine Strecke verbunden werden und mit senkrechten Strecken und der t-Achse zu einem Trapez ergänzt werden.

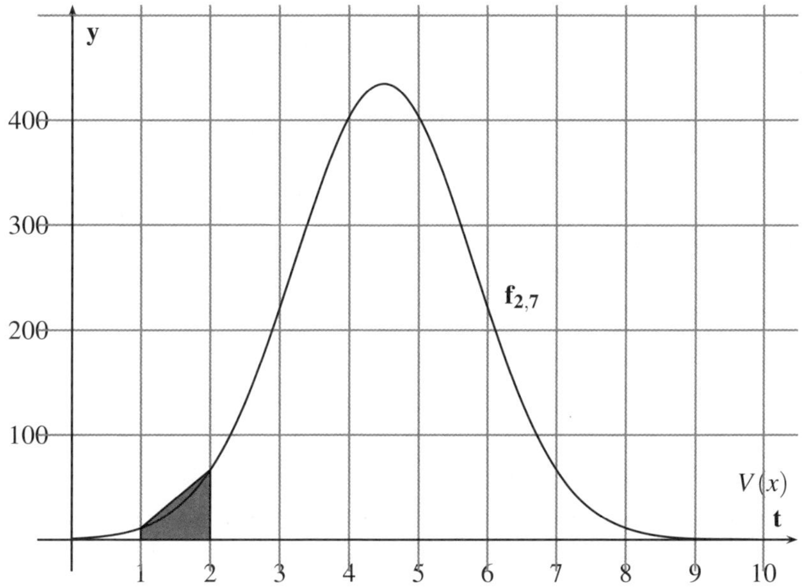

Der Mittelwert der Bakterienanzahl über den zweiten Tag des Beobachtungszeitraums soll durch den Flächeninhalt A des eingezeichneten Trapezes genähert werden.

$$\begin{aligned}A &= \frac{1}{2}(g_1+g_2)\cdot h\\ &= \frac{1}{2}(f_{2,7}(1)+f_{2,7}(2))\cdot(2-1)\\ &\approx \frac{1}{2}(11{,}02+66{,}69)\cdot 1\\ &= 38{,}855 \approx 38{,}9\end{aligned}$$

Die mittlere Anzahl an Bakterien am zweiten Tag des Beobachtungszeitraum beträgt näherungsweise 38900 Bakterien. Da durch das Trapezverfahren ohnehin eine Näherung stattfindet, stellt die Rundung auf 100 für die Anzahl der Baktieren keine Ungenauigkeit dar.

frv.tv/ce

2.5 In der Aufgabe muss das bestimmte Integral $\int_1^2 f_{2,7}\,\mathrm{d}t$ mit Hilfe der Integraltaste in den Taschenrechner eingegeben werden.

$$\int_1^2 \mathrm{e}^{2,7\cdot t-0,3\cdot t^2}\,\mathrm{d}t \approx 32{,}437$$

Die mittlere Bakterienanzahl am zweiten Tag des Beobachtungszeitraum beträgt ca. 32437 Bakterien.

2.6 Dem Bild in Material 3 lässt sich entnehmen, dass die Trapezfläche bei einem rechtsgekrümmten Graphenabschnitt kleiner als die Fläche unter dem Graphen ist. Bei einem linksgekrümmten ist sie hingegen größer, wie bspw. der Trapezfläche in der Lösung zu Aufgabenteil 2.4 zu entnehmen ist. Der Flächeninhalt des Trapezes kann somit nur in einem Intervall, das in Teilen links- und rechtsgekrümmt ist, mit dem tatsächlichen Flächeninhalt unter der Kurve übereinstimmen. Ein solches Intervall muss um eine Wendestelle herum liegen, da sich an einer solchen Stelle das Krümmungsverhalten des Graphen ändert. Der Graph von $f_{2,7}$ besitzt genau zwei Wendestellen, um die solche Intervalle gelegt werden können.

Es verbleibt zu begründen, weshalb als Intervallbreite 1 gewählt werden kann. Hierfür nimmt man eine feste Intervallbreite 1 an und bewegt Intervalle solcher Breite über eine Wendestelle von einem linksgekrümmten Bereich in einen rechtsgekrümmten. Befindet sich das Intervall vollständig im linksgekrümmten Bereich ist die Differenz der Trapezfläche zur tatsächlichen positiv. Wandert nun das Intervall über die Wendestelle, wird dieser positive Wert stetig kleiner. Da außerdem der Betrag des negativen Werts im rechtsgekrümmten von 0 aus stetig größer wird, muss es ein Intervall geben, an dem sich die beiden Werte aufheben. In diesem Intervall entspricht der Inhalt der Trapezfläche dem exakten Wert für das Integral und somit auch dem Mittelwert m.

3.1 Der Definitionsbereich einer Wurzelfunktion wird dadurch beschränkt, dass das Argument der Wurzel nicht negativ sein darf. Zur Bestimmung des Definitionsbereiches muss somit die (Un)-Gleichung $1-x^2 \geq 0$ gelöst werden.

$$1-x^2 \geq 0 \implies 1 \geq x^2 \implies 1 \geq |x|$$

Die Zahlen x, deren Betrag kleinergleich 1 ist, entsprechen genau dem in der Aufgabe vorgegebenen Intervall $[-1;1]$.

3.2 Da es sich bei der Tablette um einen rotationssymmetrischen Körper handelt, entspricht deren Volumen dem Volumen des Rotationskörpers, der entsteht, wenn der Graph der Funktion $h(x)$ um die x-Achse rotiert wird. Die allgemeine Formel für das Volumen V eines solchen Rotationskörpers lautet $V=\pi\cdot\int_a^b h(x)^2\,\mathrm{d}x$. In dem vorliegenden Fall ergeben sich die Integrationsgrenzen durch den in Aufgabe 3.1 bestimmten Definitionsbereich.

$$\begin{aligned}
V &= \pi \cdot \int_{-1}^{1} \left(0{,}5 \cdot \sqrt{1-x^2}\right)^2 \,\mathrm{d}x \\
&= \pi \cdot \int_{-1}^{1} 0{,}25 \cdot \left(1-x^2\right) \,\mathrm{d}x \\
&= 0{,}25\pi \cdot \int_{-1}^{1} 1-x^2 \,\mathrm{d}x \\
&= 0{,}25\pi \cdot \left(\left[x-\frac{1}{3}x^3\right]_{-1}^{1}\right) \\
&= 0{,}25\pi \cdot \left(\frac{2}{3}-\left(-\frac{2}{3}\right)\right) \\
&= \frac{1}{4}\pi \cdot \frac{4}{3} \\
&= \frac{1}{3}\pi \approx 1{,}047
\end{aligned}$$

Das Volumen der Tablette beträgt ca. $1{,}047\,\mathrm{cm}^3$. Da in einem hundertstel Kubikzentimeter der Tablette 2 mg des Antibiotikums vorhanden sind, sind es in einer vollständigen Tablette $2 \cdot 100\,\frac{\mathrm{mg}}{\mathrm{cm}^3} \cdot 1{,}047\,\mathrm{cm}^3 \approx 209\,\mathrm{mg}$.

Abitur 2020 – Aufgabe C1 (WTR/GTR/CAS)

1.1 Zur Darstellung einer Ebene in Parameterform benötigt man einen Stützvektor, der vom Ursprung zu einem Punkt auf der Ebene führt, sowie zwei Richtungsvektoren, die zwei verschiedene Richtungen innerhalb der Ebene auszeichnen. Als Stützvektor kann im vorliegenden Fall bspw. der Vektor $\overrightarrow{OP}$ gewählt werden, für die Richtungsvektoren die Verbindungsvektoren der Punkte P und Q bzw. P und R.

$$E: \vec{x} = \overrightarrow{OP} + r \cdot \overrightarrow{PQ} + s \cdot \overrightarrow{PR} = \begin{pmatrix} 13 \\ 11 \\ 6 \end{pmatrix} + r \cdot \begin{pmatrix} -2 \\ 2 \\ 0 \end{pmatrix} + s \cdot \begin{pmatrix} -3 \\ -1 \\ -1 \end{pmatrix}; \; r, s \in \mathbb{R}$$

frv.tv/ru

Die Koeffizienten in der Koordinatenform entsprechen den Komponenten eines Normalenvektors der Ebene. Da das Vektorprodukt der beiden Richtungsvektoren einen Vektor liefert, der senkrecht auf diesen beiden steht, erhält man auf diesem Weg einen möglichen Normalenvektor $\vec{n}$.

$$\vec{n} = \overrightarrow{PQ} \times \overrightarrow{PR} = \begin{pmatrix} -2 \\ 2 \\ 0 \end{pmatrix} \times \begin{pmatrix} -3 \\ -1 \\ -1 \end{pmatrix} = \begin{pmatrix} 2 \cdot (-1) - 0 \cdot (-1) \\ 0 \cdot (-3) - (-2) \cdot (-1) \\ (-2) \cdot (-1) - 2 \cdot (-3) \end{pmatrix} = \begin{pmatrix} -2 \\ -2 \\ 8 \end{pmatrix}$$

Hinweis: In der Lösung zur Aufgabe C1 des Abiturs 2019 findet sich ein alternativer Weg, wie man zu einem Normalenvektor gelangen kann.

Die Koordinatengleichung besitzt bis zu dieser Stelle die Form $E: -2x - 2y + 8z = d$. Um den Wert für d zu bestimmen, kann man einen beliebigen Punkt der Ebene in die Gleichung einsetzen. Einsetzen der Koordinaten von R führt zu

$$-2 \cdot 10 - 2 \cdot 10 + 8 \cdot 5 = -40 + 40 = 0$$

Es ergibt sich die Koordinatengleichung $E: -2x - 2y + 8z = 0$

Der Ursprung hat die Koordinaten $(0|0|0)$. Setzt man diese in die linke Seite einer beliebigen Koordinatenform ein, ergibt sich als Ergebnis immer 0. Koordinatengleichungen, deren rechte Seite (wie im vorliegenden Fall) 0 ist, beinhalten somit immer den Koordinatenursprung.

1.2 Da der Spiegel in der Ebene E liegt und die Deckenfläche horizontal (also parallel zur x-y-Ebene) im Raum liegt, kann zur Lösung der Aufgabe der Winkel zwischen der Ebene E und der x-y-Ebene bestimmt werden. Zur konkreten Berechnung benötigt man Normalenvektoren der beiden Ebenen, da diese zueinander denselben Winkel einschließen wie die Ebenen.

Einen Normalenvektor $\vec{n}$ der Ebene E kennt man aus Aufgabe 1.1 und ein Normalenvektor

$\overrightarrow{n_{xy}}$ der x-y-Ebene zeigt in Richtung der z-Achse; also bspw. $\begin{pmatrix}0\\0\\1\end{pmatrix}$.

$$\begin{aligned}\cos(\alpha) &= \frac{\vec{n}\cdot\overrightarrow{n_{xy}}}{|\vec{n}|\cdot|\overrightarrow{n_{xy}}|}\\ &= \frac{\begin{pmatrix}-2\\-2\\8\end{pmatrix}\cdot\begin{pmatrix}0\\0\\1\end{pmatrix}}{\left|\begin{pmatrix}-2\\-2\\8\end{pmatrix}\right|\cdot\left|\begin{pmatrix}0\\0\\1\end{pmatrix}\right|}\\ &= \frac{(-2)\cdot 0+(-2)\cdot 0+8\cdot 1}{\sqrt{(-2)^2+(-2)^2+8^2}\cdot\sqrt{0^2+0^2+1^2}}\\ &= \frac{8}{\sqrt{72}}\\ \alpha &= \arccos\frac{8}{\sqrt{72}} \approx 19{,}47^\circ\end{aligned}$$

Der Winkel, um den der Spiegel gegenüber der Decke geneigt ist, beträgt ca. 19,47°.

Hinweis: Sie können den Winkel zwischen den beiden Normalenvektoren auch mit der entsprechenden Funktionalität des Taschenrechners bestimmen.

frv.tv/ch

2.1 Da eine Kugel in allen Raumrichtungen gleich weit von ihrem Mittelpunkt entfernt ist, ist der nächstgelegene Punkt der Ebene E zur Diskokugel gleichzeitig der nächstgelegene zu deren Mittelpunkt M. Zur Bestimmung dieses Punktes kann man durch den Punkt M eine Gerade g_{Lot} senkrecht zur Ebene E erstellen. Deren Schnittpunkt mit der Ebene E (der Lotfußpunkt L) ist der gesuchte nächstgelegene Punkt.

$$g_{\text{Lot}}: \vec{x} = \overrightarrow{\text{OM}} + r\cdot\frac{1}{2}\vec{n} = \begin{pmatrix}17\\17\\4\end{pmatrix} + r\cdot\begin{pmatrix}-1\\-1\\4\end{pmatrix};\ r\in\mathbb{R}$$

Als Richtungsvektor der Geraden wurde die Hälfte des Normalenvektors $\vec{n}$ aus Aufgabenteil 1.1 gewählt, da dessen Koordinaten betragsmäßig kleiner, aber immer noch ganzzahlig sind.

Zur Bestimmung des Schnittpunktes mit der Ebene E werden die Komponenten der Gerade in die entsprechenden Variablen der Koordinatenform der Ebene eingesetzt. Für die Rechnung wird das Kontrollergebnis aus der Aufgabe 1.1 verwendet.

$$\begin{aligned}
-(17-r)-(17-r)+4(4+4r)&=0\\
-17+r-17+r+16+16r&=0\\
18r-18&=0\\
18r&=18\\
r&=1
\end{aligned}$$

Setzt man den berechneten Parameter $r=1$ in die Geradengleichung von g_{Lot} ein, erhält man den Ortsvektor des gesuchten Punktes L.

$$\overrightarrow{\text{OL}}=\begin{pmatrix}17\\17\\4\end{pmatrix}+1\cdot\begin{pmatrix}-1\\-1\\4\end{pmatrix}=\begin{pmatrix}16\\16\\8\end{pmatrix}\implies \text{L}(16|16|8)$$

Da der Innenraum der Diskothek 6 m hoch ist, aber der Punkt L eine z-Koordinate mit dem Wert 8 besitzt, kann der Punkt L nicht auf dem Spiegel liegen, der sich vollständig im Innenraum der Diskothek befindet.

Ein alternativer Lösungsweg besteht darin, die Lotgerade g_{Lot} mit der Parameterform der Ebene E aus Aufgabenteil 1.1 gleichzusetzen.

$$\begin{pmatrix}17\\17\\4\end{pmatrix}+r\cdot\begin{pmatrix}-1\\-1\\4\end{pmatrix}=\begin{pmatrix}13\\11\\6\end{pmatrix}+s\cdot\begin{pmatrix}-2\\2\\0\end{pmatrix}+t\cdot\begin{pmatrix}-3\\-1\\-1\end{pmatrix}$$

Das hierdurch entstehende Gleichungssystem darf wegen des Operators „Bestimmen“ mit dem Taschenrechner gelöst, womit dieser Lösungsweg kaum aufwändiger ist, als der zuerst vorgestellte.

$$\left.\begin{aligned}
-r+2s+3t&=-4\\
-r-2s+t&=-6\\
4r\phantom{{}+2s}+t&=2
\end{aligned}\right\}\overset{TR}{\implies} r=1,\ s=1{,}5,\ t=-2$$

Mittels des Parameters $r=1$ ermittelt man den Punkt L analog zum ersten Lösungsweg. Allerdings kann man bei diesem zweiten Weg auch ohne die konkreten Koordinaten des Punktes L begründen, dass er nicht auf dem Spiegel liegt. Da die Richtungsvektoren von E das Spiegeldreieck aufspannen, müssten die Parameter s und t Werte im Intervall $[0;0{,}5]$ annehmen, damit L im Dreieck liegen würde. Es liegen aber sowohl $s=1{,}5$ als auch $t=-2$ außerhalb dieses Intervalls, weshalb die benötigte Bedingung verletzt ist.

2.2 Aus denselben Symmetriegründen wie in der vorigen Aufgabe 2.1 kann man zur Lösung der Aufgabe den Punkt F auf der Geraden g_{Kante} durch P und Q mit dem kürzesten Abstand zum Mittelpunkt M der Diskokugel bestimmen.

$$g_{\text{Kante}}: \vec{x} = \overrightarrow{OP} + s \cdot \overrightarrow{PQ} = \begin{pmatrix} 13 \\ 11 \\ 6 \end{pmatrix} + s \cdot \begin{pmatrix} -2 \\ 2 \\ 0 \end{pmatrix}$$

Von allen Vektoren, die von M auf die Gerade g_{Kante} führen, ist der Vektor $\overrightarrow{MF}$ derjenige, der senkrecht auf der Geraden steht, da hierdurch der kürzeste Abstand entsteht. Ein beliebiger Vektor von M zu Geraden g_{Kante} lautet:

$$\overrightarrow{OP} + s \cdot \overrightarrow{PQ} - \overrightarrow{OM} = \begin{pmatrix} 13 \\ 11 \\ 6 \end{pmatrix} + s \cdot \begin{pmatrix} -2 \\ 2 \\ 0 \end{pmatrix} - \begin{pmatrix} 17 \\ 17 \\ 4 \end{pmatrix} = \begin{pmatrix} -4-2s \\ -6+2s \\ 2 \end{pmatrix}$$

Nun muss der Parameter s so bestimmt werden, dass die Orthogonalitätsbedingung erfüllt ist; das Skalarprodukt mit dem Richtungsvektor der Geraden g_{Kante} muss also 0 sein.

$$\begin{aligned} \begin{pmatrix} -2 \\ 2 \\ 0 \end{pmatrix} \cdot \begin{pmatrix} -4-2s \\ -6+2s \\ 2 \end{pmatrix} &= 0 \\ -2 \cdot (-4-2s) + 2 \cdot (-6+2s) + 0 \cdot 2 &= 0 \\ 8 + 4s - 12 + 4s &= 0 \\ 8s - 4 &= 0 \\ 8s &= 4 \\ s &= \frac{1}{2} \end{aligned}$$

Bevor man den zum Mittelpunkt M nächstgelegenen Punkt F auf der Geraden g_{Kante} durch Einsetzen von s ermittelt, kann man bereits am Wert von s feststellen, dass sich dieser Punkt wirklich auf der Kante zwischen P und Q befindet. Da der Richtungsvektor der Geraden von P nach Q weist und der berechnete Parameter zwischen 0 und 1 liegt, muss auch der zugehörige Punkt F zwischen P und Q liegen.

$$\overrightarrow{OF} = \begin{pmatrix} 13 \\ 11 \\ 6 \end{pmatrix} + \frac{1}{2} \cdot \begin{pmatrix} -2 \\ 2 \\ 0 \end{pmatrix} = \begin{pmatrix} 12 \\ 12 \\ 6 \end{pmatrix} \implies \mathrm{F}(12|12|6)$$

Bei der abschließenden Abstandsbestimmung muss beachtet werden, dass man nicht den

Abstand von F zu M bestimmt, sondern den von F zur Diskokugel. Da die Kugel einen Durchmesser von einem halben Meter hat, muss vom Abstand von F zu M noch 0,25 m abgezogen werden.

$$d = \left|\overrightarrow{\mathrm{FM}}\right| - 0{,}25 = \left|\begin{pmatrix} 5 \\ 5 \\ -2 \end{pmatrix}\right| - 0{,}25 = \sqrt{5^2 + 5^2 + (-2)^2} - 0{,}25 = \sqrt{54} - 0{,}25 \approx 7{,}10$$

Der kürzeste Abstand von der Diskokugel zum Spiegel beträgt ca. 7,1 m.

Hinweis: In der Beispielaufgabe C1 zum Abitur 2019 wird in Aufgabenteil 1.5 in einer Kastenrechnung ein anderer Weg für die Abstandsbestimmung von einem Punkt zu einer Geraden vorgestellt.

3.1 Ein Fixpunkt P einer Abbildung bleibt bei Anwendung einer Abbildung fest. Dies bedeutet im vorliegenden Fall, dass der Ortsvektor $\overrightarrow{\mathrm{OP}} = \begin{pmatrix} x \\ y \\ z \end{pmatrix}$ eines Fixpunktes durch die Matrix S auf sich selbst abgebildet wird, also $S \cdot \overrightarrow{\mathrm{OP}} = \overrightarrow{\mathrm{OP}}$.

$$\frac{1}{9} \cdot \begin{pmatrix} 8 & -1 & 4 \\ -1 & 8 & 4 \\ 4 & 4 & -7 \end{pmatrix} \cdot \begin{pmatrix} x \\ y \\ z \end{pmatrix} = \begin{pmatrix} x \\ y \\ z \end{pmatrix}$$

Es verbleibt das entstehende Gleichungssystem zu lösen.

$$\left|\begin{array}{r} \frac{1}{9}(8x - 1y + 4z) = x \\ \frac{1}{9}(-x + 8y + 4z) = y \\ \frac{1}{9}(4x + 4y - 7z) = z \end{array}\right| \Longrightarrow \left|\begin{array}{r} 8x - 1y + 4z = 9x \\ -x + 8y + 4z = 9y \\ 4x + 4y - 7z = 9z \end{array}\right| \Longrightarrow \left|\begin{array}{r} -x - y + 4z = 0 \\ -x - y + 4z = 0 \\ 4x + 4y - 16z = 0 \end{array}\right|$$

Betrachtet man sich die letzte Darstellung des Gleichungssystems, stellt man fest, dass hier bis auf Multiplikation mit einem konstanten Faktor drei Mal dieselbe Gleichung steht. Das Gleichungssystem ist somit unterbestimmt und als Lösung lässt sich eine der drei Gleichungen wählen. Die Gleichung $-x - y + 4z = 0$ entspricht genau der Koordinatenform der Ebene E aus Aufgabe 1.1. Alle Punkte der Ebene E bilden somit die Fixpunktmenge der Abbildung S.

3.2 Die vorgegebene Gleichung bedeutet, dass das zweimalige Anwenden der linearen Abbildung der Identität entspricht. Lineare Abbildungen, die diese Bedingung erfüllen, sind die Identität sowie Spiegelungen am Ursprung, an Ursprungsgeraden und Ebenen, die den Ursprung beinhalten. Aus der Aufgabe 3.1 weiß man, dass genau die Punkte der E aus Aufgabe 1.1 durch die Abbildung nicht verändert werden. Von den möglichen Abbildungen trifft dies nur auf die Spiegelung an der entsprechenden Ebene E zu.

4.1 Betrachtet man sich die Eckpunkte A bis D des Bildes, ist zu erkennen, dass es sich bei der Projektionsebene um die x-z-Ebene mit der Koordinatengleichung $y = 0$ handelt. Die Einheits- und Basisvektoren $\vec{e_x}$ und $\vec{e_z}$ werden somit auf sich selbst abgebildet und bilden die erste und dritte Spalte der Abbildungsmatrix W. Zur Angabe der vollständigen Matrix fehlt noch das Bild des zweiten Einheitsvektors.

frv.tv/rv

Zur Bestimmung des Bildes des zweiten Einheitsvektors berechnet man den Schnittpunkt der Geraden $\vec{x} = \begin{pmatrix} 0 \\ 1 \\ 0 \end{pmatrix} + r \cdot \begin{pmatrix} 3 \\ -2 \\ -4 \end{pmatrix}$ mit der Wandebene $y = 0$. Als Stützvektor für die Gerade muss der zweite Einheitsvektor gewählt werden, da das Bild des zugehörigen Raumpunktes bei der Projektion auf die Wandebene gesucht ist.

$$1 - 2r = 0 \implies r = \frac{1}{2} \implies \overrightarrow{OP_y} = \begin{pmatrix} 0 \\ 1 \\ 0 \end{pmatrix} + \frac{1}{2} \cdot \begin{pmatrix} 3 \\ -2 \\ -4 \end{pmatrix} = \begin{pmatrix} 1{,}5 \\ 0 \\ -2 \end{pmatrix}$$

Die vollständige Abbildungsmatrix ist $W = \begin{pmatrix} 1 & 1{,}5 & 0 \\ 0 & 0 & 0 \\ 0 & -2 & 1 \end{pmatrix}$.

Anmerkung: Da die Abbildungsmatrix eine Nullzeile enthält, kann sie keine Inverse besitzen, was bei Projektionen grundsätzlich der Fall ist.

4.2 Zuerst ermittelt man mithilfe der Abbildungsmatrix W den Bildpunkt L' des Punktes $L(4|2|6)$.

$$\overrightarrow{OL'} = W \cdot \overrightarrow{OL} = \begin{pmatrix} 1 & 1{,}5 & 0 \\ 0 & 0 & 0 \\ 0 & -2 & 1 \end{pmatrix} \cdot \begin{pmatrix} 4 \\ 2 \\ 6 \end{pmatrix} = \begin{pmatrix} 7 \\ 0 \\ 2 \end{pmatrix}$$

Die x-Koordinate 7 des Punktes L' ist kleiner als die kleinste x-Koordinate des Bildes an der Wand; diese hat den Wert 8. Der Laserstrahl fällt dementsprechend nicht auf das Bild.

Hinweis: Konnte man in der Aufgabe 4.1 keine Abbildungsmatrix erstellen, muss man eine Gerade durch L in Richtung von $\vec{v}$ mit der Wandebene $y = 0$ schneiden.

4.3 Durch das gegebenen Gleichungssystem werden die Ortsvektoren $\vec{x}$ aller Punkte gesucht, die durch die Projektionsmatrix W auf den Ursprung projiziert werden. Alle diese Punkte liegen auf einer Ursprungsgeraden h, die in Richtung der Projektion, also des Vektors $\vec{v}$, verläuft.

$$h : \vec{x} = \begin{pmatrix} 0 \\ 0 \\ 0 \end{pmatrix} + s \cdot \begin{pmatrix} 3 \\ -2 \\ -4 \end{pmatrix} = s \cdot \begin{pmatrix} 3 \\ -2 \\ -4 \end{pmatrix}$$

5.1 In der Aufgabe wird nach den Anteilen der bisherigen Cocktails an dem neuen gefragt. Diese Anteile können als Bedeutung für die Variablen x_i des Gleichungssystems verwendet werden. Beispielsweise ist x_1 der Anteil des Cocktails 1 an dem neu zu kreierenden. Mit diesen Benennungen lassen sich zwei Gleichungen aus der Aufgabenstellung entnehmen:

$$\begin{aligned} 0{,}1x_1 + 0{,}3x_2 + 0{,}4x_3 &= 0{,}25 \\ x_1 + \quad x_2 + \quad x_3 &= 1 \end{aligned}$$

Die erste Gleichung gibt wieder, dass der Ananassaftanteil des neuen Cocktails 25% beträgt; die zweite Gleichung, dass der neue Cocktail zu 100% aus den ursprünglichen drei Cocktails besteht.

5.2 Der x_3-Komponente der Lösungen lässt sich direkt entnehmen, dass s nicht negativ werden darf, da sonst durch $0+s$ ein negativer Wert entstünde. Da nur in der y-Komponente s mit einem negativen Wert multipliziert wird, muss diese Komponente für die obere Schranke von s verantwortlich sein.

$$0{,}75 - 1{,}5s \geq 0 \implies s \leq 0{,}5$$

Die untere Schranke 0 und die obere Schranke 0,5 führen auf das Intervall $[0;0{,}5]$, aus dem s gewählt werden darf.

5.3 Um die Kosten K des neuen Cocktails in Abhängigkeit von s zu erhalten, muss man die jeweilige Komponente x_i der Lösung mit ihrem zugehörigen Preis (Kosten für Cocktail i) multiplizieren und alle diese Werte aufsummieren. Durch dieses Vorgehen entsteht die Funktion

$$\begin{aligned} K(s) &= (0{,}25 + 0{,}5s) \cdot 3 + (0{,}75 - 1{,}5s) \cdot 5 + s \cdot 4 \\ &= 0{,}75 + 1{,}5s + 3{,}75 - 7{,}5s + 4s \\ &= -2s + 4{,}5 \end{aligned}$$

Dem Funktionsterm $-2s + 4{,}5$ kann man entnehmen, dass es sich bei K um eine monoton fallende lineare Funktion handelt. Das gesuchte Minimum wird deshalb am oberen Rand des Intervalls für s, dem Wert 0,5, angenommen.

Die Kosten für den neuen Cocktails erhält man durch Auswerten von K an der Stelle $s = 0{,}5$.

$$K(0{,}5) = -2 \cdot 0{,}5 + 4{,}5 = 3{,}5$$

Der neue Cocktail kostet 3,5€.

Die Einzelanteile der ursprünglichen Cocktails entsprechen den Komponenten des Lösungsvektors für $s = 0{,}5$.

$$\begin{pmatrix} 0{,}25 \\ 0{,}75 \\ 0 \end{pmatrix} + 0{,}5 \cdot \begin{pmatrix} 0{,}5 \\ -1{,}5 \\ 1 \end{pmatrix} = \begin{pmatrix} 0{,}5 \\ 0 \\ 0{,}5 \end{pmatrix}$$

Der neue Cocktail besteht hälftig aus den Cocktails 1 und 3. Cocktail 2 wird nicht verwendet.

Abitur 2020 – Aufgabe C2 (WTR/GTR/CAS)

frv.tv/rx

1.1 Damit ein mehrstufiger Zufallsversuch als Bernoullikette aufgefasst werden kann, müssen zwei Bedingungen erfüllt sein:

- Jeder einzelne Versuch der Kette muss ein Bernoulliversuch sein, d.h. der Versuch darf nur zwei Ergebnisse besitzen. Diese Bedingung ist hier erfüllt, da jeder Besucher des Einkaufszentrums entweder Linkshänder ist oder nicht.
- Die Wahrscheinlichkeit für die beiden Ergebnisse muss für alle einzelnen Versuche gleich bleiben. Auch diese Bedingung ist im vorliegenden Fall erfüllt, wenn man davon ausgeht, dass alle Besucher unabhängig voneinander dieselbe Wahrscheinlichkeit haben, Linkshänder zu sein. Da die Anzahl der gefragten Personen im Vergleich zur Gesamtbevölkerung klein ist, ist die geforderte Unabhängigkeit in sehr guter Näherung erfüllt.

1.2 Das Ereignis E „Spätestens die dritte befragte Person ist Linkshänder" setzt sich aus drei Ergebnissen zusammen. Bereits die erste befragte Person könnte mit einer Wahrscheinlichkeit von $\frac{15}{100}$ ein Linkshänder sein. Trifft dieses Merkmal erst auf die zweite Person zu, musste die erste Rechtshänder sein, was zu einer Wahrscheinlichkeit von $\frac{85}{100} \cdot \frac{15}{100}$ für diesen Fall führt. Für den Fall, dass erst die dritte Person ein Linkshänder ist, kommt man mit denselben Überlegungen auf eine Wahrscheinlichkeit von $\left(\frac{85}{100}\right)^2 \cdot \frac{15}{100}$.
Als gesamte Wahrscheinlichkeit für E ergibt sich

$$P(E) = \frac{15}{100} + \frac{85}{100} \cdot \frac{15}{100} + \left(\frac{85}{100}\right)^2 \cdot \frac{15}{100} \approx 0{,}3859 = 38{,}59\%$$

1.3 Da in Aufgabenteil 1.1 erkannt wurde, dass es sich bei dem mehrstufigen Zufallsversuch um eine Bernoullikette handelt, bietet sich als Zufallsgröße X für die Ereignisse A und B

X : Anzahl der Linkshänder unter den Befragten

an, da diese Zufallsgröße binomialverteilt ist. Zur Bestimmung der Wahrscheinlichkeiten muss auf die Taschenrechnerfunktionen für die Binomialverteilung $B_{n;p}$ sowie die kumulierte Binomialverteilung $F_{n;p}$ zurückgegriffen werden, da die Wahrscheinlichkeit $p = 0{,}15$ nicht in den Tabellen der Formelsammlungen vorhanden ist.

frv.tv/ck

$$P(A) = P(X = 10) = B_{70;0,15}(10) \approx 0{,}1332 = 13{,}32\%$$

Ereignis B („mindestens so viele Rechtshänder, wie zu erwarten") lässt sich alternativ als „höchstens so viele Linkshänder, wie zu erwarten" formulieren. Bevor diese Wahrscheinlichkeit bestimmt werden kann, muss die zu erwartende Anzahl an Linkshändern ermittelt werden; also der Erwartungswert $E(X)$ der binomialverteilten Zufallsgröße X.

$$E(X) = n \cdot p = 100 \cdot 0{,}15 = 15$$

Für die Wahrscheinlichkeit des Ereignisses B folgt:

$$P(B) = P(X \leq 15) = F_{100;0,15}(15) \approx 0{,}5683 = 56{,}83\%$$

Im Ereignis C wird das Auftreten der beiden Linkshänder auf aufeinanderfolgende Personen eingeschränkt, weshalb keine Binomialverteilung mehr vorliegt und die entsprechenden TR-Funktionen nicht mehr genutzt werden können. Stattdessen muss man berechnen, wie wahrscheinlich es ist zwei Links- und 48 Rechtshänder unter 50 Personen zu finden und wie viele Möglichkeiten es gibt, die zwei Linkshänder auf zwei aufeinanderfolgende Positionen der Kette zu verteilen.
Die Wahrscheinlichkeit für zwei Links- und 48 Rechtshänder beträgt $0{,}15^2 \cdot 0{,}85^{48}$. Die möglichen Positionierungen für zwei aufeinander folgende Linkshänder sind die Paare $(1,2), (2,3), \ldots, (49,50)$, weshalb es insgesamt 49 Möglichkeiten gibt.

$$P(C) = 49 \cdot 0{,}15^2 \cdot 0{,}85^{48} \approx 0{,}0005 = 0{,}05\%$$

1.4 Bei dieser Aufgabe handelt es sich um einen typischen Fall einer sogenannten „3-mal-mindestens-Aufgabe“. Die Wahrscheinlichkeit mindestens 1 Linkshänder zu befragen, soll größergleich 95% sein. Formal lässt sich dies mit der Zufallsgröße X aus Teilaufgabe 1.3 wie folgt formulieren: $P(X \geq 1) \geq 0{,}95$
Zur Berechnung muss das Gegenereignis von „mindestens 1“, nämlich „höchtens 0“, was dem Ereignis „gleich 0“ entspricht, verwendet werden.

$$\begin{aligned} P(X \geq 1) &\geq 0{,}95 \\ 1 - P(X = 0) &\geq 0{,}95 \\ -P(X = 0) &\geq -0{,}05 \\ P(X = 0) &\leq 0{,}05 \\ \binom{n}{0} \cdot 0{,}15^0 \cdot 0{,}85^n &\leq 0{,}05 \\ 0{,}85^n &\leq 0{,}05 \\ n &\geq \log_{0,85}(0{,}05) \approx 18{,}43 \end{aligned}$$

Achtung: Da der Logarithmus zur Basis 0,85 streng monoton fallend ist, muss das Ungleichheitszeichen bei dessen Anwendung umgedreht werden.

Die erste natürliche Zahl n, für die n größergleich 18,43 gilt, ist 19, weshalb mindestens 19 Personen befragt werden müssen.

2.1 Selbst, wenn es nicht explizit in der Aufgabenstellung gefordert wird, lohnt es sich, die für die Aufgabe relevanten Ereignisse zu benennen.

LL: Linkslutscher; RL: Rechtslutscher; LH: Linkshänder; RH: Rechtshänder

Im zweiten Schritt müssen der Aufgabenstellung alle gegebenen Wahrscheinlichkeiten bzw. Häufigkeiten entnommen werden. Die Reihenfolge der folgenden Wahrscheinlichkeiten entspricht ihrem Auftauchen im Text.

$$P(RL) = \frac{9}{10}; \qquad P_{RL}(RH) = 1; \qquad P_{LL}(LH) = \frac{2}{3}$$

Die gegebenen Wahrscheinlichkeiten sind im Baumdiagramm fett hervorgehoben. Die übrigen Wahrscheinlichkeiten ergeben sich dadurch, dass sich die Wahrscheinlichkeiten in einem Teilbaum zu 1 aufsummieren. Da bspw. $P_{LL}(LH) = \frac{2}{3}$ gilt, muss aus diesem Grund auch $P_{LL}(RH) = 1 - \frac{2}{3} = \frac{1}{3}$ gelten.

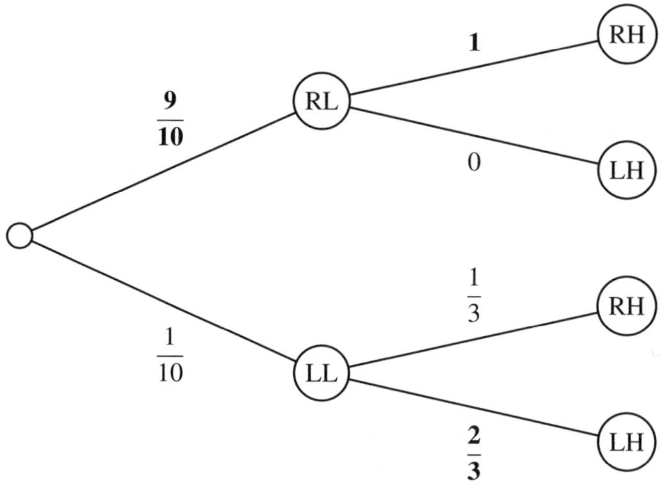

Beim Aufstellen der Vierfeldertafel ist zu bedenken, dass bedingte Wahrscheinlichkeiten in dieser Darstellungsform nicht direkt eingetragen werden können. Aufgrund des Spezialfalls, dass sich kein Rechtslutscher zu einem Linkshänder entwickelt, kann aber ohne Rechnung erkannt werden, dass $P(RL \cap LH) = 0$ gilt. Die linke Vierfeldertafel verdeutlicht, wie weit man mit dieser Überlegung und der Wahrscheinlichkeit $P(RL)$ aus dem Text durch Summenbildung in Zeilen und Spalten gelangen kann.

Eine „Und“-Wahrscheinlichkeit muss noch mittels der 1. Pfadregel berechnet werden, um die vollständige Tafel auf der rechten Seite erstellen zu können.

$$P(LL \cap LH) = P(LL) \cdot P_{LL}(LH) = \frac{1}{10} \cdot \frac{2}{3} = \frac{2}{30}$$

	LH	RH	
LL			$\frac{1}{10}$
RL	0	$\frac{9}{10}$	$\frac{9}{10}$
			1

	LH	RH	
LL	$\frac{2}{30}$	$\frac{1}{30}$	$\frac{1}{10}$
RL	0	$\frac{9}{10}$	$\frac{9}{10}$
	$\frac{2}{30}$	$\frac{28}{30}$	1

2.2 Die Aufgabenstellung fragt nach der Wahrscheinlichkeit, dass ein Kind Linkslutscher war, wenn man bereits weiß, dass dieses Kind Rechtshänder ist. Mit anderen Worten: Die Bedingung „Rechtshänder" (Ereignis RH) ist gegeben, weshalb es sich bei der gesuchten Wahrscheinlichkeit um $P_{RH}(LL)$ handelt. Diese Wahrscheinlichkeit lässt sich mit Hilfe des Satzes von Bayes bestimmen.

$$\begin{aligned} P_{RH}(LL) &= \frac{P_{LL}(RH) \cdot P(LL)}{P(RH)} \\ &= \frac{P_{LL}(RH) \cdot P(LL)}{P_{LL}(RH) \cdot P(LL) + P_{RL}(RH) \cdot P(RL)} \\ &= \frac{\frac{1}{3} \cdot \frac{1}{10}}{\frac{1}{3} \cdot \frac{1}{10} + 1 \cdot \frac{9}{10}} \\ &= \frac{\frac{1}{30}}{\frac{28}{30}} = \frac{1}{28} \end{aligned}$$

3.1 Im ersten Schritt bei der Entwicklung eines Hypothesentests muss die Nullhypothese festgelegt werden. Da die Forscher einen größeren Anteil als 15% Linkshänder annehmen, wird als Nullhypothese die gegenteilige Vermutung festgelegt.

Nullhypothese: $H_0 : p \leq 0{,}15$ Alternativhypothese: $H_1 : p > 0{,}15$

Die Befragung der 300 Personen kann als Bernoullikette der Länge $n = 300$ aufgefasst werden, weshalb für die Zufallsgröße X gilt:

X : Anzahl der Linkshänder unter den Befragten

Die Forderung in der Aufgabe, dass das Signifikanzniveau des Tests 2,5% sein soll, bedeutet, dass die Wahrscheinlichkeit für den Fehler 1. Art diesen Wert nicht überschreiten darf.

Der Fehler 1. Art entsteht dadurch, dass die Umfrage der Stichprobe eine Anzahl an Linkshändern im Verwerfungsbereichs des rechtsseitigen Tests liefert, obwohl die Nullhypothese bezogen auf die Gesamtbevölkerung richtig ist. Die Zufallsgröße nimmt in diesem Fall einen Wert größergleich dem kritischen Wert k an.

$$\begin{aligned} P(X \geq k) &\leq 0{,}025 \\ 1 - P(X < k) &\leq 0{,}025 \\ -P(X < k) &\leq -0{,}975 \\ P(X < k) &\geq 0{,}975 \\ P(X \leq k-1) &\geq 0{,}975 \\ F_{300;0,15}(k-1) &\geq 0{,}975 \end{aligned}$$

frv.tv/cl

Mit Hilfe des Taschenrechners muss nun bestimmt werden, für welchen Wert von $k-1$ die Grenze 0,975 erreicht bzw. überschritten wird. Wie man den Werten $F_{300;0,15}(56) \approx 0{,}9655$ und $F_{300;0,15}(57) \approx 0{,}9755$ entnehmen kann, ist dies für $k-1 = 57$ der Fall. Die kritische Zahl, also der erste Wert des Verwerfungsbereiches, ist damit $k = 58$.

Eine mögliche Formulierung der Entscheidungsregel im Sachzusammenhang lautet:

> Befinden sich unter den 300 befragten Personen 58 oder mehr Linkshänder, können die Forscher auf einem Signifikanzniveau von 2,5% und somit 97,5%-iger Sicherheit annehmen, dass der Anteil der Linkshänder in der Bevölkerung über 15% liegt.

3.2 Die allgemeine Bedeutung des Fehlers 2. Art ist, dass die Nullhypothese falsch ist, der Ausgang des Tests aber glauben lässt, sie wäre richtig. Im vorliegenden Sachzusammenhang würden die Forscher glauben, dass es maximal 15% Linkshänder in der Bevölkerung gibt, obwohl deren Anteil tatsächlich höher ist.

Da dieser tatsächlich höhere Wert in der Aufgabenstellung mit 18% angegeben wird, kann man auch die Wahrscheinlichkeit des Fehlers 2. Art bestimmen. Die Umfrage kann nun als Bernoullikette der Länge 300 mit der Einzelwahrscheinlichkeit $p = 0{,}18$ aufgefasst werden. Der kritische Wert k des Tests und damit der Annahme- und Verwerfungsbereich des Tests wurden in der vorigen Aufgabe bestimmt, so dass die gesuchte Wahrscheinlichkeit bestimmt werden kann.

$$P(X < 58) = P(X \leq 57) = F_{300;0,18}(57) \approx 0{,}7045 = 70{,}45\%$$

4.1 Die Intervalle der Reaktionszeiten sind jeweils 0,2 Sekunden lang, so dass sich für die Darstellung der Verteilung ein Histogramm anbietet, dessen Säulen diese Breite besitzen. Die Höhe der Säulen entspricht den jeweiligen Prozentanteilen.

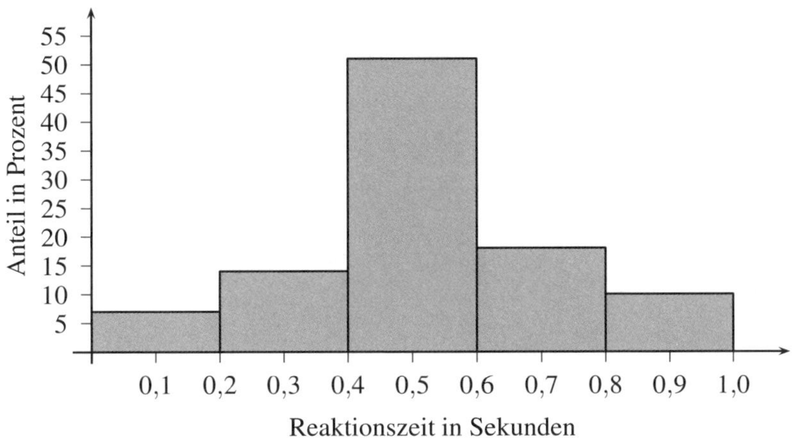

Die Formel für den Erwartungswert μ einer Zufallsgröße lautet $\sum_i z_i \cdot P(Z = z_i)$, wobei die Summe über alle Werte z_i läuft, die die Zufallsgröße Z annehmen kann. In der Aufgabenstellung wird beschrieben, dass man für diese Werte die Mitten der Intervalle $(0{,}1; 0{,}3; \ldots)$ verwenden kann.

$$\begin{aligned}
\mu &= \sum_i z_i \cdot P(Z = z_i) \\
&= 0{,}1 \cdot 0{,}07 + 0{,}3 \cdot 0{,}14 + 0{,}5 \cdot 0{,}51 + 0{,}7 \cdot 0{,}18 + 0{,}9 \cdot 0{,}1 \\
&= 0{,}52
\end{aligned}$$

Da in die Formel für die Standardabweichung $\sigma = \sqrt{\sum_i (z_i - \mu)^2 \cdot P(Z = z_i)}$ der Erwartungswert μ eingeht, sollte man mit dem Kontrollergebnis 0,52 rechnen, falls man nicht auf dasselbe Ergebnis für μ gekommen ist. In einem ersten Schritt sollte man der Übersichtlichkeit halber den Radikanden $V(Z)$, die sogenannte Varianz der Verteilung, der benötigten Wurzel berechnen.

$$\begin{aligned}
V(Z) &= \sum_i (z_i - \mu)^2 \cdot P(Z = z_i) \\
&= (0{,}1 - 0{,}52)^2 \cdot 0{,}07 + (0{,}3 - 0{,}52)^2 \cdot 0{,}14 + (0{,}5 - 0{,}52)^2 \cdot 0{,}51 \\
&\quad + (0{,}7 - 0{,}52)^2 \cdot 0{,}18 + (0{,}9 - 0{,}52)^2 \cdot 0{,}1 \\
&= 0{,}0396
\end{aligned}$$

Zur Bestimmung der Standardabweichung muss noch die Wurzel gezogen werden.

$$\sigma = \sqrt{V(Z)} = \sqrt{0{,}0396} \approx 0{,}199$$

frv.tv/ry

4.2 Einer Normalverteilung muss eine kontinuierliche Zufallsgröße zu Grunde liegen. Dies ist im vorliegenden Fall erfüllt, da die Reaktionszeit alle Werte des stetigen Zeitintervalls $[0\,\mathrm{s}; 1\,\mathrm{s}]$ annehmen kann.

Im vorigen Aufgabenteil hat man erkannt, dass der Erwartungswert der Verteilung ca. 0,52 beträgt. Dieser Wert fällt in das Intervall, das das Maximum der Zufallsgröße liefert. Somit ist auch die Bedingung erfüllt, dass der Erwartungswert das Maximum einer Normalverteilung darstellt, soweit dies mit der vorhandenen Diskretisierung auf fünf Teilintervalle möglich ist.

Außerdem ist der grafischen Darstellung der Verteilung näherungsweise eine Symmetrie um das Maximum der Verteilung zu entnehmen, wobei sich die Werte monoton fallend den beiden Intervallgrenzen nähern, wie es für die Glockenkurve einer Normalverteilung notwendig ist.

Zusammengenommen kann man die Zufallsgröße
Z : gemessene Reaktionszeit der Versuchspersonen in Sekunden
als normalverteilt ansehen.

frv.tv/cn

4.3 Der Operator „Bestimmen“ erlaubt es, die gesuchten Wahrscheinlichkeiten mit dem Taschenrechner zu ermitteln. Hierbei müssen dem Taschenrechner im entsprechenden Menü die untere und obere Grenze des betrachteten Intervalls sowie der Erwartungswert 0,52 und die Standardabweichung 0,199 übergeben werden.
Bei Ereignis D muss außerdem beachtet werden, dass die untere Grenze implizit 0 Sekunden beträgt.

$$P(D) = P(Z \leq 0{,}45) \approx 0{,}3580$$

Bei Ereignis E entstehen die untere und die obere Grenze dadurch, dass man vom Erwartungswert eine halbe Standardabweichung abzieht bzw. eine halbe Standardabweichung zu diesem hinzuaddiert.

$$P(E) = P\left(0{,}52 - \frac{1}{2} \cdot 0{,}199 \leq Z \leq 0{,}52 + \frac{1}{2} \cdot 0{,}199\right) = P(0{,}4205 \leq Z \leq 0{,}6195) \approx 0{,}3829$$

Hinweis: In der Lösung zur Aufgabe C2 des Abiturs 2019 ist an einem Beispiel erläutert, wie man durch Standardisierung der Normalverteilung und die zugehörige Tabelle in der Formelsammlung zu den gesuchten Wahrscheinlichkeiten gelangen kann.

5 Abitur 2021

Abitur 2021 – Aufgabe B1 (WTR)

1.1 Betrachtet man die drei Graphen, stellt man fest, dass nur der Graph A nicht durch den Ursprung geht. Da $v_2(0) = 4{,}5$ gilt, muss somit der Graph A zur Funktion v_2 gehören. Das sinnvollste Kriterium zur Unterscheidung zwischen den Graphen B und C ist deren Grenzwertverhalten für $t \to \infty$. Da der Term $\mathrm{e}^{-0{,}4 \cdot t}$ für $t \to \infty$ gegen 0 geht, besitzt die Funktion v_1 entsprechend den Grenzwert 5. Sie muss somit zum Graphen C gehören. Für Graph B verbleibt nach Ausschlussverfahren die Funktion v_3.

1.2 Da alle Graphen vollständig im positiven Bereich verlaufen, kann zur Berechnung des Flächeninhalts A der Wert des Integrals von v_1 im Intervall $[0; 10]$ betrachtet werden. Wegen des Operators „Berechnen" muss dieser Wert unter Angabe einer Stammfunktion errechnet werden.

$$\begin{aligned}
A &= \int_0^{10} 5 \cdot \left(1 - \mathrm{e}^{-0{,}4 \cdot t}\right) \mathrm{d}t \\
&= \left[5 \cdot \left(t + \frac{1}{0{,}4} \cdot \mathrm{e}^{-0{,}4 \cdot t}\right)\right]_0^{10} \\
&= 5 \cdot \left(10 + \frac{1}{0{,}4} \cdot \mathrm{e}^{-0{,}4 \cdot 10}\right) - 5 \cdot \left(0 + \frac{1}{0{,}4} \cdot \mathrm{e}^{-0{,}4 \cdot 0}\right) \\
&= 5 \cdot \left(10 + \frac{1}{0{,}4} \cdot \mathrm{e}^{-4}\right) - \frac{5}{0{,}4} \\
&\approx 37{,}73
\end{aligned}$$

Der Inhalt der Fläche beträgt ca. 37,73 FE.

1.3 Extremstellen können sich nur an Nullstellen der Ableitung einer Funktion befinden. Aus diesem Grund muss in dieser Aufgabe die mögliche Anzahl der Lösungen der Gleichung $v_2{}'(t) = 0$ untersucht werden. In einem ersten Schritt muss also die Ableitung $v_2{}'$ bestimmt werden.

$$\begin{aligned}
v_2{}'(t) &= 0 + (-0{,}5) \cdot \mathrm{e}^{-0{,}5 \cdot t} \cdot \left(t - 0{,}25t^2\right) + \mathrm{e}^{-0{,}5 \cdot t} \cdot (1 - 0{,}5t) \\
&= \mathrm{e}^{-0{,}5 \cdot t} \cdot \left(-0{,}5t + 0{,}125t^2\right) + \mathrm{e}^{-0{,}5 \cdot t} \cdot (1 - 0{,}5t) \\
&= \mathrm{e}^{-0{,}5 \cdot t} \cdot \left(0{,}125t^2 - t + 1\right)
\end{aligned}$$

Nach dem Satz vom Nullprodukt können zur Lösung der Gleichung $v_2'(t) = 0$ die beiden Faktoren der Ableitung einzeln betrachtet werden. Da der Term $\mathrm{e}^{-0{,}5 \cdot t}$ für kein t 0 wird, liefert nur der zweite Faktor $0{,}125t^2 - t + 1$ mögliche Nullstellen der Ableitung und somit mögliche Extremstellen.

Eine quadratische Gleichung wie $0{,}125t^2 - t + 1 = 0$ kann aber maximal zwei Lösungen besitzen, weshalb v_2 maximal zwei Extremstellen haben kann.

2.1 Die Grundidee des Formansatzes beruht auf der Tatsache, dass $F_k{}'(t) = f_k(t)$ ist. Kennt man also die grundsätzliche Form einer Stammfunktionenschar kann man diese ableiten und anschließend einen Koeffizientenvergleich mit der Funktionenschar vornehmen. In der Aufgabe ist die grundsätzliche Form $(a + b \cdot t) \cdot \mathrm{e}^{-k \cdot t}$ für F_k bereits gegeben, weshalb man diese direkt unter Verwendung der Produkt- und der Kettenregel ableiten kann.

$$F_k{}'(t) = b \cdot \mathrm{e}^{-k \cdot t} + (a + b \cdot t) \cdot (-k) \cdot \mathrm{e}^{-k \cdot t} = (-b \cdot k \cdot t - a \cdot k + b) \cdot \mathrm{e}^{-k \cdot t}$$

Der Vergleich mit der Funktionenschar $f_k(t) = 3 \cdot t \cdot \mathrm{e}^{-k \cdot t}$ verdeutlicht, dass $-b \cdot k = 3$ und $-a \cdot k + b = 0$ sein muss. Aus der ersten Gleichung folgt $b = -\frac{3}{k}$. Diesen Term kann man in die zweite Gleichung einsetzen und nach a auflösen.

$$-a \cdot k + b = 0 \implies -a \cdot k - \frac{3}{k} = 0 \implies -a \cdot k = \frac{3}{k} \implies a = -\frac{3}{k^2}$$

Einsetzen von a und b in die grundsätzliche Form für F_k liefert das in der Aufgabe gegebene Kontrollergebnis $F_k(t) = \left(-\frac{3}{k^2} - \frac{3}{k} \cdot t\right) \cdot \mathrm{e}^{-k \cdot t}$.

2.2 Zur Ermittlung des Grenzwertes kann das Kontrollergebnis aus dem vorigen Aufgabenteil verwendet werden.

$$\begin{aligned}
\lim_{x \to \infty} \int_0^x f_k(t)\,\mathrm{d}t &= \lim_{x \to \infty} \left[\left(-\frac{3}{k^2} - \frac{3}{k} \cdot t\right) \cdot \mathrm{e}^{-k \cdot t}\right]_0^x \\
&= \lim_{x \to \infty} \left[\left(-\frac{3}{k^2} - \frac{3}{k} \cdot x\right) \cdot \mathrm{e}^{-k \cdot x} - \left(-\frac{3}{k^2} - \frac{3}{k} \cdot 0\right) \cdot \mathrm{e}^{-k \cdot 0}\right] \\
&= \lim_{x \to \infty} \left[\left(-\frac{3}{k^2} - \frac{3}{k} \cdot x\right) \cdot \mathrm{e}^{-k \cdot x} - \left(-\frac{3}{k^2}\right)\right] \\
&= \lim_{x \to \infty} \left[\left(-\frac{3}{k^2} - \frac{3}{k} \cdot x\right) \cdot \mathrm{e}^{-k \cdot x}\right] + \frac{3}{k^2}
\end{aligned}$$

Der verbleibende Grenzwert geht gegen 0, da $\lim\limits_{x \to \infty} \mathrm{e}^{-k \cdot x} = 0$ gilt und der e-Term den ganzrationalen dominiert. Bei der Grenzwertbestimmung des e-Terms geht der Fakt ein, dass $k > 0$ gilt, womit $-k$ negativ sein muss.
Insgesamt gilt somit: $\lim\limits_{x \to \infty} \int_0^x f_k(t)\,\mathrm{d}t = \frac{3}{k^2}$

2.3 Der Ansatz zur Bestimmung der Nullstellen lautet: $f_k(t) = 0$. Die Gleichung $3 \cdot t \cdot \mathrm{e}^{-k \cdot t} = 0$ besitzt nach dem Satz vom Nullprodukt aber nur die Lösung $t = 0$, da der Faktor $\mathrm{e}^{-k \cdot t}$ niemals 0 werden kann.

Zur Berechnung der Hochpunkte sucht man zuerst durch den Ansatz $f_k{}'(t) = 0$ die Stellen

t mit Steigung 0, da dort Hochpunkte vorliegen könnten. Die Ableitung $f_k'(t)$ muss wieder mittels Produkt- und Kettenregel bestimmt werden.

$$f_k'(t) = 3 \cdot \mathrm{e}^{-k \cdot t} + 3 \cdot t \cdot (-k) \cdot \mathrm{e}^{-k \cdot t} = (-3k \cdot t + 3)\mathrm{e}^{-k \cdot t}$$

Nun kann die benötigte Gleichung gelöst werden.

$$\begin{aligned} f_k'(t) &= 0 \\ (-3k \cdot t + 3) \cdot \mathrm{e}^{-k \cdot t} &= 0; \qquad \mathrm{e}^{-k \cdot t} \neq 0 \\ -3k \cdot t + 3 &= 0 \\ -3k \cdot t &= -3 \\ t &= \frac{1}{k} \end{aligned}$$

Um sagen zu können, dass an der Stelle $t = \frac{1}{k}$ ein Hochpunkt vorliegt, muss noch die Bedingung $f_k''(t) < 0$ erfüllt sein; der Graph sich also an der betrachteten Stelle in einer Rechtskurve befinden. Für diesen Nachweis ist die zweite Ableitung in der Aufgabenstellung bereits gegeben. Diese wertet man nun an der Stelle $t = \frac{1}{k}$ aus.

$$f_k''\left(\frac{1}{k}\right) = \left(-6k + 3k^2 \cdot \frac{1}{k}\right) \cdot \mathrm{e}^{-k \cdot \frac{1}{k}} = (-6k + 3k) \cdot \mathrm{e}^{-1} = -3k \cdot \mathrm{e}^{-1} < 0$$

Der abschließende Term ist negativ, da sowohl k als auch e^{-1} positiv sind.

Da in der Aufgabe die Hoch<u>punkte</u> gefragt sind, muss noch die y-Koordinate zur Stelle $t = \frac{1}{k}$ bestimmt werden.

$$f_k\left(\frac{1}{k}\right) = 3 \cdot \frac{1}{k} \cdot \mathrm{e}^{-k \cdot \frac{1}{k}} = \frac{3}{k}\mathrm{e}^{-1} = \frac{3}{\mathrm{e} \cdot k}$$

Wie zur Kontrolle angegeben, liegen die Hochpunkte der Funktionenschar bei $\mathrm{H}\left(\frac{1}{k} \middle| \frac{3}{\mathrm{e} \cdot k}\right)$.

2.4 Bei einer <u>Ortskurve</u> muss die y-Koordinate der betrachteten Punkte in Abhängigkeit der t-Koordinate angegeben werden. Aus diesem Grund löst man die t-Koordinate nach dem Parameter (hier k) auf und ersetzt diesen dann in der y-Koordinate. frv.tv/rq

$$t = \frac{1}{k} \implies k = \frac{1}{t} \implies y = \frac{3}{\mathrm{e} \cdot k} = \frac{3}{\mathrm{e} \cdot \frac{1}{t}} = \frac{3}{\mathrm{e}} \cdot t$$

3.1 Zu Beginn des betrachteten Intervalls stehen die beiden Radfahrer $\mathrm{R_B}$ und $\mathrm{R_C}$, da deren Graphen durch den Ursprung verlaufen. Radfahrer $\mathrm{R_A}$ besitzt allerdings bereits eine Geschwindigkeit von $4{,}5\,\frac{\mathrm{m}}{\mathrm{s}}$.
Die Geschwindigkeiten von $\mathrm{R_B}$ und $\mathrm{R_C}$ steigen verständlicherweise nach dem Start, wo-

bei R_C bis zu einer Grenzgeschwindigkeit von $5\,\frac{m}{s}$ stetig schneller wird. R_B hingegen wird nach einer maximalen Geschwindigkeit bis zum Ende des betrachteten Zeitraums durchgängig langsamer, wobei seine maximale Geschwindigkeit die höchste der drei betrachteten Radfahrer ist.
Tatsächlich wird auch R_A zu Beginn des Intervalls erst schneller, dann langsamer und nähert sich anschließend wieder schneller werdend einer Grenzgeschwindigkeit, die genau seiner Startgeschwindigkeit entspricht.

3.2 Da es sich bei den drei Graphen um Darstellungen von Geschwindigkeiten über der Zeit handelt, kann die Fläche unter den Graphen als Bestandsänderung und somit im vorliegenden Fall als die zurückgelegte Strecke interpretiert werden. Da der Graph von B im gesamten Intervall oberhalb von C liegt, hat R_B sicher eine größere Strecke als R_C zurückgelegt.
Da die Fläche zwischen A und B vom Start bis zum Schnittpunkt der beiden Graphen größer ist als vom Schnittpunkt bis $t = 6$ und A bis zum Schnittpunkt oberhalb von B verläuft, hat R_A eine noch größere Strecke als R_B zurückgelegt und führt das Feld an.

3.3 Die Änderungsrate einer Größe wird durch die Ableitung dieser Größe bestimmt. In dieser Aufgabe ist somit $v_1'(5)$ gesucht. Da der Operator „Bestimmen" lautet, kann dieser Wert mit dem Taschenrechner ermittelt werden. Es gilt: $v_1'(5) \approx 0{,}27$.

3.4 Wie in der Lösung zu Teilaufgabe 3.2 bereits beschrieben, gibt der orientierte Flächeninhalt unter dem Graphen die zurückgelegte Strecke s an, womit diese durch ein bestimmtes Integral über dem betrachteten Intervall ermittelt werden kann. Auch der Operator „Ermitteln" erlaubt den Einsatz des Taschenrechners: $s = \int_0^{16} v_3(t)\,\mathrm{d}t \approx 62{,}16$.
Der Radfahrer legt eine Strecke von ca. 62,16 m zurück.

frv.tv/ce

Die Durchschnittsgeschwindigkeit $\overline{v}$ berechnet sich durch die zurückgelegte Strecke geteilt durch die benötigte Zeit: $\overline{v} \approx \frac{62{,}16}{16} \approx 3{,}88$
Die Durchschnittsgeschwindigkeit des Radfahrers beträgt ca. $3{,}88\,\frac{m}{s}$.

3.5 Da der Inhalt einer von Graphen eingeschlossenen Fläche gesucht ist, benötigt man zuerst die Schnittstellen der Graphen, um die Intervallgrenzen für das benötigte Integral der Differenzfunktion zu erhalten. Der Ansatz zur Bestimmung der Schnittstellen lautet $v_1(t) = v_3(t)$, woraus die Gleichung $5 \cdot \left(1 - \mathrm{e}^{-0{,}4 \cdot t}\right) = 3t \cdot \mathrm{e}^{-0{,}2 \cdot t}$ folgt. Dem Material ist zu entnehmen, dass unabhängig von den verwendeten Graphen maximal zwei Schnittstellen vorhanden sein können.

Hat man zu Beginn der Aufgabe B1 die Graphen B und C den Funktionen v_1 und v_3 richtig zugeordnet, kann die erste Schnittstelle $t_1 = 0$ direkt dem Material entnommen werden. Ansonsten müssen beide Schnittstellen mittels der SOLVE-Taste des Taschenrechners mit verschiedenen Startwerten ermittelt werden. Evtl. müssen hier mehrere Startwerte durchprobiert werden, bis zwei Lösungen gefunden sind.

Die Lösung, die auf jeden Fall nur mit dem Taschenrechner ermittelt werden kann, lautet $t_2 \approx 8{,}11$.

Ausgestattet mit den Intervallgrenzen kann man das Integral $\int_0^{8,11} v_3(t) - v_1(t)\,\mathrm{d}t$ ebenfalls mit dem Taschenrechner bestimmen.

$$\int_0^{8,11} v_3(t) - v_1(t)\,\mathrm{d}t = \int_0^{8,11} 5 \cdot \left(1 - \mathrm{e}^{-0,4 \cdot t}\right) - 3t \cdot \mathrm{e}^{-0,2 \cdot t}\,\mathrm{d}t \approx 7{,}62$$

Falls man den vorherigen Aufgaben nicht entnehmen konnte, welche der beiden Funktionsgraphen oberhalb des anderen verläuft, muss man den Wert des Integrals evtl. durch Betragsbildung noch positiv machen.

Durch die Differenzbildung bei der Integration berechnet man die Differenz der beiden durch die Radfahrer zurückgelegten Strecken. Dies lässt sich gut erkennen, wenn man das Integral in die Differenz zweier Integrale aufteilt.

$$\int_0^{8,11} v_3(t) - v_1(t)\,\mathrm{d}t = \int_0^{8,11} v_3(t)\,\mathrm{d}t - \int_0^{8,11} v_1(t)\,\mathrm{d}t$$

Die beiden Integrale auf der rechten Seite der Gleichung sind die jeweils zurückgelegten Strecken der beiden Radfahrer.
Da die Radfahrer zum Zeitpunkt $t = 0$ an derselben Position waren, heißt dies auch, dass die Radfahrer nach ca. 8,11 s ungefähr einen Abstand von 7,62 m haben. Konkret besitzt R_B zu dem Zeitpunkt, an dem beide Radfahrer gleich schnell sind, so viel Vorsprung vor R_C.

3.6 Hier wird für einen allgemeinen Zeitpunkt t_0 bestimmt, wie viel Strecke mehr der Radfahrer R_C mit der Geschwindigkeit v_1 als der Radfahrer R_B mit der Geschwindigkeit v_3 zurückgelegt hat. Wie bereits in der Lösung zum vorigen Aufgabenteil erkannt, entspricht dies bei bei gleicher Startposition auch dem Vorsprung des Radfahrers R_C. Somit lassen sich die drei Fälle, wie folgt, deuten:
Ist der Wert größer null, gibt er den Vorsprung des Radfahrer R_C vor dem Radfahrer R_B zum Zeitpunkt t_0 in Metern an.
Ist der Wert kleiner null, gibt er den Vorsprung des Radfahrer R_B vor dem Radfahrer R_C zum Zeitpunkt t_0 in Metern an.
Ist der Wert gleich null, liegen die Radfahrer R_C und R_B zum Zeitpunkt t_0 gleich auf.

Abitur 2021 – Aufgabe B2 (WTR)

1.1 Bei der Funktionenschar

$$f_{a;k}(x) = \underbrace{a \cdot x^2}_{u} \cdot \underbrace{\mathrm{e}^{-k\cdot x}}_{v}$$

handelt es sich um ein Produkt zweier Funktionenscharen, weshalb in einem ersten Ableitungsschritt die Produktregel benötigt wird.

$$f_{a;k}{}'(x) = u' \cdot v + u \cdot v' = 2a \cdot x \cdot \mathrm{e}^{-k\cdot x} + a \cdot x^2 \cdot \left(\mathrm{e}^{-k\cdot x}\right)'$$

Da es sich bei dem Term $\mathrm{e}^{-k\cdot x}$ um eine Verkettung mit innerem Term $-k \cdot x$ handelt, wird für die verbliebene Ableitung noch die Kettenregel benötigt.

$$\begin{aligned} f_{a;k}{}'(x) &= 2a \cdot x \cdot \mathrm{e}^{-k\cdot x} + a \cdot x^2 \cdot \left(\mathrm{e}^{-k\cdot x}\right)' \\ &= 2a \cdot x \cdot \mathrm{e}^{-k\cdot x} + a \cdot x^2 \cdot \mathrm{e}^{-k\cdot x} \cdot (-k) \\ &= 2a \cdot x \cdot \mathrm{e}^{-k\cdot x} - a \cdot k \cdot x^2 \cdot \mathrm{e}^{-k\cdot x} \\ &= \left(2a \cdot x - a \cdot k \cdot x^2\right) \cdot \mathrm{e}^{-k\cdot x} \\ &= a \cdot x \cdot (2 - k \cdot x) \cdot \mathrm{e}^{-k\cdot x} \end{aligned}$$ □

1.2 Da der Operator „Bestätigen“ lautet, können die gegebenen x-Koordinaten von T und H direkt für die hinreichende Bedingung für Hoch- und Tiefpunkt verwendet werden. Bei beiden Formen von Extrema ist die Steigung 0, weshalb $f_{a;k}{}'(x) = 0$ gelten muss.
Tiefpunkt T: $f_{a;k}{}'(0) = a \cdot 0 \cdot (2 - k \cdot 0) \cdot \mathrm{e}^{-k\cdot 0} = 0$
Hochpunkt H: $f_{a;k}{}'\left(\frac{2}{k}\right) = a \cdot \frac{2}{k} \cdot \left(2 - k \cdot \frac{2}{k}\right) \cdot \mathrm{e}^{-k\cdot\frac{2}{k}} = \frac{2a}{k} \cdot (2-2) \cdot \mathrm{e}^{-2} = \frac{2a}{k} \cdot 0 \cdot \mathrm{e}^{-2} = 0$
Die hinreichende Bedingung für einen Tiefpunkt erfordert noch $f_{a;k}{}''(x) > 0$, für einen Hochpunkt $f_{a;k}{}''(x) < 0$.
Tiefpunkt T: $f_{a;k}{}''(0) = a \cdot (k^2 \cdot 0^2 - 4 \cdot k \cdot 0 + 2) \cdot \mathrm{e}^{-k\cdot 0} = a \cdot 2 \cdot 1 = 2a > 0$
Hochpunkt H: $f_{a;k}{}''\left(\frac{2}{k}\right) = a \cdot \left(k^2 \cdot \left(\frac{2}{k}\right)^2 - 4 \cdot k \cdot \frac{2}{k} + 2\right) \cdot \mathrm{e}^{-k\cdot\frac{2}{k}} = -2a \cdot \mathrm{e}^{-2} < 0$
Es gilt, dass $2a > 0$ und $-2a \cdot \mathrm{e}^{-2} < 0$, da $a > 0$ und $\mathrm{e}^{-2} > 0$.

Nachdem bestätigt wurde, dass es sich um die jeweilig geforderten Extremstellen handelt, müssen noch die y-Koordinaten der Punkte durch Einsetzen der Stellen in $f_{a;k}$ berechnet werden.
Tiefpunkt: $f_{a;k}(0) = a \cdot 0^2 \cdot \mathrm{e}^{-k\cdot 0} = 0 \implies \mathrm{T}(0|0)$
Hochpunkt: $f_{a;k}\left(\frac{2}{k}\right) = a \cdot \left(\frac{2}{k}\right)^2 \cdot \mathrm{e}^{-k\cdot\frac{2}{k}} = \frac{4a}{k^2} \cdot \mathrm{e}^{-2} = \frac{4a}{k^2 \cdot \mathrm{e}^2} \implies \mathrm{H}\left(\frac{2}{k}\middle|\frac{4a}{k^2 \cdot \mathrm{e}^2}\right)$

Durch einen festen k-Wert ist auch die x-Koordinate $\frac{2}{k}$ des Hochpunktes fest. Alle Punkte mit einem identischen x-Wert liegen auf einer Parallelen zur y-Achse. Da die y-Koordinate noch von a abhängig ist, werden auf dieser Parallelen auch verschiedene Punkte erreicht.

1.3 Wird der Parameter a fixiert, ist die Verbindung der x- und y-Koordinate der Hochpunkte über den Parameter k für die Ortskurve der Hochpunkte verantwortlich. Somit muss die x-Koordinate nach k aufgelöst werden und das Ergebnis in die y-Koordinate eingesetzt werden.

frv.tv/rq

$$x = \frac{2}{k} \Longrightarrow k = \frac{2}{x} \qquad \Longrightarrow \qquad y = \frac{4a}{k^2 \cdot \mathrm{e}^2} = \frac{4a}{\left(\frac{2}{x}\right)^2 \cdot \mathrm{e}^2} = \frac{4a}{\frac{4}{x^2} \cdot \mathrm{e}^2} = \frac{a}{\mathrm{e}^2} \cdot x^2$$

Dies entspricht der in der Aufgabe vorgegebenen Parabelgleichung $p_a(x) = \frac{a}{\mathrm{e}^2} \cdot x^2$.

Die Skizze für die Parabel $p_1(x) = \frac{1}{\mathrm{e}^2} \cdot x^2$ kann auch ohne die vorherige Ortskurvenbestimmung im Material ergänzt werden, da man weiß, dass sie durch die Hochpunkte der Schar $f_{1;k}$ gehen muss.

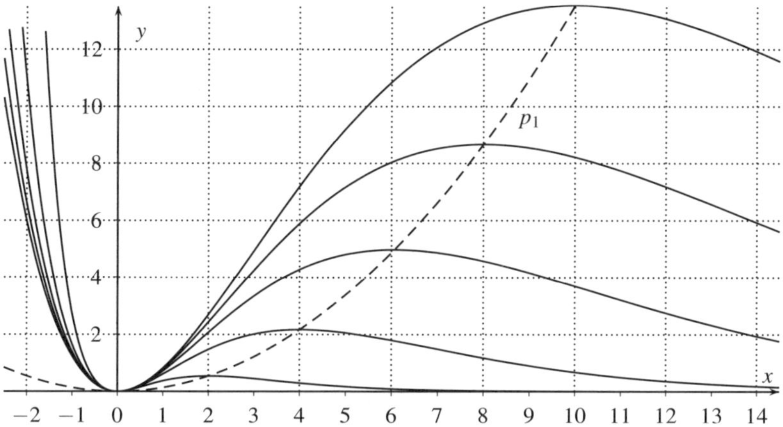

1.4 Aus der Aufgabenstellung zum Aufgabenteil 1.2 ist bekannt, dass die x-Koordinate der Hochpunkte $\frac{2}{k}$ ist. Diese Koordinate soll nun 10 sein, weshalb gilt:

$$\frac{2}{k} = 10 \Longrightarrow k = \frac{2}{10} = \frac{1}{5} = 0{,}2$$

Als zweite Forderung lässt sich dem Aufgabentext $f_{a;k}(2) = 828$ entnehmen, woraus sich a bestimmen lässt. Beim Ersetzen von $f_{a;k}(2)$ durch den entsprechenden Funktionsterm kann direkt der bereits berechnete Wert 0,2 für k verwendet werden.

$$\begin{aligned} f_{a;0,2}(2) &= 828 \\ a \cdot 2^2 \cdot \mathrm{e}^{-0,2\cdot 2} &= 828 \\ a \cdot \mathrm{e}^{-0,4} &= 207 \\ a &= 207 \cdot \mathrm{e}^{0,4} \approx 308{,}81 \end{aligned}$$

2.1 Die vier benötigten Summanden werden durch Auswertung der Funktion $f_{309;0,2}$ an den entsprechenden Stellen bestimmt. Beispielhaft hier für den ersten Summanden:

$$f_{309;0,2}(1) = 309 \cdot 1^2 \cdot \mathrm{e}^{-0,2\cdot 1} = 309 \cdot \mathrm{e}^{-0,2} \approx 252{,}99$$

Als Summe ergibt sich

$$\begin{aligned} f_{309;0,2}(1) + f_{309;0,2}(2) + f_{309;0,2}(3) + f_{309;0,2}(4) &\approx 252{,}99 + 828{,}52 + 1526{,}25 + 2221{,}48 \\ &\approx 4829 \end{aligned}$$

Um die prozentuale Abweichung von der tatsächlichen Verkaufszahl zu bestimmen, berechnet man zuerst die absolute Abweichung, also die Differenz des tatsächlichen und des Näherungswertes: $4892 - 4829 = 63$

Der Anteil dieser Abweichung bezogen auf den Grundwert 4892 ist

$$\frac{63}{4892} \approx 0{,}0129 = 1{,}29\%$$

und somit kleiner als $1{,}5\%$.

frv.tv/ce

2.2.1 Der Operator „Bestimmen“ erlaubt die Verwendung des Taschenrechners zur Ermittlung der Integralwerte. Es ergeben sich, ganzzahlig gerundet, die beiden Werte

$$\int_{0,5}^{4,5} f_{309;0,2}(x)\,\mathrm{d}x \approx 4844 \qquad \int_{0}^{4} f_{309;0,2}(x)\,\mathrm{d}x \approx 3663$$

2.2.2 Die Werte der Integrale liefern jeweils den Flächeninhalt der Fläche, die vom Graphen der Funktion im vorgegebenen Intervall mit der x-Achse eingeschlossen wird. Betrachtet man sich Abbildung A und das Intervall $[0;4]$ stellt man fest, dass das Integral in diesem Intervall vollständig unterhalb der Rechteckflächen liegt. Die Näherung durch das Integral wird somit deutlich zu klein.

Im Intervall $[0{,}5;4{,}5]$ hingegen liegt die durch das Integral ausgewertete Fläche teilweise oberhalb und teilweise unterhalb der zu nähernden Rechteckflächen. Selbst, wenn sich die beiden Teilflächen (links unterhalb des Rechtecks und rechts oberhalb des Rechtecks) betragsmäßig nicht perfekt aufheben, ergibt sich dennoch eine recht gute Näherung für die Summe der Rechteckflächen.

2.3 Die prinzipielle Form der Stammfunktion $F_{309;0,2}$ ist durch den Formansatz gegeben. Man kann nun diese ableiten und das Ergebnis mit der bekannten Funktion $f_{309;0,2}$ vergleichen, wodurch sich die unbekannten Parameter in $F_{309;0,2}$ bestimmen lassen.

$$\begin{aligned} {F_{309;0,2}}'(x) &= (2c_2 \cdot x + c_1) \cdot \mathrm{e}^{-0,2\cdot x} + \left(c_2 \cdot x^2 + c_1 \cdot x + c_0\right) \cdot \mathrm{e}^{-0,2\cdot x} \cdot (-0,2) \\ &= (2c_2 \cdot x + c_1) \cdot \mathrm{e}^{-0,2\cdot x} + \left(-0,2c_2 \cdot x^2 - 0,2c_1 \cdot x - 0,2c_0\right) \cdot \mathrm{e}^{-0,2\cdot x} \\ &= \left(2c_2 \cdot x + c_1 - 0,2c_2 \cdot x^2 - 0,2c_1 \cdot x - 0,2c_0\right) \cdot \mathrm{e}^{-0,2\cdot x} \\ &= \left(-0,2c_2 \cdot x^2 + (2c_2 - 0,2c_1) \cdot x + (c_1 - 0,2c_0)\right) \cdot \mathrm{e}^{-0,2\cdot x} \end{aligned}$$

Der Koeffizientenvergleich mit der Funktion $f_{309;0,2}(x) = 309 \cdot x^2 \cdot \mathrm{e}^{-0,2\cdot x}$ liefert die folgenden drei Gleichungen zur Bestimmung der Koeffizienten c_0 bis c_2.

$$-0,2c_2 = 309; \qquad 2c_2 - 0,2c_1 = 0; \qquad c_1 - 0,2c_0 = 0$$

Aus der ersten Gleichung folgt direkt $c_2 = \frac{309}{-0,2} = -1545$. Die weiteren Koeffizienten folgen durch schrittweises Berechnen.

$$2c_2 - 0,2c_1 = 0 \implies 2 \cdot (-1545) - 0,2c_1 = 0 \implies -0,2c_1 = 3090 \implies c_1 = -15450$$

und

$$c_1 - 0,2c_0 = 0 \implies -15450 - 0,2c_0 = 0 \implies -0,2c_0 = 15450 \implies c_0 = -77250$$

Die Stammfunktion lautet $F_{309;0,2}(x) = \left(-1545 \cdot x^2 - 15450 \cdot x - 77250\right) \cdot \mathrm{e}^{-0,2\cdot x}$

2.4 Mittels der Stammfunktion aus dem vorigen Aufgabenteil kann in einem ersten Schritt das betrachtete Integral ausgewertet werden.

$$\begin{aligned} \int_{14,5}^{u} f_{309;0,2}(x)\,\mathrm{d}x &= F_{309;0,2}(u) - F_{309;0,2}(14,5) \\ &= \left(-1545 \cdot u^2 - 15450 \cdot u - 77250\right) \cdot \mathrm{e}^{-0,2\cdot u} - \left(-626111,25 \cdot \mathrm{e}^{-2,9}\right) \\ &= \left(-1545 \cdot u^2 - 15450 \cdot u - 77250\right) \cdot \mathrm{e}^{-0,2\cdot u} + 34450,66 \end{aligned}$$

In einem zweiten Schritt kann nun der Grenzwert für $u \to \infty$ betrachtet werden. Hierbei ist zu beachten, dass der Exponentialterm den quadratischen Term im ersten Summanden dominiert, weshalb dieser gegen 0 geht.

$$\begin{aligned} \lim_{u\to\infty} \int_{14,5}^{u} f_{309;0,2}(x)\,\mathrm{d}x &= \lim_{u\to\infty} \left(\left(-1545 \cdot u^2 - 15450 \cdot u - 77250\right) \cdot \mathrm{e}^{-0,2\cdot u} + 34450,66\right) \\ &= \lim_{u\to\infty} \left(\left(-1545 \cdot u^2 - 15450 \cdot u - 77250\right) \cdot \mathrm{e}^{-0,2\cdot u}\right) + 34450,66 \\ &= 0 + 34450,66 \approx 34451 \end{aligned}$$

□

Wie aus den vorherigen Aufgabenteilen bekannt ist, lässt sich das Integral $\int_a^b f_{309;0,2}(x)\,\mathrm{d}x$ als gute Näherung für die Anzahl der verkauften Schuhpaare im Zeitintervall $[a;b]$ betrachten. Das Integral über das Intervall $[14{,}5;\infty)$ liefert somit die Anzahl aller Schuhpaare, die zukünftig noch verkauft werden. Da aktuell noch 36000 Schuhpaare auf Lager sind und nur noch ca. 34451 verkauft werden, müssen keine weiteren Schuhpaare produziert werden.

3.1 Nach der Summenregel kann jeder Summand des Funktionsterms von v einzeln abgeleitet werden, wobei für den Teilterm $\sin(0{,}1205\cdot x)$ im zweiten Summanden noch die Kettenregel benötigt wird.

$$V'(x) = 300 - 2000\cdot\cos(0{,}1205\cdot x)\cdot 0{,}1205 = 300 - 241\cdot\cos(0{,}1205\cdot x)$$

Der Kosinus einer Zahl liegt zwischen -1 und 1, womit auch der Term $\cos(0{,}1205\cdot x)$ Werte in diesem Intervall liefert. Da dieser Kosinusterm linear im Term von V' vorkommt, nimmt die Funktion V' auch ihren größten bzw. kleinsten Wert an, wenn man -1 respektive 1 für den Kosinusterm ersetzt.

$$300 - 241\cdot 1 = 59 \le V'(x) \le 541 = 300 - 241\cdot(-1)$$

Für die Erläuterung der Werte 59 und 541 muss beachtet werden, dass die Funktion V die Gesamtanzahl der verkauften Sommerschuhe liefert. Aus diesem Grund gibt die Ableitungsfunktion die Anzahl der verkauften Schuhe in den jeweiligen Wochen (die Änderung der Gesamtanzahl) an. Dies bedeutet, dass die Verkaufszahlen pro Woche für den Sommerschuh in den Grenzen von mindestens 59 und höchstens 541 pendeln.

3.2

$$\lim_{x\to\infty}\left(\frac{1}{x}\cdot V(x)\right) = \lim_{x\to\infty}\left(300 - \frac{2000\cdot\sin(0{,}1205\cdot x)}{x}\right) = 300 - 0 = 300$$

Da der Wert des Sinus betragsmäßig durch 1 nach oben begrenzt ist, wird der Zähler des Bruches betragsmäßig nie größer als 2000. Der Nenner geht aber gegen ∞ und somit der ganze Bruch gegen 0.

Weil es sich bei x um die Anzahl der Wochen und bei $V(x)$ um die Gesamtanzahl der verkauften Schuhe handelt, gibt der Quotient $\frac{V(x)}{x}$ die durchschnittlich pro Woche verkaufte Anzahl an Schuhe für die ersten x Wochen an.

Durch die Grenzwertbildung $x\to\infty$ wird somit die auf lange Sicht durchschnittlich pro Woche verkaufte Anzahl an Schuhen bestimmt.

Abitur 2021 – Aufgabe C1 (WTR/CAS)

1.1 Da es sich bei der Grundfläche um ein Quadrat handelt, also $\overrightarrow{AB} = \overrightarrow{DC}$ gilt, lässt sich der Ortsvektor $\overrightarrow{OC}$ des Punktes C durch die Vektorkette $\overrightarrow{OD} + \overrightarrow{AB}$ bestimmen.

$$\overrightarrow{OC} = \overrightarrow{OD} + \overrightarrow{AB} = \begin{pmatrix} -1,75 \\ 6 \\ 0 \end{pmatrix} + \begin{pmatrix} 0 \\ 3,5 \\ 0 \end{pmatrix} = \begin{pmatrix} -1,75 \\ 9,5 \\ 0 \end{pmatrix} \implies C(-1,75|9,5|0)$$

Der Flächeninhalt eines Quadrates, ist die Länge einer beliebigen Seite ins Quadrat.

$$\left|\overrightarrow{AB}\right|^2 = 0^2 + 3,5^2 + 0^2 = 12,25$$

Da eine Längeneinheit 10 m entspricht, entspricht eine Flächeneinheit $100\,\text{m}^2$, weshalb die Bodenfläche einen Flächeninhalt von $1225\,\text{m}^2$ besitzt.

1.2 Da die Ecke E eine positive x-Koordinate besitzt und dichter am Westturm liegt als F, muss sie mit der Ecke A eine Kante des Turms bilden. Durch die Differenz der beiden y-Koordinaten lässt sich erkennen, dass das Dach um $-3,1$ Einheiten in y-Richtung gegenüber dem Boden verschoben ist. Alle Punkte des Daches haben die z-Koordinate 11,4 und die x-Koordinaten ändern sich vom Boden zum Dach nicht. Somit können die restlichen Punkte angegeben und der Turm in das Koordinatensystem eingezeichnet werden.

$$F(1,75|6,4|11,4) \qquad G(-1,75|6,4|11,4) \qquad H(-1,75|2,9|11,4)$$

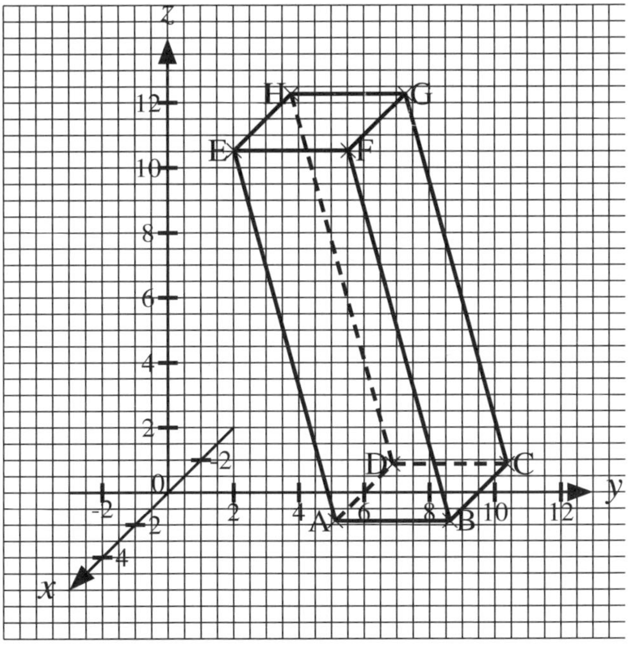

1.3 Die Neigung des Turms kann durch den Winkel zwischen dem Verbindungsvektor $\overrightarrow{\mathrm{AE}}$ und dem Einheitsvektor $\vec{e_z}$ in Richtung der z-Achse beschrieben werden.

$$\begin{aligned}
\cos\alpha &= \frac{\overrightarrow{\mathrm{AE}}\cdot\vec{e_z}}{\left|\overrightarrow{\mathrm{AE}}\right|\cdot|\vec{e_z}|}\\
&= \frac{\begin{pmatrix}0\\-3{,}1\\11{,}4\end{pmatrix}\cdot\begin{pmatrix}0\\0\\1\end{pmatrix}}{\left|\begin{pmatrix}0\\-3{,}1\\11{,}4\end{pmatrix}\right|\cdot\left|\begin{pmatrix}0\\0\\1\end{pmatrix}\right|}\\
&= \frac{11{,}4}{\sqrt{(-3{,}1)^2+11{,}4^2\cdot 1}}\\
&= \frac{11{,}4}{\sqrt{139{,}57}}\\
\alpha &= \arccos\left(\frac{11{,}4}{\sqrt{139{,}57}}\right)\approx 15{,}21^\circ
\end{aligned}$$

□

frv.tv/rv

2.1 In der Abbildungsmatrix einer linearen Abbildung, also auch einer Spiegelung, stehen in den Spalten die Bilder der Basisvektoren. Weil es sich in der Aufgabe um eine Spiegelung an der x-z-Ebene handelt und die Punkte $(1|0|0)$ und $(0|0|1)$ in dieser Ebene liegen, werden der erste und der dritte Basisvektor auf sich selbst abgebildet.

Nur der zweite Basisvektor wird durch die Spiegelung auf sein Negatives, also $\begin{pmatrix}0\\-1\\0\end{pmatrix}$, abgebildet. Als Spiegelmatrix ergibt sich $S=\begin{pmatrix}1&0&0\\0&-1&0\\0&0&1\end{pmatrix}$

Hinweis: Da der Operator in der Aufgabe „Angeben" lautet, genügt es, ohne Begründung die Matrix zu notieren.

2.2 Der Ortsvektor des Bildpunktes A' ergibt sich durch Matrix-Vektor-Multiplikation mit der Spiegelmatrix S und dem Ortsvektor des Punktes A.

$$\overrightarrow{\mathrm{OA'}}=S\cdot\overrightarrow{\mathrm{OA}}=\begin{pmatrix}1&0&0\\0&-1&0\\0&0&1\end{pmatrix}\cdot\begin{pmatrix}1{,}75\\6\\0\end{pmatrix}=\begin{pmatrix}1{,}75\\-6\\0\end{pmatrix}\implies \mathrm{A'}(1{,}75|-6|0)$$

Alternativ könnte man auch argumentieren, dass nur die y-Koordinate eines Punktes bei der Spiegelung an der x-z-Ebene das Vorzeichen wechselt.

Der Abstand der Punkte A und A' bestimmt den Abstand der beiden Türme auf dem Boden, wobei beachtet werden muss, dass eine Längeneinheit im Koordinatensystem 10 m in der Realität entsprechen.

$$\left|\overrightarrow{AA'}\right| = \left|\begin{pmatrix} 0 \\ -12 \\ 0 \end{pmatrix}\right| = 12$$

Die beiden Türme sind auf dem Boden 120 m voneinander entfernt.

3 Da die Türme in Ost-West-Richtung geneigt sind und in Nord-Süd-Richtung breiter als 3 m sind, müssen nur die y-Koordinaten der Eckpunkte des Aufzugsschachts beachtet werden. Nur diese könnten über die Stockwerke hinweg aus dem Gebäude hinausführen. Die y-Koordinate des Eckpunktes A lautet 6. Da der Schacht 3 m breit ist, befinden sich zwei Ecken des Schachtes bei $y = 6{,}3$.

Die y-Koordinate der Punkte F und G beträgt jeweils 6,4 und es gilt: $6{,}3 < 6{,}4$. Somit bleibt der Aufzugschacht auch noch in der Dachebene innerhalb des Quadrates EFGH und entsprechend über alle Stockwerke hinweg innerhalb des Gebäudes.

4 Der Mittelpunkt der Bodenfläche des Ostturms liegt genau in der Mitte zwischen den Punkten B und D. Seine Koordinaten lauten $\left(\frac{1{,}75+(-1{,}75)}{2}\middle|\frac{9{,}5+6}{2}\middle|\frac{0+0}{2}\right) = (0|7{,}75|0)$. Die Koordinaten des Mittelpunkts des Westturms entstehen durch Spiegelung an der x-z-Ebene und lauten $(0|-7{,}75|0)$. Der Abstand dieser beiden Punkte und somit die Länge jeder der drei Seiten des geforderten gleichseitigen Dreiecks ist $7{,}75-(-7{,}75) = 15{,}5$.

Alle Punkte, die auf dem Boden gleich weit von den beiden Mittelpunkten entfernt sind, liegen aus Symmetriegründen auf der x-Achse. Ein allgemeiner Punkt auf der x-Achse ist $P(x|0|0)$. Die x-Koordinate muss so gewählt werden, dass der Abstand zu den Punkten $(0|\pm 7{,}75|0)$ ebenfalls 15,5 beträgt. Durch Anwendung des Satzes von Pythagoras folgt

$$\begin{aligned} x^2 + 7{,}75^2 &= 15{,}5^2 \\ x^2 &= 15{,}5^2 - 7{,}75^2 \\ x^2 &= 180{,}1875 \\ x &\approx \pm 13{,}42 \end{aligned}$$

Da der gesuchte Punkt für den Obelisken auf dem südlichen Vorplatz liegen soll und die x-Achse nach Süden zeigt, ist die positive der beiden Lösungen die gesuchte.
Der Obelisk war somit an der Position $(13{,}42|0|0)$ geplant.

5.1 Die Uhrzeit 13.30 Uhr korrespondiert mit dem Wert 0 für den Parameter t. Einsetzen des Wertes 0 für t in den Vektor $\vec{v}$ liefert die Richtung der Sonnenstrahlen zum Zeitpunkt 13.30 Uhr: $\vec{v} = \begin{pmatrix} -1 \\ 0 \\ -1{,}2 \end{pmatrix}$

Diese Richtung schließt mit dem Normalenvektor $\begin{pmatrix} 0 \\ 0 \\ 1 \end{pmatrix}$ der x-y-Ebene folgenden Winkel ein:

$$\alpha = \arccos\left(\frac{\left|\begin{pmatrix} -1 \\ 0 \\ -1{,}2 \end{pmatrix} \cdot \begin{pmatrix} 0 \\ 0 \\ 1 \end{pmatrix}\right|}{\left|\begin{pmatrix} -1 \\ 0 \\ -1{,}2 \end{pmatrix}\right| \cdot \left|\begin{pmatrix} 0 \\ 0 \\ 1 \end{pmatrix}\right|}\right) = \arccos\left(\frac{1{,}2}{\sqrt{(-1)^2 + (-1{,}2)^2}}\right) \approx 39{,}81^\circ$$

Der Winkel zum Erdboden beträgt entsprechend $90^\circ - 39{,}81^\circ = 50{,}19^\circ$.

Die Spitze des Obelisken befindet sich 93 m oberhalb des Mittelpunktes seiner Grundfläche; also 9,3 Einheiten in Richtung der z-Achse ausgehend von dem Punkt $(13{,}42|0|0)$. Der Ortsvektor des so entstehenden Punktes ist der Stützvektor der Schattengerade g_s, deren Richtung durch die Richtung der Sonnenstrahlen gegeben ist.

$$g_s \colon \vec{x} = \begin{pmatrix} 13{,}42 \\ 0 \\ 9{,}3 \end{pmatrix} + r \cdot \begin{pmatrix} -1 \\ 0 \\ -1{,}2 \end{pmatrix}; \; r \in \mathbb{R}$$

Gesucht ist der Schnitt dieser Geraden mit dem Boden; also der Ebene $z = 0$. Hierfür setzt man die z-Komponente der Geraden in die Ebenengleichung ein und löst nach r auf.

$$9{,}3 + r \cdot (-1{,}2) = 0 \quad \Longrightarrow \quad -1{,}2r = -9{,}3 \quad \Longrightarrow \quad r = 7{,}75$$

Als Ortsvektor und für die Koordinaten des Schattenpunktes S ergeben sich durch Einsetzen des errechneten Werts für den Parameter r:

$$\overrightarrow{OS} = \begin{pmatrix} 13{,}42 \\ 0 \\ 9{,}3 \end{pmatrix} + 7{,}75 \cdot \begin{pmatrix} -1 \\ 0 \\ -1{,}2 \end{pmatrix} = \begin{pmatrix} 5{,}67 \\ 0 \\ 0 \end{pmatrix} \quad \Longrightarrow \quad S(5{,}67|0|0)$$

Hinweis: Bei Verwendung des in der Aufgabenstellung gegebenen Ersatzpunktes P* entsteht die Lösung $S(5{,}75|0|0)$.

5.2 In den Spalten einer Matrix befinden sich die Koordinaten der Bilder der Basisvektoren. Da es sich bei dem Schattenwurf um eine Projektion auf die x-y-Ebene handelt, werden die ersten beiden Basisvektoren $\begin{pmatrix}1\\0\\0\end{pmatrix}$ und $\begin{pmatrix}0\\1\\0\end{pmatrix}$ auf sich selbst abgebildet. Somit muss nur das Bild des dritten Basisvektors $\begin{pmatrix}0\\0\\1\end{pmatrix}$ bestimmt werden, um die vollständige Matrix angeben zu können.

Im Unterschied zur Aufgabe 5.1 ergibt sich nun wegen des Parameters t eine Geradenschar der Form $\vec{x} = \begin{pmatrix}0\\0\\1\end{pmatrix} + s \cdot \begin{pmatrix}-1+0{,}2t\\0{,}5t\\-1{,}2+0{,}2t\end{pmatrix}$, die mit der Ebene $z = 0$ geschnitten werden muss.

Analog zur Aufgabe 5.1 muss hierfür die z-Komponente der Geradenschar in die Ebenengleichung eingesetzt werden.

$$1 + s \cdot (-1{,}2 + 0{,}2t) = 0 \quad \Longrightarrow \quad s \cdot (-1{,}2 + 0{,}2t) = -1 \quad \Longrightarrow \quad s = \frac{1}{1{,}2 - 0{,}2t}$$

Zur Bestimmung des Bildpunktes von $(0|0|1)$ muss der Term für s in die Gleichung der Geradenschar eingesetzt werden.

$$\begin{pmatrix}0\\0\\1\end{pmatrix} + \frac{1}{1{,}2-0{,}2t} \cdot \begin{pmatrix}-1+0{,}2t\\0{,}5t\\-1{,}2+0{,}2t\end{pmatrix} = \begin{pmatrix}\frac{-1+0{,}2t}{1{,}2-0{,}2t}\\\frac{0{,}5t}{1{,}2-0{,}2t}\\0\end{pmatrix}$$

Da der Parameter t nur Werte zwischen 0 und 2 annehmen kann, wird der auftauchende Nenner niemals 0, womit sich abschließend als Abbildungsmatrix M für den Schattenwurf

$$M = \begin{pmatrix}1 & 0 & \frac{-1+0{,}2t}{1{,}2-0{,}2t}\\0 & 1 & \frac{0{,}5t}{1{,}2-0{,}2t}\\0 & 0 & 0\end{pmatrix}$$

ergibt.

Abitur 2021 – Aufgabe C2.1 (WTR/CAS)

frv.tv/rx

1.1 Die gegebene Gleichung ist eine Anwendung der Formel von Bernoulli. Als mathematisches Modell wird somit eine Bernoullikette und die daraus folgende Binomialverteilung zugrunde gelegt. Dieses Modell ist gerechtfertigt, da ein Korn entweder gekeimt oder nicht gekeimt hat. Außerdem ist die Wahrscheinlichkeit, dass ein beliebiges Korn gekeimt hat, aufgrund der großen Saatmenge auf einem Feld als gleichbleibend anzunehmen.

Die Wahrscheinlichkeit, dass ein Korn keimt, beträgt 0,95. Somit ist der Faktor $0{,}95^{55}$ die Wahrscheinlichkeit dafür, dass 55 Körner gekeimt haben. Analog hierzu ist $0{,}05^5$ die Wahrscheinlichkeit, dass 5 Körner nicht gekeimt haben. Der Binomialkoeffizient $\binom{60}{55}$ gibt die Anzahl der Möglichkeiten an, wie 55 aus 60 Körnern ausgewählt werden können.

frv.tv/ci

Insgesamt berechnet die Formel die Wahrscheinlichkeit, dass bei einer Stichprobe von 60 Körnern 55 gefunden werden, die gekeimt haben. Mit Hilfe des Taschenrechners bestimmt sie sich zu

$$\binom{60}{55} \cdot 0{,}95^{55} \cdot 0{,}05^5 \approx 0{,}1016 = 10{,}16\%$$

1.2 Zur Bestimmung der gesuchten Wahrscheinlichkeiten muss zuerst eine Zufallsgröße festgelegt werden. Betrachtet man Ereignis E_1 bietet sich

X: Anzahl der Körner, die nicht gekeimt haben

an. Mit dieser binomialverteilten Zufallsgröße ergibt sich für E_1:

$$P(E_1) = P(X \leq 4) = F_{80;0,05}(4) \approx 0{,}6289 = 62{,}89\%$$

Bei der Bearbeitung des Ereignisses E_2 muss man sich klarmachen, dass die erwartete Anzahl an gekeimten Körnern dem Erwartungswert $E(X)$ der zugehörigen Binomialverteilung entspricht. Dieser berechnet sich zu

$$E(X) = n \cdot p = 80 \cdot 0{,}05 = 4$$

Eine Abweichung um höchstens 2 ergibt das Intervall $[2;6]$ für die Zufallsgröße X. Es folgt:

$$\begin{aligned} P(E_2) &= P(2 \leq X \leq 6) \\ &= P(X \leq 6) - P(X \leq 1) \\ &= F_{80;0,05}(6) - F_{80;0,05}(1) \\ &\approx 0{,}8947 - 0{,}0861 \\ &= 0{,}8086 = 80{,}86\% \end{aligned}$$

Zur Bestimmung der Wahrscheinlichkeiten in dieser Teilaufgabe kann wiederum der Taschenrechner (kumulierte Binomialverteilung) verwendet werden.

frv.tv/ck

1.3.1 Der Landwirt wählt als Nullhypothese für den Signifikanztest $H_0: p \geq 0{,}95$ in der Hoffnung, diese verwerfen zu können. Der Verwerfungsbereich für H_0 befindet sich auf der linken Seite der Verteilung, weshalb es sich um einen linksseitigen Test handelt. Der Binomialverteilung, die durch das Entnehmen der 250 Körner entsteht, liegt die Zufallsgröße

X: Anzahl der gekeimten Körner

zugrunde.

Ein Signifikanzniveau von 5% bedeutet, dass die Wahrscheinlichkeit für den Fehler 1. Art diesen Wert nicht übersteigen darf. Der Fehler 1. Art entsteht, wenn die Stichprobe im (hier linksseitigen) Verwerfungsbereich landet, obwohl die Nullhypothese tatsächlich korrekt ist. Wegen des linksseitigen Verwerfungsbereichs muss der Wert für die Zufallsgröße X also kleinergleich dem kritischen Wert k sein.

$$P(X \leq k) = F_{250;0,95}(k) \leq 0{,}05$$

Der Taschenrechner liefert die beiden Werte

$$F_{250;0,95}(231) \approx 0{,}047 \qquad \text{und} \qquad F_{250;0,95}(232) \approx 0{,}079,$$

denen man entnehmen kann, dass der kritische Wert $k = 231$ ist. Die Entscheidungsregel lässt sich, wie folgt, formulieren.

> Finden sich in einer Stichprobe von 250 Körnern 231 oder weniger gekeimte, kann man mit einer Sicherheit von 95% (Signifikanzniveau 5%) davon ausgehen, dass die Keimwahrscheinlichkeit geringer als 95% ist.

Der Fehler 2. Art ist allgemein, dass man die Nullhypothese annimmt, obwohl sie falsch ist. Im vorliegenden Fall würde der Landwirt also glauben, dass die Keimwahrscheinlichkeit mindestens 95% beträgt, obwohl sie tatsächlich niedriger ist.

1.3.2 Es ist die Wahrscheinlichkeit gesucht, dass man im Annahmebereich der Nullhypothese aus Aufgabenteil 1.3.1 landet, obwohl die Keimwahrscheinlichkeit 90% beträgt. Nach der entwickelten Entscheidungsregel ist der Annahmebereich das Intervall $[232;250]$.

$$P(X \geq 232) = 1 - P(X \leq 231) = 1 - F_{250;0,9}(231) \approx 1 - 0{,}9192 = 0{,}0808 = 8{,}08\%$$

Die Zufallsgröße ist identisch zum vorigen Aufgabenteil und für die Bestimmung von $F_{250;0,9}(231)$ muss erneut der Taschenrechner verwendet werden.

Wenn das Signifikanzniveau erhalten bleiben soll, ist die einzige Schraube, an der man drehen kann, um die Wahrscheinlichkeit für den Fehler 2. Art zu verringern, die Stichprobengröße. Die Lösung besteht somit darin, eine größere Anzahl an Körnern zu testen.

2.1 In der Aufgabe werden zwei Merkmale der Körner betrachtet: die Sorte und die Frage, ob es gekeimt hat. Zur Bearbeitung bietet es sich an, die Merkmale/Ereignisse mit Buchstaben zu belegen.

A: Korn der Sorte A $\qquad K$: Korn hat gekeimt

Das Ereignis $\overline{A}$ korrespondiert hierbei mit dem Fakt, dass ein Korn der Sorte B entnommen wurde.

Mit den so benannten Merkmalen ist in der Aufgabe die bedingte Wahrscheinlichkeit $P_K(\overline{A})$ gesucht, die mittels des Satzes von Bayes berechnet werden kann.

$$\begin{aligned} P_K(\overline{A}) &= \frac{P\left(\overline{A}\right) \cdot P_{\overline{A}}(K)}{P(K)} \\ &= \frac{P\left(\overline{A}\right) \cdot P_{\overline{A}}(K)}{P\left(\overline{A}\right) \cdot P_{\overline{A}}(K) + P(A) \cdot P_A(K)} \\ &= \frac{0{,}15 \cdot 0{,}9}{0{,}15 \cdot 0{,}9 + 0{,}85 \cdot 0{,}95} \\ &= \frac{0{,}135}{0{,}9425} \\ &\approx 0{,}1432 = 14{,}32\% \end{aligned}$$

2.2 Die Wahrscheinlichkeit $P\left(\overline{K}\right)$, dass ein Korn nicht gekeimt hat, ist die Wahrscheinlichkeit, dass ein Korn von Sorte A ist und nicht gekeimt hat, addiert zu der Wahrscheinlichkeit, dass ein Korn von Sorte B ist und nicht gekeimt hat.

$$\begin{aligned} P\left(\overline{K}\right) &= P\left(A \cap \overline{K}\right) + P\left(\overline{A} \cap \overline{K}\right) \\ &= P(A) \cdot P_A\left(\overline{K}\right) + P\left(\overline{A}\right) \cdot P_{\overline{A}}\left(\overline{K}\right) \\ &= 0{,}85 \cdot 0{,}05 + 0{,}15 \cdot 0{,}1 = 0{,}0575 \end{aligned}$$

Die Wahrscheinlichkeit, dass ein beliebiges Korn nicht gekeimt, beträgt genau 5,75%.

2.3 Betrachtet man zuerst den Nenner, stellt man fest, dass der Anteil aller angefressenen Sämlinge (nämlich 20%) mit dem Faktor 0,9425 multipliziert wird. Dies ist aber genau die Gegenwahrscheinlichkeit zu den 5,75%, dass ein Korn nicht gekeimt hat und somit die Wahrscheinlichkeit, dass ein Korn gekeimt hat. Insgesamt gibt der Nenner also den Anteil aller gekeimten Körner und dann angefressenen Sämlinge an.

Im Zähler wird derselbe Gedanke auf die Sorte B beschränkt. Auf 15% der vorhandenen Fläche keimt die Sorte B mit einer Wahrscheinlichkeit von 0,9. Dieser Wert wird noch mit der Wahrscheinlichkeit, dass ein Sämling der Sorte B angefressen wird, multipliziert. Der Zähler liefert entsprechend den Anteil aller gekeimten Körner und dann angefressenen Sämlinge der Sorte B.

Der Quotient der beiden Terme liefert die Wahrscheinlichkeit, dass ein angefressener Sämling aus einem Korn der Sorte B gekeimt ist.

3 Eine normalverteilte Zufallsgröße ist durch ihren Mittelwert μ und ihre Standardabweichung σ eindeutig bestimmt. Im vorliegenden Fall gilt $\mu = 5\,\text{cm}$ und $\sigma = 1{,}5\,\text{cm}$. Aufgrund des Operators „Bestimmen" dürfen die gesuchten Wahrscheinlichkeiten mit dem Taschenrechner ermittelt werden.

frv.tv/cn

$$P(A) = P(|Y-5| \leq 1) = P(4 \leq Y \leq 6) \approx 0{,}4950 = 49{,}5\%$$

$$P(B) = P(|Y-5| \geq 2) = P(Y \leq 3) + P(Y \geq 7) \approx 0{,}0912 + 0{,}0912 = 18{,}24\%$$

Da eine Normalverteilung eine Symmetrie bezüglich des Mittelwertes aufweist, lassen sich die beiden Wahrscheinlichkeiten auch durch die Ansätze $P(A) = 2 \cdot P(Y \geq 4)$ und $P(B) = 2 \cdot P(Y \leq 3)$ erhalten.

frv.tv/ry

4.1 Um die relativen Häufigkeiten in einem Säulendiagramm abtragen zu können, müssen zuerst die absoluten Häufigkeiten der einzelnen Intervalle durch die Stichprobengröße dividiert werden. Für das Intervall $[0;1)$ führt dies auf die relative Häufigkeit $\frac{60}{200} = 0{,}3$. Analoge Rechnungen und Überführen der entstehenden relativen Häufigkeiten in ein Säulendiagramm führen zu folgendem Ergebnis.

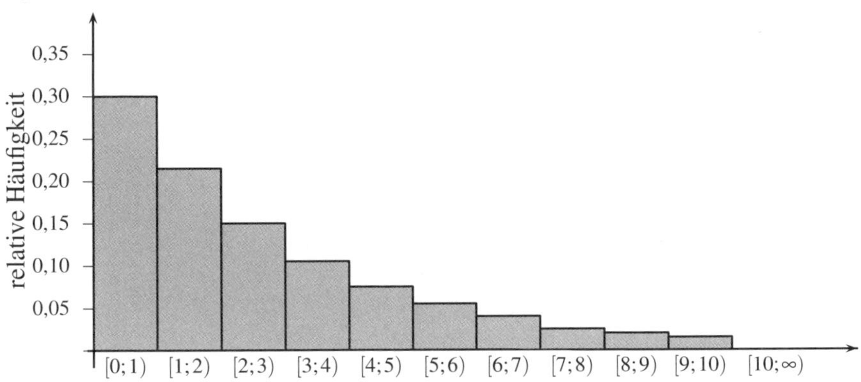

Abstand zwischen zwei benachbarten Körnern in cm

4.2 Eine Exponentialfunktion der Form $f(z) = a \cdot e^{-b \cdot z}$, $a, b > 0$ beschreibt einen exponentiellen Zerfall. Die wichtigsten Eigenschaften eines solchen Zerfalls sind, dass

- er ausgehend von einem Startwert streng monoton fallend ist.
- sich sein Graph für $z \to \infty$ asymptotisch der x-Achse, also dem Wert $y = 0$, annähert.

Betrachtet man das Säulendiagramm aus Aufgabenteil 4.1, erkennt man, dass diese Eigenschaften bei der Verteilung der Kornabstände gegeben sind. Eine solche Exponentialfunktion ist somit als Dichtefunktion für die Verteilung der Kornabstände geeignet.

4.3 Das Integral über eine Dichtefunktion liefert die Wahrscheinlichkeit ein Ergebnis im Integrationsintervall zu erhalten. Für das Integral $\int_0^u f(z)\,\mathrm{d}z$ also die Wahrscheinlichkeit einen Kornabstand kleinergleich u zu finden. Läuft der Wert u gegen unendlich, werden alle möglichen Kornabstände betrachtet, weshalb die zugehörige Wahrscheinlichkeit 100% sein muss. Daraus folgt, dass der Quotient $\frac{a}{b}$ den Wert 100% bzw. 1 haben muss, weshalb a und b gleich sein müssen.

Bei der Bestimmung der Werte für a und b erlaubt der Operator „Bestätigen“, dass die angegebenen Werte für a und b in die Formel für die Intervallwahrscheinlichkeiten eingesetzt werden dürfen. Das Intervall $[0;1)$, dass verwendet werden soll und die Integralgrenzen bestimmt, ist durch die Aufgabe vorgegeben.

$$P(0 \leq Z \leq 1) = \int_0^1 f(z)\,\mathrm{d}z = \frac{0{,}36}{0{,}36} \cdot \left(1 - \mathrm{e}^{-0{,}36 \cdot 1}\right) \approx 1 \cdot (1 - 0{,}6977) = 0{,}3023 = 30{,}23\%$$

Der durch das Modell entstehende Wert 30,23% für die relative Häufigkeit im Intervall $[0;1)$ passt gut zu dem tatsächlichen Wert 30%, der in der Lösung zu Teilaufgabe 4.1 beispielhaft berechnet wurde.

4.4 Die Zufallsgröße Z gibt den Abstand zwischen zwei benachbarten Körnern bei Drillsaat an. $P(0 \leq Z \leq 3)$ ist somit die Wahrscheinlichkeit, dass dieser Abstand zwischen 0 cm und 3 cm liegt. Mit einer Wahrscheinlichkeit von 66,55% findet man also zwei benachbarte Körner, die maximal 3 cm voneinander entfernt liegen.

Für den Vergleich mit dem tatsächlichen Wert aus der Häufigkeitsverteilung müssen die drei relativen Häufigkeiten für die Intervalle $[0;1), [1;2)$ und $[2;3)$ aufsummiert werden, da sie in Gänze das Intervall $[0;3)$ bilden.

$$\frac{60}{200} + \frac{43}{200} + \frac{30}{200} = \frac{133}{200} = 0{,}665 = 66{,}5\% \approx 66{,}55\%$$

Es lässt sich erkennen, dass der beobachtete Wert aus der Häufigkeitsverteilung gut durch das Integral $\int_0^3 f(z)\,\mathrm{d}z$ angenähert wird.

Abitur 2021 – Aufgabe C2.2 (WTR/CAS)

1.1 Die absoluten Häufigkeiten für Männer (321 474), Frauen (194 205) und deren Summe (515 679) können direkt dem Material entnommen werden und in die letzte Spalte der Vier-Felder-Tafel eingetragen werden.

Um die Anzahl der Männer mit Hochschul-/Fachhochschulreife zu ermitteln, muss der Wert 321 474 mit 24,9% multipliziert werden. Es ergibt sich 80 047,026. Als sinnvolle Rundung, wie sie in der Aufgabenstellung gefordert ist, bietet sich eine Rundung auf ganze Zahlen an, wodurch der Wert 80 047 entsteht. Auf analogem Weg entsteht der Wert 67 972 für die Anzahl der Frauen mit Hochschul-/Fachhochschulreife und somit insgesamt 148 019 für alle Personen mit Hochschul-/Fachhochschulreife. Diese Werte füllen die erste Spalte der Vier-Felder-Tafel

Die Werte der mittleren Spalte erhält man, indem man den jeweiligen Wert der ersten Spalte von dem der dritten subtrahiert. Als Ergebnis entsteht die folgende Vier-Felder-Tafel:

	H	$\overline{H}$	Σ
W	67 972	126 233	194 205
$\overline{W}$	80 047	241 427	321 474
Σ	148 019	367 660	515 679

1.2 In der Aufgabe ist eine bedingte Wahrscheinlichkeit gesucht. Es ist bekannt, dass es sich bei der eingeladenen Person, um eine Person mit Hochschul-/Fachhochschulreife handelt. Unter dieser Bedingung ist die Wahrscheinlichkeit gesucht, dass eine männliche Person eingeladen wurde.

Umformuliert lautet die Frage, wie wahrscheinlich es ist, eine der 80 047 männlichen Personen aus allen 148 019 Personen mit Hochschul-/Fachhochschulreife auszuwählen. Mit den in Aufgabenteil 1.1 eingeführten Bezeichungen für die Merkmale ergibt sich als Lösung

$$P_H\left(\overline{W}\right) = \frac{80\,047}{148\,019} \approx 0{,}5408 = 50{,}48\%$$

1.3 In einem ersten Schritt kann man die Einzelwahrscheinlichkeiten sowohl für eine weibliche Person als auch eine Person mit Hochschul-/Fachhochschulreife bestimmen.

$$P(W) = \frac{194\,205}{515\,679} \qquad P(H) = \frac{148\,019}{515\,679}$$

In beiden diesen Fällen sind weibliche Personen mit Hochschul-/Fachhochschulreife beinhaltet, weshalb man diesen Anteil doppelt zählt, wenn man die Summe der beiden Einzelwahrscheinlichkeiten bildet. Zur Bestimmung des Endergebnisses muss deshalb die Wahrscheinlichkeit für eine Frau mit Hochschul-/Fachhochschulreife einmal von der Summe abgezogen werden.

$$\begin{aligned} P(W \cup H) &= P(W) + P(H) - P(W \cap H) \\ &= \frac{194\,205}{515\,679} + \frac{148\,019}{515\,679} - \frac{67\,972}{515\,679} \\ &= \frac{274\,252}{515\,679} \\ &\approx 0{,}5318 = 53{,}18\,\% \end{aligned}$$

1.4 Bei $P_{\overline{H}}(W)$ handelt es sich um eine bedingte Wahrscheinlichkeit, die analog zu der in Aufgabenteil 1.2 bestimmt werden kann. Wie groß ist also der Anteil der Frauen, wenn man nur die Personen ohne Hochschul-/Fachhochschulreife betrachtet? $P(W)$ hingegen ist der Anteil der Frauen an allen Personen.

$$P_{\overline{H}}(W) = \frac{126\,233}{367\,660} \approx 0{,}3433 \qquad P(W) = \frac{194\,205}{515\,679} \approx 0{,}3766$$

Man erkennt, dass die beiden Wahrscheinlichlichkeiten nicht identisch sind, weshalb die Merkmale W und $\overline{H}$ stochastisch abhängig sind.

Im Sachzusammenhang bedeutet dies, dass die Merkmale „Geschlecht" und „höherer Schulabschluss" nicht stochastisch unabhängig sind.

1.5 Da jedes Ergebnis, wie 5 Personen aus 50 ausgewählt werden können, gleichwahrscheinlich ist, lässt sich die gesuchte Wahrscheinlichkeit durch die LaPlace-Formel

$$p = \frac{\text{Anzahl der günstigen Ergebnisse}}{\text{Anzahl aller Ergebnisse}}$$

berechnen.

Für die Anzahl aller Ergebnisse muss man bestimmen, auf wie viele Arten man 5 Elemente aus 50 auswählen kann, wenn deren Reihenfolge irrelevant ist. Diesen Wert liefert der Binomialkoeffizient $\binom{50}{5}$. Für die günstigen Fälle, muss man sowohl 4 Frauen aus 30 auswählen $\left(\binom{30}{4} \text{ Möglichkeiten}\right)$ als auch 1 Mann aus 20 $\left(\binom{20}{1} \text{ Möglichkeiten}\right)$. Alle diese jeweiligen Fälle können noch miteinander kombiniert werden, womit sich als Endergebnis ergibt:

$$P(\text{„4 weibliche Personen"}) = \frac{\binom{30}{4} \cdot \binom{20}{1}}{\binom{50}{5}} = \frac{27\,404 \cdot 20}{2\,118\,760} \approx 0{,}2587 = 25{,}87\,\%$$

1.6 Überträgt man den Multiple-Choice-Test in ein Urnenmodell, entspricht er dem achtmaligen Ziehen aus einer Urne mit vier Kugeln, wobei die Kugeln zurückgelegt werden und jeweils nur eine Kugel günstig ist. Es handelt sich somit um eine Bernoullikette der Länge 8 mit Einzelerfolgswahrscheinlichkeit $p = \frac{1}{4}$. Die Wahrscheinlichkeit, hierbei 7 Erfolge zu erzielen, liefert die Bernoulliformel.

$$P(\text{„7 richtige Antworten"}) = \binom{8}{7} \cdot \left(\frac{1}{4}\right)^7 \cdot \left(\frac{3}{4}\right)^1 \approx 0{,}0004 = 0{,}04\%$$

1.7 In der vorliegenden Aufgabe wird Ziehen mit einem Griff betrachtet. Der Bewerber zieht ohne Beachtung der Reihenfolge 2 Aufgaben aus einem Pool von n Aufgaben. Diese Anzahl kann wieder durch den Binomialkoeffizienten, also $\binom{n}{2}$, bestimmt werden. Zur Berechnung von n muss der Binomialkoeffizient auf seine Definition zurückgeführt werden.

$$\binom{n}{2} = \frac{n!}{2! \cdot (n-2)!} == \frac{n \cdot (n-1) \cdot (n-2) \cdot \ldots \cdot 1}{2 \cdot 1 \cdot (n-2) \cdot \ldots \cdot 1} = \frac{n \cdot (n-1)}{2}$$

Dieser Term soll 435 liefern, was auf eine quadratische Gleichung führt. Diese darf aufgrund des Operators „Berechnen" nicht mit dem Gleichungs-Menü des Taschenrechners gelöst werden.

$$\begin{aligned}
\frac{n \cdot (n-1)}{2} &= 435 \\
n \cdot (n-1) &= 870 \\
n^2 - n - 870 &= 0 \\
n_{1/2} &= \frac{1}{2} \pm \sqrt{\frac{1}{4} + 870} \\
&= \frac{1}{2} \pm \frac{59}{2}
\end{aligned}$$

Eine negative Zahl ist für eine Anzahl nicht sinnvoll, weshalb sich $\frac{1}{2} + \frac{59}{2} = 30$ Fragen im Pool befinden.

2.1 Man kann pro Ereignis eine eigene Zufallsgröße wählen. Dass diese binomialverteilt sind, ist bereits durch die Aufgabenstellung gegeben. Die zugehörigen Einzelwahrscheinlichkeiten p sind dem Ringdiagramm im Material zu entnehmen.

Ereignis A: $p = 0{,}274$ $n = 15$

Zufallsgröße X: Anzahl der Männer mit Hauptschulabschluss

$$P(A) = P(X = 4) = B_{15;0{,}274}(4) \approx 0{,}2272 = 22{,}72\%$$

Ereignis B: $p = 0{,}411 \qquad n = 100$

Zufallsgröße Y: Anzahl der Männer mit mittlerem Schulabschluss

$$P(B) = P(Y < 50) = P(Y \leq 49) = F_{100;0,411}(49) \approx 0{,}9553 = 95{,}53\%$$

Ereignis C: $p = 1 - 0{,}249 - 0{,}022 = 0{,}729 \qquad n = 200$

Zufallsgröße Z: Anzahl der Männer ohne Hochschul-/Fachhochschulreife und ohne Auslandsabschluss

$$\begin{aligned} P(C) &= P(142 \leq Z \leq 153) \\ &= P(Z \leq 153) - P(Z \leq 141) \\ &= F_{200;0,729}(153) - F_{200;0,729}(141) \\ &\approx 0{,}8910 - 0{,}2450 = 0{,}6460 = 64{,}60\% \end{aligned}$$

Zur Bestimmung der Werte für die (kumulierten) Binomialverteilungen muss jeweils der Taschenrechner eingesetzt werden.

frv.tv/ck

2.2 Es fällt auf, dass der Wert 0,249 und auch dessen Gegenwahrscheinlichkeit 0,751 aus dem Ringdiagramm der Männer zur zehnten Potenz genommen werden. Ein hierzu passendes Zufallsexperiment ist das zehnmalige Wählen eines Mannes aus denen, die im Jahr 2017 neu einen Ausbildungsvertrag abgeschlossen haben.

Zur Angabe des Ereignisses sollte man die einzelnen Teilterme betrachten. $0{,}249^{10}$ ist die Wahrscheinlichkeit, dass alle 10 gewählten Männer eine Hochschul-/Fachhochschulreife besitzen und $0{,}751^{10}$ die Wahrscheinlichkeit, dass alle 10 gewählten Männer keine Hochschul-/Fachhochschulreife besitzen. Die Summe liefert die Wahrscheinlichkeit, dass entweder alle oder keiner der 10 Männer die Hochschul-/Fachhochschulreife besitzen. Da dieser Wert von 1 subtrahiert wird, ist das Gegenereignis hiervon gesucht.

> In der Wahl der 10 Männer besitzen weder alle noch keiner eine Hochschul-/Fachhochschulreife; aus beiden Kategorien muss somit mindestens 1 Mann gewählt werden.

2.3 Das Ereignis, dass die

Zufallsgröße X: Anzahl der Männer mit Hauptschulabschluss

größergleich 1 ist, soll eine Wahrscheinlichkeit von mindestens 0,8 besitzen, was auf den Ansatz $P(X \geq 1) \geq 0{,}8$ führt. Mit Hilfe der Gegenwahrscheinlichkeit lässt sich dann der

Wert für n bestimmen.

$$\begin{aligned} P(X \geq 1) &\geq 0{,}8 \\ 1 - P(X = 0) &\geq 0{,}8 \\ P(X = 0) &\leq 0{,}2 \\ (1 - 0{,}274)^n &\leq 0{,}2 \\ 0{,}726^n &\leq 0{,}2 \\ n &\geq \log_{0{,}726}(0{,}2) \approx 5{,}03 \end{aligned}$$

Da n ganzzahlig und größergleich 5,03 sein muss, müssen mindestens 6 Männer befragt werden.

3.1 Bei dem vorliegenden Hypothesentest handelt es sich um einen rechtsseitigen Signifikanztest. Mit der Nullhypothese $H_0\colon p \leq 0{,}4$ liegt der Verwerfungsbereich auf der rechten Seite der zugehörigen Binomialverteilung. Dieser Binomialverteilung liegt die Zufallsgröße
X: Anzahl der Auszubildenden mit Hochschul-/Fachhochschulreife mit Ausbildungsvertrag im Bereich Industrie und Handel
zugrunde.

Aufgrund des vorgegebenen Signifikanzniveaus soll die Wahrscheinlichkeit des Fehlers 1. Art (Stichprobe landet im Verwerfungsbereich, obwohl die Nullhypothese stimmt) 10% nicht überschreiten. Mit dem kritischen Wert k als erstem Wert im Verwerfungsbereich führt dies auf den Ansatz $P(X \geq k) \leq 0{,}1$. Dieser wird solange umgeformt, bis k mittels des Taschenrechners bestimmt werden kann.

$$\begin{aligned} P(X \geq k) &\leq 0{,}1 \\ 1 - P(X \leq k-1) &\leq 0{,}1 \\ -P(X \leq k-1) &\leq -0{,}9 \\ P(X \leq k-1) &\geq 0{,}9 \\ F_{150;0,4}(k-1) &\geq 0{,}9 \end{aligned}$$

Der Taschenrechner zeigt, dass $k - 1 = 68$ (und somit $k = 69$) der erste Wert ist, bei dem die Wahrscheinlichkeit 90% überschritten wird. Für $k - 1 = 67$ liefert $F_{150;0,4}(67)$ noch den Wert $0{,}8939 < 0{,}9$. Die Entscheidungsregel lässt sich, wie folgt, formulieren.

frv.tv/cl

> Befinden sich unter den 150 befragten Auszubildenden mit Hochschul-/Fachhochschulreife 69 oder mehr, die einen Ausbildungsvertrag im Bereich Industrie und Handel abgeschlossen haben, geht man davon aus, dass der entsprechende Anteil auf über 40% gestiegen ist.

3.2 Die allgemeine Definition des Fehlers 2. Art ist, dass man fälschlicherweise annimmt, dass die Nullhypothese korrekt ist, obwohl dies nicht der Fall ist. Übertragen auf den Sachzusammenhang:

> Man geht davon aus, dass der Anteil an Auszubildenden mit Hochschul-/Fachhochschulreife, die einen Ausbildungsvertrag im Bereich Industrie und Handel abgeschlossen haben, weiterhin bei maximal 40% liegt, obwohl er inzwischen über diesen Wert gestiegen ist.

Für den Fehler 2. Art soll gelten, dass er maximal dreimal so groß ist wie der Fehler 1. Art. Konkret bedeutet dies, dass die Wahrscheinlichkeit, dass man im Annahmebereich der Nullhypothese ($X \leq 68$) landet, im vorliegenden Fall kleinergleich $3 \cdot 0{,}1 = 0{,}3$ sein soll.

Formal: $P(X \leq 68) = F_{150;p}(68) \leq 0{,}3$

Nun muss mittels des Taschenrechners der Wert für p solange eingegrenzt werden, bis $P(X \leq 68)$ den geforderten Wert erreicht. Es bietet sich an, die geforderten drei Nachkommastellen schrittweise zu ermitteln. Bspw. gilt:

$$F_{150;0{,}4}(68) \approx 0{,}9210 \qquad \text{und} \qquad F_{150;0{,}5}(68) \approx 0{,}1442$$

Somit weiß man bereits, dass die erste Nachkommastelle für die gesuchte Wahrscheinlichkeit 4 sein muss.

Führt man dieses Eingrenzungsverfahren fort, erhält man abschließend

$$F_{150;0{,}478}(68) \approx 0{,}3008 \qquad \text{und} \qquad F_{150;0{,}479}(68) \approx 0{,}2923$$

Der zur Alternativhypothese gehörige tatsächliche Anteil p_1 müsste mindestens 0,479 sein.

Stichwortverzeichnis